U0786970

《系统与控制丛书》编委会

主　　编：

郭　雷　　中国科学院数学与系统科学研究院

副 主 编：

陈　杰　　哈尔滨工业大学

吴　敏　　中国地质大学(武汉)

编　　委：

洪奕光　　中国科学院数学与系统科学研究院

黄　捷　　Chinese University of Hong Kong

姜钟平　　Polytechnic Institute of New York University, USA

Frank Lewis　　University of Texas at Arlington, USA

林宗利　　University of Virginia, USA

申铁龙　　Sophia University, Japan

谈自忠　　Washington University, USA

谢立华　　Nanyang Technological University, Singapore

殷　刚　　Wayne State University, USA

张纪峰　　中国科学院数学与系统科学研究院

周东华　　清华大学

系统与控制丛书

多智能体系统协同调控
——基于系统相对测量输出的分布式控制

吕茂斌　刘　璐　邓　方　陈　杰　著

科学出版社

北　京

内 容 简 介

本书主要介绍多智能体协同调控理论，深入阐述通信拒止时基于系统相对测量输出的分布式观测器设计新理论与方法，并围绕此方法探讨多类多智能体系统的分布式协同调控问题。内容涵盖多智能体系统的基础理论与图论的基础知识、静态与切换网络拓扑下的多输入多输出线性异构多智能体系统一致性调控、二阶非线性系统的一致性调控、连续时间与离散时间线性异构多智能体系统协同输出调控，以及基于机器人相对位置测量的分布式控制器设计，实现了多机器人系统的分布式协同运动调控。此外，详细介绍了分布式协同控制算法及实际应用案例等内容，可为读者提供全方位的学习和实践指导。

本书主要面向科研人员、控制科学相关专业学生及对多智能体系统控制感兴趣的读者，可以作为多智能体系统协同调控研究和教学的参考用书。

图书在版编目（CIP）数据

多智能体系统协同调控 ：基于系统相对测量输出的分布式控制 / 吕茂斌等著. -- 北京 ：科学出版社, 2025. 6. -- (系统与控制丛书). -- ISBN 978-7-03-081226-1

Ⅰ. TP18

中国国家版本馆 CIP 数据核字第 2025Y02P22 号

责任编辑：朱英彪 / 责任校对：任苗苗
责任印制：赵　博 / 封面设计：蓝正设计

科学出版社 出版
北京东黄城根北街 16 号
邮政编码: 100717
http://www.sciencep.com
北京市金木堂数码科技有限公司印刷
科学出版社发行　各地新华书店经销
*
2025 年 6 月第　一　版　开本：720×1000　1/16
2025 年 9 月第二次印刷　印张：10 3/4
字数：217 000
定价：98.00 元
(如有印装质量问题，我社负责调换)

编 者 的 话

我们生活在一个科学技术飞速发展的信息时代，诸如宇宙飞船、机器人、因特网、智能机器及汽车制造等高新技术对自动化提出了更高的要求。系统与控制理论也因此面临着更大的挑战。它必须能够为设计高水平的物理或信息系统提供原理和方法，使得设计出的系统能感知并自动适应快速变化的环境。

为帮助系统控制专业的专家、工程师以及青年学生迎接这些挑战，科学出版社和中国自动化学会控制理论专业委员会合作，设立了《系统与控制丛书》的出版项目。本丛书分中、英文两个系列，目的是出版一些具有创新思想的高质量著作，内容既可以是新的研究方向，也可以是至今仍然活跃的传统方向。研究生是本丛书的主要读者群，因此，我们强调内容的可读性和表述的清晰。我们希望丛书能达到这些目的，为此，期盼着大家的支持和奉献！

《系统与控制丛书》编委会

2007 年 4 月 1 日

前　言

多智能体协同调控理论的研究主要源于现代工业、国防及社会服务等领域中对网络化控制系统高精度和强鲁棒性的迫切需求。在实际应用中，如无人机编队续航、无人车组覆盖搜寻、机器人协同作业等场景，智能体之间的协同作业需要在有效抑制外部环境的干扰下，确保系统状态或输出的协调性。多智能体分布式协同输出调控，旨在通过设计合适的分布式反馈控制器，利用智能体间的交互或者测量信息，使多个智能体系统的输出与参考输出的误差收敛到零，从而确保系统稳定性和任务执行的协同性。此外，多智能体分布式协同输出调控还促进了控制理论、图论、矩阵理论、强化学习、人工智能等多学科的交叉融合，推动了控制策略的创新与发展，为解决复杂系统的调控问题提供了新视角和有效手段，为构建智能、高效、安全的复杂系统提供了理论支撑和技术保障，助力新一代人工智能等国家重大发展战略的实施。

本书聚焦多智能体协同调控理论，探讨如何通过智能体间的信息局部交互/测量实现全局协同调控，从而提升智能无人系统的鲁棒性、协同性和智能性；系统阐述基于系统相对测量输出的分布式观测器设计新理论与方法，并围绕此方法探讨多类多智能体系统分布式协同调控问题。内容涵盖静态与切换网络拓扑下的多输入多输出线性异构多智能体系统一致性调控、二阶非线性系统的一致性调控、连续时间与离散时间线性异构多智能体系统协同输出调控，以及基于机器人相对位置测量的分布式控制器设计，实现多机器人系统的分布式协同运动调控；还涵盖多智能体系统的基础理论与图论的基础知识，详细介绍分布式协同控制算法及实际应用案例等方面的内容，可为读者提供全方位的学习和实践指导。

本书由吕茂斌、刘璐、邓方和陈杰共同撰写，是在多智能体系统分布式协同调控领域长期深入研究凝结的成果。书中相关内容的研究得到了“新一代人工智能”国家科技重大专项项目（2021ZD0112600、2022ZD0119700）、北京市自然科学基金–小米创新联合基金重点项目（L233003）、国家杰出青年科学基金项目（62025301）、国家自然科学基金面上项目（62373058）和国家自然科学基金基础科学中心项目（62088101）的支持，本书的出版得到了北京市高等教育学会2024 年立项专项攻关课题（ZX202406）的资助，在此表示衷心感谢。此外，还要感谢博士后谢珂迪及博士研究生吴杰帅、张兰、刘路鹏、杨海舟、解博炜、杨先芝等在初稿整理过程中的贡献。

由于作者的知识水平有限，书中难免存在不妥之处，恳请广大读者不吝批评和指正。

吕茂斌

2025 年 2 月

目　录

第 1 章　绪　　论

1.1　引　　言

国务院发布的《新一代人工智能发展规划》指出，建立新一代人工智能基础理论体系，加强大数据智能、跨媒体感知计算、人机混合智能、群体智能、自主协同与决策等基础理论研究。多智能体协同控制理论作为新一代人工智能的核心研究领域之一，通过研究多个智能体在动态环境中信息局部交互来实现相互感知、学习、决策、优化和控制，以解决复杂系统的全局协同调控问题，提升系统的鲁棒性、适应性和智能性。这一领域的研究不仅涉及人工智能、控制理论、网络通信等多个学科的知识，而且与机器人学、自动驾驶、智能电网等实际应用场景密切相关，包括但不限于移动机器人的协同作业、移动传感器网络的优化覆盖、无人飞行器的编队巡航、智能电网的稳定控制以及生物细胞的排列与调控等。因此，多智能体系统分布式协同调控研究，具有重要的理论价值及广泛的应用前景。

多智能体系统这一概念最初来源于自然界中生物群体的集体行为，如鸟群的有序迁徙、鱼群的大规模群体游动、蝗虫的集体迁移以及人类社会的群体互动。在这些生物集群中，将每一个参与个体视为一个独立的智能体，在智能体之间进行感知决策与协同控制，共同实现各种复杂的群体行为。从系统和控制的角度来看，多智能体系统由一组子系统组成，每个子系统是一个传统的控制系统。协同调控旨在通过每个子系统局部的信息测量或交互实现一系列期望的集体行为或全局目标。对于传统的集中式控制，每个子系统均能获取所有其他子系统的信息，而分布式控制则要求每个子系统仅基于其邻近子系统的信息来进行决策和控制。在多智能体系统中，由于物理环境或技术限制，某些子系统可能无法持续获取所有子系统的信息，例如，考虑分布在广阔区域的一组自主车辆，每辆车的传感器可能只能获取附近车辆的位置和速度。此时，所有子系统输入和输出之间的通信约束可以通过一个静态或时变的通信网络拓扑图来描述，称为通信网络。设计和实施多智能体系统的控制策略时，必须充分考虑每个子系统的动态特性以及通信网络所施加的通信约束，包括网络的稳定性、信息传输的延迟、丢包及带宽限制等。可见，在多智能体系统分布式控制设计中，需要解决一些在传统控制系统的集中式控制器设计中未遇到的特定问题，例如，如何在信息不完全和通信受限的情况下实现子系统之间的协同与决策优化，如何确保整个系统的稳定性和性能等。相较于集中式控制器，分布式控制器不仅具有更广泛的应用前景，而且在部署和维护上也更为便捷，为复杂多智能体系统的调控提供了更为灵活和高效的解决方案。

多智能体系统理论研究可以追溯到 20 世纪 70 年代初的多车辆一致性控制研究[1]。21 世纪初，多智能体系统的协同控制逐渐成为系统与控制领域研究的核心问题之一。首先，针对简单的线性多智能体系统协同控制问题开展研究，其中每个子系统是单积分器、双积分器或谐波系统[2-4]。随后，逐步发展到一般线性同构多智能体系统和一些弱非线性多智能体系统[5-7]。目前，协同控制理论研究进一步处理强非线性、不确定性、异构性、外部干扰、切换拓扑等复杂多智能体系统[8-10]。多智能体协同控制的目标从一些较为简单的任务，如一致性、同步控制、包围控制、编队等，逐渐演变为更复杂的任务[11-15]。其中，作为多智能体协同控制基础问题之一，多智能体系统一致性调控问题一直受到众多学者的关注。对该问题的研究也从简单的线性系统，如积分器系统、一般线性系统扩展到了复杂的非线性系统，从静态通信网络扩展到时变切换通信网络，从状态一致性扩展到输出一致性，目前对多智能体系统一致性调控问题的研究已经取得了丰富的成果[6,9,13-19]。多智能体系统协同输出调控问题具有更一般的意义，其问题描述包括一致性、编队、包围控制等特例，同时可以处理异质动力学系统和系统受到的外界扰动。因此，多智能体系统协同输出调控问题逐步受到学者的关注。文献 [13] 提出了一类分布式内模控制器，用于解决线性多智能体系统鲁棒协同输出调控问题。进一步，文献 [14] 提出了分布式前馈控制方法，用于解决线性多智能体系统协同输出调控问题。之后，对多智能体系统协同输出调控问题的研究日益成熟，从线性系统扩展到各类非线性系统，从静态图扩展到切换图，取得了丰富的成果[11,15,16,20-23]。

本书将多智能体系统一致性调控问题和多智能体系统协同输出调控问题统称为多智能体系统分布式协同调控问题。尽管现有的文献对多智能体系统分布式协同调控问题已经进行了较为详细的研究，但是在设计分布式控制器时，大都需要交换内部状态，这无疑限制了多智能体系统的实际应用。尤其当多智能体系统个体数量较多时，需要交换内部状态的分布式控制器将进行大量和高频次的通信，才能保证多智能体系统协同控制目标，这也会大大缩短多智能体系统的工作时长。另外，一些复杂拒止环境中，多智能体之间无法通信，但可以通过传感器获取相对的位置/速度等信息。因此，避免多智能体间的通信，设计仅依赖传感网络的分布式控制器来解决多智能体系统分布式协同调控问题有其特殊的应用背景。但是，基于传感网络的分布式控制器设计面临一些技术难点，例如，分离原理和确定性等价原理不再适用，使得系统的控制器参数设计与闭环稳定性分析变得困难等。

1.2 多智能体系统分布式协同调控问题概述

在多智能体系统分布式协同调控问题中，分布式控制器设计至关重要。其需要满足邻居法则，即在特定通信网络拓扑下，每个智能体只能与其邻居进行通信。为了方便介绍本书的研究内容，首先简单概述多智能体系统分布式协同调控问题。

考虑多智能体的动力学系统：

$$\begin{cases}\dot{\boldsymbol{x}}_i(t)=\boldsymbol{f}_i(\boldsymbol{x}_i(t),\boldsymbol{u}_i(t),\boldsymbol{v}(t),\boldsymbol{w})\\ \boldsymbol{y}_i(t)=\boldsymbol{h}_i(\boldsymbol{x}_i(t),\boldsymbol{u}_i(t),\boldsymbol{v}(t),\boldsymbol{w})\end{cases},\quad i=1,2,\cdots,N \tag{1.1}$$

其中，$\boldsymbol{x}_i(t)\in\mathbb{R}^{n_i}$、$\boldsymbol{u}_i(t)\in\mathbb{R}^{m_i}$ 和 $\boldsymbol{y}_i(t)\in\mathbb{R}^{p}$ 分别是系统的系统状态、控制输入和系统输出；$\boldsymbol{f}_i(\cdot)$ 和 $\boldsymbol{h}_i(\cdot)$ 是全局定义且光滑的函数，并且满足 $\boldsymbol{f}_i(\boldsymbol{0},\boldsymbol{0},\boldsymbol{0})=\boldsymbol{0}$ 和 $\boldsymbol{h}_i(\boldsymbol{0},\boldsymbol{0},\boldsymbol{0})=\boldsymbol{0}$；$\boldsymbol{w}\in\mathbb{R}^{w}$ 是系统中的不确定参数矢量；外部信号 $\boldsymbol{v}(t)\in\mathbb{R}^{q}$ 是系统要跟踪的参考输入信号和系统受到的扰动，并且由以下外部系统产生：

$$\begin{cases}\dot{\boldsymbol{v}}(t)=\boldsymbol{f}_v(\boldsymbol{v}(t))\\ \boldsymbol{y}_0(t)=\boldsymbol{h}_0(\boldsymbol{v}(t))\end{cases} \tag{1.2}$$

其中，$\boldsymbol{y}_0$ 是外部系统的输出；$\boldsymbol{f}_v(\cdot)$ 和 $\boldsymbol{h}_0(\cdot)$ 是全局定义且光滑的函数，并且满足 $\boldsymbol{f}_v(\boldsymbol{0})=\boldsymbol{0}$ 和 $\boldsymbol{h}_0(\boldsymbol{0})=\boldsymbol{0}$。

考虑形如式 (1.3) 的分布式控制器：

$$\begin{cases}\boldsymbol{u}_i(t)=\boldsymbol{k}_i(\boldsymbol{z}_i,\boldsymbol{z}_j,\boldsymbol{y}_i,\boldsymbol{y}_j,j\in\mathcal{N}_i)\\ \dot{\boldsymbol{z}}_i(t)=\boldsymbol{g}_i(\boldsymbol{z}_i,\boldsymbol{z}_j,\boldsymbol{y}_i,\boldsymbol{y}_j,j\in\mathcal{N}_i)\end{cases},\quad i=1,2,\cdots,N \tag{1.3}$$

其中，$\mathcal{N}_i$ 是智能体 i 的邻居；$\boldsymbol{k}_i(\cdot)$ 和 $\boldsymbol{g}_i(\cdot)$ 是全局定义且光滑的函数；$\boldsymbol{z}_i$ 是动态补偿器状态。由被控系统 (1.1)和外部系统 (1.2) 组成的系统可视为一个多智能体系统，其中被控系统 (1.1) 为跟随者系统，外部系统 (1.2) 为领导者系统，见文献 [14]。

本书研究的多智能体系统分布式协同调控问题概述如下：给定多智能体的动力学系统 (1.1)、外部系统 (1.2) 和通信/传感网络拓扑，设计一类形如式 (1.3) 的分布式控制器，在任意初始条件下完成特定的协同控制目标，如状态一致性、输出一致性、输出调控等。

值得说明的是，首先，被控系统 (1.1) 可表示多类具体的系统，如单积分器、多重积分器、线性异构系统等线性系统，以及欧拉-拉格朗日系统、刚体系统等非线性系统[24]；其次，通过选择不同的外部系统和控制目标，多智能体系统分布式协同调控问题可细化为多智能体系统一致性调控问题（其中对于无领导者的情况，最终的输出可以用虚拟的领导者系统 (1.2) 来描述）和多智能体系统协同输出调控问题[20]；最后，当被控系统 (1.1) 中 $\boldsymbol{y}_i = \boldsymbol{x}_i$ 时，分布式控制器 (1.3) 则退化为状态反馈控制器[14,15]。

1.2.1 多智能体系统一致性调控

多智能体系统一致性调控旨在设计一类分布式控制器，使得多智能体系统状态或者输出最终趋于一致。在多智能体系统一致性调控问题中，一般假定被控系统 (1.1) 不存在扰动。该问题的数学描述如下：给定多智能体系统 (1.1) 和多智能体的网络拓扑，设计一类形如式 (1.3) 的分布式控制器，使得在任意初始条件下，多智能体系统满足

$$\lim_{t\to\infty}(\boldsymbol{y}_i(t) - \boldsymbol{y}_j(t)) = \boldsymbol{0}, \quad i,j = 1,2,\cdots,N \tag{1.4}$$

或

$$\lim_{t\to\infty}(\boldsymbol{y}_i(t) - \boldsymbol{y}_0(t)) = \boldsymbol{0}, \quad i = 1,2,\cdots,N \tag{1.5}$$

其中，$\boldsymbol{y}_0(t)$ 是由外部系统 (1.2) 描述的输出信号。

当多智能体系统不显式存在领导者时，控制目标为 $\lim\limits_{t\to\infty}(\boldsymbol{y}_i(t) - \boldsymbol{y}_j(t)) = \boldsymbol{0}$，$i,j = 1,2,\cdots,N$，此时多智能体系统一致性调控问题称为无领导者多智能体系统一致性调控问题；当多智能体系统显式存在领导者时，控制目标为 $\lim\limits_{t\to\infty}(\boldsymbol{y}_i(t) -$

$\boldsymbol{y}_0(t)) = \boldsymbol{0}$，$i = 1, 2, \cdots, N$，此时多智能体系统一致性调控问题称为领导-跟随多智能体系统一致性调控问题。本质上，两种情况都是通过分布式控制将每个智能体的状态或输出调整到一个共同参考信号，其可由外部系统 (1.2) 描述。因此，本书中没有特别区别两种情况，统称为多智能体系统一致性调控问题。

需要指出的是，当被控系统 (1.1) 中 $\boldsymbol{y}_i = \boldsymbol{x}_i$ 时，上述多智能体系统一致性调控问题则退化为多智能体系统状态一致性调控问题[25,26]。

1.2.2 多智能体系统协同输出调控

多智能体系统协同输出调控旨在设计一类分布式控制器，在保证闭环系统稳定的同时，多智能体系统能够完成对参考信号的协同跟踪，同时实现对时变干扰信号的抑制。该问题的数学描述如下：给定多智能体系统 (1.1)、外部系统 (1.2) 和通信网络拓扑，设计一类形如式 (1.3) 的分布式控制器，在任何初始条件下，多智能体闭环系统满足：

(1) 对于所有的 $t \geqslant 0$ 情况，闭环系统的解存在且有界。

(2) 对于任意初始条件 $\boldsymbol{x}_i(0)$、$\boldsymbol{z}_i(0)$，$i = 1, 2, \cdots, N$，以及 $\boldsymbol{v}(0)$，系统跟踪误差均收敛到零，即 $\lim\limits_{t \to \infty} \boldsymbol{e}_i(t) = \boldsymbol{0}$，$i = 1, 2, \cdots, N$。

由多智能体系统协同输出调控问题描述可知，多智能体系统协同输出调控问题包含了多智能体系统一致性调控问题、包围控制问题、编队控制问题等众多的多智能体系统分布式协同调控问题[24,27]。

1.3 分布式协同调控方法概述

目前，解决多智能体系统分布式协同调控问题的方法主要有两种，即分布式前馈控制和分布式内模控制[24]。其中，分布式前馈控制方法可视为将前馈控制方法从单体系统扩展到多智能体系统，并且控制器需满足邻居法则。该方法的一个优势是，当系统不含不确定性参数时，分布式前馈控制方法是解决多智能体系统分布式协同调控问题有效且直观的方法。该方法的另一优势是，当多智能体系统通信网络拓扑为切换网络时，分布式前馈控制方法可以完美解决此类通信拓扑下的多智能体协同调控问题，而分布式内模控制方法则较难用于此类情况[28,29]。

分布式前馈控制方法中最重要的部分就是分布式观测器设计。分布式观测器是一种动态补偿器，即每个子系统通过通信/传感网络拓扑交互或测量相邻智能体的状态或输出，能够对协同的目标进行动态估计，为分布式前馈控制器设计提供必要的补偿信息。当所设计的分布式观测器无法准确有效地复现出外部系统状态时，对应所设计的分布式控制器就无法完成控制目标。因此，使用分布式前馈控制方法解决多智能体系统分布式协同调控问题的核心正是设计合适的分布式观测器。此外，分布式前馈控制方法也得到进一步扩展，用于解决许多其他协同控制问题[30-32]，如线性多智能体系统的连通性保持问题、非完整车辆的编队问题以及交流微电网的协同调控问题等。

值得一提的是，分布式前馈控制方法依赖调解方程的解，难以处理系统模型的不确定性。当多智能体系统包含未知参数时，分布式前馈控制方法将失效，而分布式内模控制方法则可以有效地解决不确定多智能体系统的鲁棒协同调控问题[13,33]。分布式内模控制方法中最重要的部分是系统的分布式内模动态设计。分布式内模可以视为多智能体系统稳态的动态补偿器，能够实现多智能体系统中存在不确定参数与未知扰动时对不确定稳态的分布式补偿。与分布式前馈控制方法相比，分布式内模控制方法有其独特的优势：第一，不需要求解调节器方程；第二，允许多智能体系统存在不确定参数。

1.3.1 基于分布式观测器的协同调控

分布式观测器是指每个智能体系统通过通信/传感网络与相邻的智能体系统交换状态信息，完成对参考信号重构的动态系统。分布式观测器设计方法对于解决多智能体系统协同调控问题简单有效，因此该设计方法近年来得到了长足发展，并用于解决各种多智能体分布式协同调控问题[14,15,30-32]。

文献 [14] 提出了一种基于相对状态的分布式观测器设计方法，并用来构建分布式状态反馈控制器，解决了静态网络拓扑下线性异构多智能体系统协同输出调控问题。基于此分布式观测器，文献 [15] 进一步提出了分布式测量输出反馈控制器，用于解决静态网络拓扑下线性异构多智能体系统协同输出调控问题。随后，文献 [20] 将上述分布式观测器进一步扩展到联合联通的切换网络拓扑，并解决了切换网络拓扑下线性异构多智能体系统协同输出调控问题。在实际网络通信中，通信时延是不可避免的。文献 [22] 提出了考虑通信时延的分布式观测器设计方法，并构建了分布式状态与输出反馈控制器，解决了通信时延影响下的线性异构多智能体系统协同输出调控问题。上述所提分布式观测器[14,15,20,22] 也可应用到各种复杂的多智能体系统分布式协同调控[34,35]。

为设计上述所提分布式观测器[14,15,20,22]，每个智能体通常需要获得被观测的外部系统（领导者系统）矩阵。而在一些实际情况中，只有领导者相邻的智能体能够获得领导者系统矩阵信息，导致文献 [14] 和文献 [20] 中的分布式观测器失效。为了解决这一问题，文献 [36] 和文献 [37] 改进了之前的分布式观测器，提出了一类自适应分布式观测器。具体地，文献 [36] 提出了一类对领导者系统矩阵与状态观测的分布式观测器设计方法，去除了领导者系统矩阵全局已知的条件，并且给出了调节器方程求解的自适应方法，解决了静态网络拓扑下线性异构多智能体系统协同输出调控问题。文献 [37] 提出了联合联通切换网络拓扑下的自适应分布式观测器，解决了含不确定参数的多机器人系统的分布式协同运动调控问题。文献 [38] 提出了一类离散时间自适应分布式观测器，解决了静态网络拓扑下离散时间线性异构多智能体系统协同输出调控问题。这类自适应观测器设计方法也获得了不断的推广和发展[39]。在更苛刻的要求下，领导者的动态可能包含不确定参数，即领导者系统矩阵包含未知参数。在此种情况下，即使是领导者相邻的智能体也无法获得领导者系统矩阵信息。为此，一些学者提出了一类针对含不确定参数领导者的自适应分布式观测器[40, 41]，这类自适应分布式观测器能够实现对领导者系统矩阵参数和状态的自适应估计。

上述分布式观测器的主要工作原理是，每个智能体的观测器通过通信网络与相邻智能体的观测器进行内部状态/输出信息交互来实现对领导者系统的分布式观测。这种类型的分布式观测器具有其优势，即当解决多智能体系统的分布式协同调控问题时，可以采用分离原理和确定性等价原理来进行闭环系统的稳定性分析，使得协同控制的分析变得简单易行。然而，在一些特殊的环境下，如拒止环境等，多智能体系统内部之间的通信变得困难，此时很难建立通信网络，使得上述分布式观测器的部署与实施变得困难。针对此问题，文献 [42] 提出了一种基于传感网络的分布式观测器设计方法，即对于每个智能体，通过传感器测量与其相邻智能体的相对输出来更新观测器的动态状态。同时，文献 [42] 基于小增益定理，建立了这类基于测量输出的分布式观测器的设计框架，并基于低增益方法设计了相应的观测器增益，实现了对外部系统的分布式观测以及对于线性异构多智能体系统的协同输出调控。基于这一分布式观测器的设计思想，文献 [43] 设计了一类分布式参考信号生成器，用于解决线性多智能体系统切换拓扑下的一致性调控问题。文献 [44] 提出了基于相对位置测量的分布式观测设计方法，解决了二阶非线性多智能体系统一致性调控问题。文献 [45] 进一步提出了一类基于机器人相对位置信息的分布式观测器，解决了含不确定参数的多机器人系统分布式协同运动调控问题。文献 [12] 提出了一类基于相对测量输出的离散时间分布式观测器设计方法，并用于构建前馈控制器，解决了离散时间线性异构多智能体系统协同输出调控问题。这类基于相对测量输出的分布式观测器设计方法，依赖原多智能体系统相对输出信息而非通过观测器本身的相对状态/输出信息来进行观测器设计，这类观测器有其独特的优势：第一，不依赖网络通信，可以在拒止环境下进行部署；第二，设计需要的相对信息维数较低，即使在通信网络存在的条件下，也能够减少智能体之间的通信量。尽管基于相对测量输出的分布式观测器在实际应用和部署方面具有一定优势，但是由于观测器是基于原多智能体系统的测量输出构建的，其动力学系统与多智能体系统之间形成动态耦合，使得分离原理和确定性等价原理失效。因此，相比基于通信网络交换内部状态的分布式观测器，基于相对测量输出的分布式观测器增益的设计与闭环系统的稳定性分析具有一定的挑战性。

1.3.2　基于分布式内模的协同调控

分布式内模是指每个智能体通过利用与相邻智能体之间的相对输出误差，并基于内模原理构建分布式动态补偿器，实现对智能体稳态状态/输入的重构。该方法针对含不确定参数的复杂非线性多智能体系统调控问题行之有效，得到了研究者的大量关注。

文献 [13] 提出了一类 p-copy 分布式内模，并构建了分布式控制器，解决了无环静态网络拓扑下的线性多智能体系统鲁棒协同输出调控问题。文献 [33] 进一步放松了无环静态网络拓扑的要求，构建了基于分布式内模的动态状态和动态输出反馈控制器，在多智能体标称动力学系统相同的条件下，解决了一般静态网络拓扑下的线性多智能体系统鲁棒协同输出调控问题。文献 [46] 设计了分布式时延内模，建立了线性时延系统鲁棒协同输出调控问题的求解框架，并解决了静态网络拓扑下的线性时延多智能体系统鲁棒协同输出调控问题。文献 [47] 进一步将文献 [46] 中的分布式时延内模延伸到离散时间线性时延多智能体系统鲁棒协同输出调控问题。前述设计的分布式内模可以视为经典的线性系统 p-copy 内模[48-51] 对于多智能体系统的推广。为了解决更为复杂的非线性多智能体系统的协同输出调控问题，一类规范型分布式内模设计得到了广泛关注[52-57]，其中文献 [52] 提出了一类分布式内模，解决了静态无向网络拓扑下输出反馈型非线性多智能体系统的鲁棒协同输出调控问题。文献 [53] 提出了一类分布式内模，并构建了分布式输出反馈控制器，解决了一般静态网络拓扑下的异构二阶非线性多智能体系统的鲁棒协同输出调控问题。此外，分布式内模控制方法也广泛应用于各种多智能体系统协同输出调控问题中。文献 [58] 通过结合势函数方法，提出了基于分布式内模的控制方法，解决了含不确定参数和扰动影响下的多移动机器人汇聚问题。文献 [59] 构建了分布式内模，并提出了自适应分布式控制器，实现了含不确定参数的多机器人智能体系统在扰动影响下对未知领导者的渐近跟踪控制。本书主要阐述作者提出的基于系统相对测量输出的分布式观测器设计方法及其应用，因此仅在本节简单总结了一些基于分布式内模控制方法的相关研究成果。

1.4 本书的内容和结构

本书提出一种基于系统相对测量输出的分布式观测器设计思想与方法，在此基础上研究几类多智能体系统分布式协同调控问题，具体内容如图 1.1 所示。

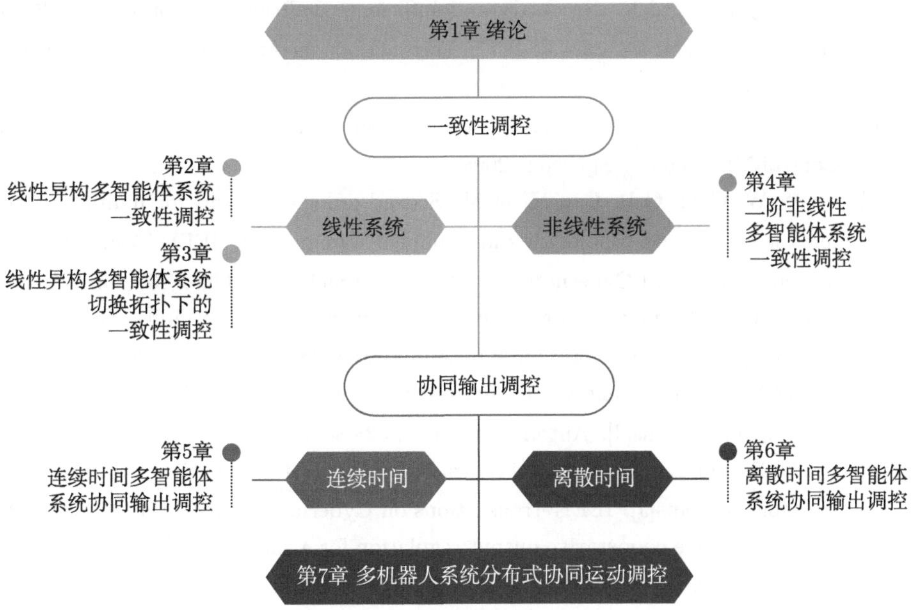

图 1.1 本书的内容结构图

具体而言，第 2 章和第 3 章分别研究静态网络拓扑和切换拓扑下的多输入多输出线性异构多智能体系统一致性调控问题。第 4 章在线性多智能体系统的基础上，研究二阶非线性多智能体系统的一致性调控问题。第 5 章和第 6 章研究多智能体系统协同输出调控问题，其中第 5 章研究连续时间线性异构多智能体系统协同输出调控问题，第 6 章则研究离散时间线性异构多智能体系统协同输出调控问题。最后，第 7 章基于机器人相对位置测量设计自适应分布式控制器，实现多机器人系统的分布式协同运动调控。

参考文献

[1] Degroot M H. Reaching a consensus[J]. Journal of the American Statistical Association, 1974, 69(345): 118-121.

[2] Ren W. Multi-vehicle consensus with a time-varying reference state[J]. Systems & Control Letters, 2007, 56(7-8): 474-483.

[3] Abdessameud A, Tayebi A. On consensus algorithms design for double integrator dynamics[J]. Automatica, 2013, 49(1): 253-260.

[4] Ren W. Synchronization of coupled harmonic oscillators with local interaction[J]. Automatica, 2008, 44(12): 3195-3200.

[5] Ma C Q, Zhang J F. Necessary and sufficient conditions for consensusability of linear multi-agent systems[J]. IEEE Transactions on Automatic Control, 2010, 55 (5): 1263-1268.

[6] Ren W, Beard R W. Distributed Consensus in Multi-vehicle Cooperative Control[M]. London: Springer, 2008.

[7] Yu W W, Chen G R, Cao M, et al. Second-order consensus for multiagent systems with directed topologies and nonlinear dynamics[J]. IEEE Transactions on Systems, Man, and Cybernetics, Part B (Cybernetics), 2009, 40(3): 881-891.

[8] Li Z K, Ren W, Liu X D, et al. Distributed consensus of linear multi-agent systems with adaptive dynamic protocols[J]. Automatica, 2013, 49(7): 1986-1995.

[9] Zhang X F, Liu L, Feng G. Leader-follower consensus of time-varying nonlinear multi-agent systems[J]. Automatica, 2015, 52: 8-14.

[10] Lu M B, Liu L. Robust synchronization control of switched networked Euler-Lagrange systems[J]. IEEE Transactions on Cybernetics, 2020, 52(7): 6834-6842.

[11] Liu L. Adaptive cooperative output regulation for a class of nonlinear multi-agent systems[J]. IEEE Transactions on Automatic Control, 2014, 60(6): 1677-1682.

[12] Lu M B. A sensory feedback based discrete distributed observer to cooperative output regulation[J]. IEEE Transactions on Automatic Control, 2022, 67(9): 4762-4769.

[13] Wang X L, Hong Y G, Huang J, et al. A distributed control approach to a robust output regulation problem for multi-agent linear systems[J]. IEEE Transactions on Automatic Control, 2010, 55(12): 2891-2895.

[14] Su Y F, Huang J. Cooperative output regulation of linear multi-agent systems[J]. IEEE Transactions on Automatic Control, 2012, 57(4): 1062-1066.

[15] Su Y F, Huang J. Cooperative output regulation of linear multi-agent systems by output feedback[J]. Systems & Control Letters, 2012, 61(12): 1248-1253.

[16] Lu M B, Liu L. Leader-following attitude consensus of multiple rigid spacecraft systems under switching networks[J]. IEEE Transactions on Automatic Control, 2019, 65(2): 839-845.

[17] Saber R O, Fax J A, Murray R M. Consensus and cooperation in networked multi-agent systems[J]. Proceedings of the IEEE, 2007, 95(1): 215-233.

[18] Olfati-Saber R, Murray R M. Consensus problems in networks of agents with switching topology and time-delays[J]. IEEE Transactions on Automatic Control, 2004, 49(9): 1520-1533.

[19] Ni W, Cheng D Z. Leader-following consensus of multi-agent systems under fixed and switching topologies[J]. Systems & Control Letters, 2010, 59(3-4): 209-217.

[20] Su Y F, Huang J. Cooperative output regulation with application to multi-agent consensus under switching network[J]. IEEE Transactions on Systems, Man, and Cybernetics, Part B (Cybernetics), 2012, 42(3): 864-875.

[21] Yang R H, Zhang H, Feng G, et al. Robust cooperative output regulation of multi-agent systems via adaptive event-triggered control[J]. Automatica, 2019, 102: 129-136.

[22] Lu M B, Liu L. Distributed feedforward approach to cooperative output regulation subject to communication delays and switching networks[J]. IEEE Transactions on Automatic Control, 2016, 62(4): 1999-2005.

[23] Xiang J, Wei W, Li Y J. Synchronized output regulation of linear networked systems[J]. IEEE Transactions on Automatic Control, 2009, 54(6): 1336-1341.

[24] Cai H, Su Y F, Huang J. Cooperative Control of Multi-agent Systems: Distributed-Observer and Internal-Model-Approaches[M]. Basel: Springer Nature Switzerland AG, 2022.

[25] Ren W, Beard R W. Consensus seeking in multiagent systems under dynamically changing interaction topologies[J]. IEEE Transactions on Automatic Control, 2005, 50(5): 655-661.

[26] Kim H K, Shim H B, Seo J H. Output consensus of heterogeneous uncertain linear multi-agent systems[J]. IEEE Transactions on Automatic Control, 2010, 56(1): 200-206.

[27] Su Y F, Huang J. Two consensus problems for discrete-time multi-agent systems with switching network topology[J]. Automatica, 2012, 48(9): 1988-1997.

[28] Su Y F, Cai H, Huang J. The cooperative output regulation by the distributed observer approach[J]. International Journal of Network Dynamics and Intelligence, 2022, 22: 20-35.

[29] Su Y F, Cai H, Huang J. An overview on the distributed internal model approach and its applications[J]. Control Theory and Technology, 2024, 22(3): 345-359.

[30] Cai H, Hu G Q, Lewis F L, et al. A distributed feedforward approach to cooperative control of AC microgrids[J]. IEEE Transactions on Power Systems, 2015, 31(5): 4057-4067.

[31] Dong Y, Huang J. Leader-following connectivity preservation rendezvous of multiple double integrator systems based on position measurement only[J]. IEEE Transactions on Automatic Control, 2014, 59(9): 2598-2603.

[32] Yu X, Liu L. Distributed formation control of nonholonomic vehicles subject to velocity constraints[J]. IEEE Transactions on Industrial Electronics, 2015, 63(2): 1289-1298.

[33] Su Y F, Hong Y G, Huang J. A general result on the robust cooperative output regulation for linear uncertain multi-agent systems[J]. IEEE Transactions on Automatic Control, 2012, 58(5): 1275-1279.

[34] Cai H, Huang J. Leader-following consensus of multiple uncertain Euler-Lagrange systems under switching network topology[J]. International Journal of General Systems, 2014, 43(3-4): 294-304.

[35] Lu M B, Liu L. Leader-following consensus of multiple uncertain Euler-Lagrange systems subject to communication delays and switching networks[J]. IEEE Transactions on Automatic Control, 2017, 63(8): 2604-2611.

[36] Cai H, Lewis F L, Hu G Q, et al. The adaptive distributed observer approach to the cooperative output regulation of linear multi-agent systems[J]. Automatica, 2017, 75: 299-305.

[37] Cai H, Huang J. The leader-following consensus for multiple uncertain Euler-Lagrange systems with an adaptive distributed observer[J]. IEEE Transactions on Automatic Control, 2015, 61(10): 3152-3157.

[38] Huang J. The cooperative output regulation problem of discrete-time linear multi-agent systems by the adaptive distributed observer[J]. IEEE Transactions on Automatic Control, 2016, 62(4): 1979-1984.

[39] Liu T, Huang J. Adaptive cooperative output regulation of discrete-time linear multi-agent systems by a distributed feedback control law[J]. IEEE Transactions on Automatic Control, 2018, 63(12): 4383-4390.

[40] Wang S M, Huang J. Adaptive leader-following consensus for multiple Euler-Lagrange systems with an uncertain leader system[J]. IEEE Transactions on Neural Networks and Learning Systems, 2018, 30(7): 2188-2196.

[41] Wang S M, Huang J. Cooperative output regulation of linear multi-agent systems subject to an uncertain leader system[J]. International Journal of Control, 2019, 94(4): 952-960.

[42] Lu M B, Liu L. Cooperative output regulation of linear multi-agent systems by a novel distributed dynamic compensator[J]. IEEE Transactions on Automatic Control, 2017, 62(12): 6481-6488.

[43] Lu M B, Liu L. A low gain approach to output consensus of networked heterogeneous linear multi-agent systems[J]. SIAM Journal on Control and Optimization, 2021, 59(6): 4295-4313.

[44] Lu M B, Liu L. Leader-following consensus of second-order nonlinear multi-agent systems subject to disturbances[J]. Frontiers of Information Technology & Electronic Engineering, 2019, 20(1): 88-94.

[45] Lu M B, Liu L. Leader-following consensus of multiple uncertain Euler-Lagrange systems[J]. International Journal of Robust and Nonlinear Control, 2018, 28(14): 4093-4104.

[46] Lu M B, Huang J. Internal model approach to cooperative robust output regulation for linear uncertain time-delay multiagent systems[J]. International Journal of Robust and Nonlinear Control, 2018, 28(6): 2528-2542.

[47] Yan Y M, Huang J. Cooperative robust output regulation problem for discrete-time linear time-delay multi-agent systems[J]. International Journal of Robust and Nonlinear Control, 2018, 28(3): 1035-1048.

[48] Huang J. Nonlinear Output Regulation: Theory and Applications[M]. Philadelphia: Society for Industrial and Applied Mathematics, 2004.

[49] Davison E. The robust control of a servomechanism problem for linear time-invariant multivariable systems[J]. IEEE Transactions on Automatic Control, 1976, 21(1): 25-34.

[50] Francis B A, Wonham W M. The internal model principle of control theory[J]. Automatica, 1976, 12(5): 457-465.

[51] Francis B A. The linear multivariable regulator problem[J]. SIAM Journal on Control and Optimization, 1977, 15(3): 486-505.

[52] Dong Y, Huang J. Cooperative global robust output regulation for nonlinear multi-agent systems in output feedback form[J]. Journal of Dynamic Systems, Measurement, and Control, 2014, 136(3): 031001.

[53] Su Y F, Huang J. Cooperative global output regulation of heterogeneous second-order nonlinear uncertain multi-agent systems[J]. Automatica, 2013, 49(11): 3345-3350.

[54] Dong Y, Huang J. Cooperative global output regulation for a class of nonlinear multi-agent systems[J]. IEEE Transactions on Automatic Control, 2013, 59(5): 1348-1354.

[55] Xu D B, Hong Y G, Wang X H. Distributed output regulation of nonlinear multi-agent systems via host internal model[J]. IEEE Transactions on Automatic Control, 2014, 59(10): 2784-2789.

[56] Su Y F, Huang J. Cooperative robust output regulation of a class of heterogeneous linear uncertain multi-agent systems[J]. International Journal of Robust and Nonlinear Control, 2014, 24(17): 2819-2839.

[57] Su Y F. Output feedback cooperative control for linear uncertain multi-agent systems with nonidentical relative degrees[J]. IEEE Transactions on Automatic Control, 2016, 61(12): 4027-4033.

[58] Su Y F. Leader-following rendezvous with connectivity preservation and disturbance rejection via internal model approach[J]. Automatica, 2015, 57: 203-212.

[59] Lu M B, Liu L. Leader-following consensus of multiple uncertain Euler-Lagrange systems with unknown dynamic leader[J]. IEEE Transactions on Automatic Control, 2019, 64(10): 4167-4173.

第 2 章　线性异构多智能体系统一致性调控

2.1　引　　言

本章研究具有不同线性动力学特性的异构多智能体系统的输出同步调控问题，提出一种分布式输出反馈控制方法。对于每个智能体，其控制器由每个智能体的局部状态观测器和一类同步信号生成器组成。值得一提的是，本章所提出的同步信号生成器是基于系统的相对测量输出而非相对内部状态，因此降低了不同智能体之间交换内部状态带来的复杂性，使得提出的控制策略在只有传感网络时更具有实用价值。与此同时，控制器部署的便利性也增加了控制器参数设计和稳定性分析的难度。为克服技术上的难点，本章通过在控制器参数中引入低增益设计方法，并基于李雅普诺夫（Lyapunov）方法提出控制器作用下闭环系统的稳定性分析方法，解决线性异构多智能体的输出同步调控问题。

符号说明　对于 $\boldsymbol{M} \in \mathbb{R}^{n\times m}$，记其转置矩阵为 $\boldsymbol{M}^{\mathrm{T}}$。对于 $\boldsymbol{N} \in \mathbb{C}^{n\times m}$，记其共轭转置矩阵为 $\boldsymbol{N}^{\mathrm{H}}$。记 $\mathrm{Re}(x)$ 为复数 x 的实部。对于 $\boldsymbol{z}_i \in \mathbb{R}^{m_i}$，$i = 1,2,\cdots,n$，定义 $\mathrm{col}(\boldsymbol{z}_1,\boldsymbol{z}_2,\cdots,\boldsymbol{z}_n) = [\boldsymbol{z}_1^{\mathrm{T}},\boldsymbol{z}_2^{\mathrm{T}},\cdots,\boldsymbol{z}_n^{\mathrm{T}}]^{\mathrm{T}}$。对于 $a_i \in \mathbb{R}$，$i = 1,2,\cdots,n$，$\boldsymbol{A} = \mathrm{diag}(a_1,a_2,\cdots,a_n)$ 表示一个对角线元素为 a_i 的对角矩阵。对于 $\boldsymbol{A}_i \in \mathbb{R}^{n_i\times n_i}$，$i = 1,2,\cdots,n$，$\boldsymbol{A} = \mathrm{block\ diag}(\boldsymbol{A}_1,\boldsymbol{A}_2,\cdots,\boldsymbol{A}_n)$ 表示一个块对角矩阵，其块对角元素为 $\boldsymbol{A}_i$。对于 $\boldsymbol{A} \in \mathbb{C}^{n\times n}$，$\lambda_i(\boldsymbol{A})$ 表示 $\boldsymbol{A}$ 矩阵所有的特征值，$\sigma(\boldsymbol{A})$ 表示 $\boldsymbol{A}$ 的谱。对于 $\boldsymbol{A} = \boldsymbol{A}^{\mathrm{T}} \in \mathbb{R}^{n\times n}$，分别记其最小特征值与最大特征值为 $\lambda_m(\boldsymbol{A})$ 与 $\lambda_M(\boldsymbol{A})$。用 $\otimes$ 与 $\oplus$ 分别表示矩阵的克罗内克积与直和。

2.2　线性异构多智能体系统一致性调控问题

考虑以下线性异构多智能体系统：

$$\begin{cases}\dot{\boldsymbol{x}}_i = \boldsymbol{A}_i\boldsymbol{x}_i + \boldsymbol{B}_i\boldsymbol{u}_i \\ \boldsymbol{y}_i = \boldsymbol{C}_i\boldsymbol{x}_i\end{cases},\quad i = 1,2,\cdots,N \tag{2.1}$$

其中，$\boldsymbol{x}_i \in \mathbb{R}^{n_i}$ 是系统状态；$\boldsymbol{u}_i \in \mathbb{R}^{m_i}$ 是控制输入；$\boldsymbol{y}_i \in \mathbb{R}^{p}$ 是测量输出。不失一般性，假定对于所有 $i = 1, 2, \cdots, N$，矩阵对 $(\boldsymbol{A}_i, \boldsymbol{B}_i)$ 是可镇定的，$(\boldsymbol{C}_i, \boldsymbol{A}_i)$ 是可检测的。

2.2.1 基础知识

给定线性异构多智能体系统 (2.1) ，可以定义一个非负矩阵 $\boldsymbol{\mathcal{A}} = [a_{ij}] \in \mathbb{R}^{N\times N}$。其中，当且仅当智能体 i 能够测量与智能体 j 的相对输出 $(\boldsymbol{y}_j - \boldsymbol{y}_i)$ 时，$a_{ij} > 0$，$i = 1, 2, \cdots, N$，$j = 1, 2, \cdots, N$，且对于 $i = 1, 2, \cdots, N$，$a_{ii} = 0$。定义 $\mathcal{G} = (\mathcal{V}, \mathcal{E})$ 为矩阵 $\boldsymbol{\mathcal{A}}$ 对应的有向图[1]。此时，$\mathcal{V} = \{1, 2, \cdots, N\}$ 表示节点集合，其中每个节点 i 对应线性异构多智能体系统 (2.1) 的第 i 个子系统，当且仅当 $a_{ji} > 0$ 时，$(i, j) \in \mathcal{E}$。此有向图 $\mathcal{G}$ 的拉普拉斯矩阵定义为 $\boldsymbol{\mathcal{L}} = [l_{ij}] \in \mathbb{R}^{N\times N}$，其中 $l_{ij} = -a_{ij}$，$i \neq j$，$i, j = 1, 2, \cdots, N$，同时 $l_{ii} = \sum\limits_{j=1}^{N} a_{ij}$，$i = 1, 2, \cdots, N$。最后定义节点 i 的邻居集合为 $\mathcal{N}_i = \{j, (j, i) \in \mathcal{E}\}$。

2.2.2 问题描述

现将线性异构多智能体系统的输出同步问题描述如下。

问题 2.1 给定线性异构多智能体系统 (2.1) 和一个有向图 $\mathcal{G}$，设计如下形式的分布式动态输出反馈控制器：

$$\begin{cases} \boldsymbol{u}_i = \boldsymbol{D}_i \boldsymbol{v}_i + \boldsymbol{E}_i \boldsymbol{\zeta}_i + \boldsymbol{F}_i \boldsymbol{y}_i \\ \dot{\boldsymbol{v}}_i = \boldsymbol{H}_i \boldsymbol{v}_i + \boldsymbol{G}_i \boldsymbol{\zeta}_i + \boldsymbol{J}_i \boldsymbol{y}_i \\ \boldsymbol{\zeta}_i = \sum\limits_{j\in\mathcal{N}_i} a_{ij}(\boldsymbol{y}_j - \boldsymbol{y}_i) \end{cases} \tag{2.2}$$

其中，$\boldsymbol{v}_i \in \mathbb{R}^{n_{v_i}}$ 是内部状态；$\boldsymbol{D}_i$、$\boldsymbol{E}_i$、$\boldsymbol{F}_i$、$\boldsymbol{H}_i$、$\boldsymbol{G}_i$ 和 $\boldsymbol{J}_i$ 是维数适当的待定矩阵，使得对于任意初始条件 $\boldsymbol{x}_i(0)$、$\boldsymbol{v}_i(0)$，$i = 1, 2, \cdots, N$，线性异构多智能体系统 (2.1) 的输出满足

$$\lim_{t\to\infty} (\boldsymbol{y}_i(t) - \boldsymbol{y}_j(t)) = \boldsymbol{0}, \quad \forall i, j = 1, 2, \cdots, N \tag{2.3}$$

为解决问题 2.1，针对多智能体系统的传感网络，给出以下基本假设。

假设 2.1 有向图 $\mathcal{G}$ 中包含一个有向生成树。

注 2.1 当且仅当假设 2.1 成立时，拉普拉斯矩阵 $\boldsymbol{\mathcal{L}}$ 在原点有一个特征值，并且 $\boldsymbol{\mathcal{L}}$ 的所有其他特征值都具有正实部[1]。

2.3 基于输出的分布式同步调控

输出同步调控问题可解意味着存在一个共同参考信号 $\boldsymbol{y}_0(t)$，称为同步信号，使得 $\lim\limits_{t\to\infty}(\boldsymbol{y}_i(t)-\boldsymbol{y}_0(t))=\boldsymbol{0}$，$i=1,2,\cdots,N$。考虑到由系统 (2.1) 和控制器 (2.2) 组成的整个闭环系统是线性的，同步信号 $\boldsymbol{y}_0$ 应该由一个线性系统生成，即

$$\begin{cases}\dot{\boldsymbol{v}}=\boldsymbol{S}\boldsymbol{v}\\ \boldsymbol{y}_0=\boldsymbol{F}\boldsymbol{v}\end{cases}\tag{2.4}$$

其中，$\boldsymbol{v}\in\mathbb{R}^q$；矩阵对 $(\boldsymbol{F},\boldsymbol{S})$ 是可观测的。不失一般性，假设 $\boldsymbol{S}$ 没有带负实部的特征值。此外，本节也不考虑指数发散的同步信号，因此给出以下假设。

假设 2.2 $\boldsymbol{S}$ 的所有特征值都在虚轴上。

注 2.2 在假设 2.2 下，系统 (2.4) 能够产生一系列信号，如正弦信号和无界多项式发散信号等。在线性异构多智能体系统的输出同步调控的经典研究成果[2,3] 中也使用了相同的假设。

为了实现系统 (2.1) 的输出信号与系统 (2.4) 的输出信号同步，还需要以下假设。

假设 2.3 线性矩阵方程

$$\begin{cases}\boldsymbol{A}_i\boldsymbol{X}_i+\boldsymbol{B}_i\boldsymbol{U}_i=\boldsymbol{X}_i\boldsymbol{S}\\ \boldsymbol{C}_i\boldsymbol{X}_i=\boldsymbol{F}\end{cases},\quad i=1,2,\cdots,N\tag{2.5}$$

有解 $(\boldsymbol{X}_i,\boldsymbol{U}_i)$。

注 2.3 如果与系统 (2.1) 和系统 (2.4) 相关的传输零点条件得到满足，那么假设 2.3 就成立[4]。此外，假设 2.3 是解决输出同步调控问题的充分必要条件[3]。

接下来，给出如下分布式动态输出反馈控制器：

$$\begin{cases}\boldsymbol{u}_i=\boldsymbol{K}_i\hat{\boldsymbol{x}}_i+\boldsymbol{K}_{\eta_i}\boldsymbol{\eta}_i\\ \dot{\hat{\boldsymbol{x}}}_i=\boldsymbol{A}_i\hat{\boldsymbol{x}}_i+\boldsymbol{B}_i\boldsymbol{u}_i+\boldsymbol{L}_i(\hat{\boldsymbol{y}}_i-\boldsymbol{y}_i),\quad i=1,2,\cdots,N\\ \dot{\boldsymbol{\eta}}_i=\boldsymbol{S}\boldsymbol{\eta}_i+\boldsymbol{K}_0\sum\limits_{j\in\mathcal{N}_i}a_{ij}(\boldsymbol{y}_j-\boldsymbol{y}_i)\end{cases}\tag{2.6}$$

其中，$\boldsymbol{\eta}_i \in \mathbb{R}^q$ 是同步信号生成器，用于生成同步信号；$\hat{\boldsymbol{y}}_i = \boldsymbol{C}_i \hat{\boldsymbol{x}}_i$ 是观测器 $\hat{\boldsymbol{x}}_i$ 的测量输出；$\boldsymbol{K}_i \in \mathbb{R}^{m_i \times n_i}$、$\boldsymbol{K}_{\eta_i} \in \mathbb{R}^{m_i \times q}$、$\boldsymbol{L}_i \in \mathbb{R}^{n_i \times p}$ 和 $\boldsymbol{K}_0 \in \mathbb{R}^{q \times p}$ 是某些待设计的常数矩阵。

2.4 稳定性分析

为了解决输出同步调控问题，本节建立以下两个引理，并以此提出一类线性系统的稳定性结果。

引理 2.1

考虑如下系统：

$$\dot{\boldsymbol{\xi}} = (\boldsymbol{I}_N \otimes \boldsymbol{A} - \boldsymbol{H} \otimes \boldsymbol{B}\boldsymbol{K})\boldsymbol{\xi} \tag{2.7}$$

其中，$\boldsymbol{\xi} = \mathrm{col}(\xi_1, \xi_2, \cdots, \xi_N)$，$\xi_i \in \mathbb{C}^n$；矩阵 $\boldsymbol{A} \in \mathbb{R}^{n \times n}$ 和 $\boldsymbol{B} \in \mathbb{R}^{n \times p}$ 满足 $(\boldsymbol{A}, \boldsymbol{B})$ 是可控的，矩阵 $\boldsymbol{A}$ 的所有特征值都在虚轴上；矩阵 $\boldsymbol{H}$ 的所有特征值都具有正实部。

假设 $\boldsymbol{H}$ 是若尔当（Jordan）形式，即 $\boldsymbol{H} = \boldsymbol{H}_{J_1} \oplus \boldsymbol{H}_{J_2} \oplus \cdots \oplus \boldsymbol{H}_{J_q}$，其中 $\boldsymbol{H}_{J_i}$ 是关于 $\lambda_i(\boldsymbol{H})$ 的第 i 个上三角 Jordan 块，维数为 p_i，满足 $\sum_{i=1}^{q} p_i = N$。令

$$\boldsymbol{K} = \boldsymbol{B}^{\mathrm{T}} \boldsymbol{P}_0(\mu) \tag{2.8}$$

其中，$\boldsymbol{P}_0(\mu) = \boldsymbol{P}_0(\mu)^{\mathrm{T}} > 0$ 是含参代数里卡蒂（Riccati）方程

$$\boldsymbol{A}^{\mathrm{T}} \boldsymbol{P}_0(\mu) + \boldsymbol{P}_0(\mu)\boldsymbol{A} + \mu \boldsymbol{P}_0(\mu) - \tau \boldsymbol{P}_0(\mu)\boldsymbol{B}\boldsymbol{B}^{\mathrm{T}} \boldsymbol{P}_0(\mu) = 0 \tag{2.9}$$

的唯一解，其中 $\mu > 0$，$0 < \tau \leqslant \dfrac{1}{2}\min\{\mathrm{Re}(\lambda_i(\boldsymbol{H})), i = 1, 2, \cdots, N\}$。令

$$\boldsymbol{V}_\xi(\boldsymbol{\xi}) = \boldsymbol{\xi}^{\mathrm{H}} (\boldsymbol{C}_0 \otimes \boldsymbol{P}_0) \boldsymbol{\xi} \tag{2.10}$$

其中

$$\boldsymbol{C}_0 = \mathrm{diag}\left(1, \frac{1}{\tau^2}, \cdots, \frac{1}{\tau^{2(p_1-1)}}, \cdots, 1, \frac{1}{\tau^2}, \cdots, \frac{1}{\tau^{2(p_q-1)}}\right) \tag{2.11}$$

那么，沿着系统 (2.7) 的轨迹，可得

$$\dot{\boldsymbol{V}}_\xi(\boldsymbol{\xi}) \leqslant -b_0 \mu \boldsymbol{\xi}^{\mathrm{H}} (\boldsymbol{I}_N \otimes \boldsymbol{P}_0) \boldsymbol{\xi} \tag{2.12}$$

其中，$b_0 = \lambda_m(\boldsymbol{C}_0)$。

注 2.4 系统 (2.7) 是从线性多智能体系统的输出同步问题中衍生出来的。对于系统 (2.7) 的稳定性，已有许多学者在多种不同的条件下进行了深入研究[5-7]。本节得到的稳定性结果与现有的研究有所不同，具体体现在，本节新增了一个设计参数 μ ，其对于稳定性分析和控制器设计具有关键作用。为简洁起见，本节暂不给出引理 2.1 的证明过程。

接下来，在以下引理中介绍一项关于矩阵的结论，该结论的证明可以通过简单的矩阵变换得到，故省略。

引理 2.2

对于一个方阵 $\boldsymbol{M} \in \mathbb{C}^{n\times n}$，总会存在一个非奇异矩阵 $\boldsymbol{N} \in \mathbb{C}^{n\times n}$，使得 $\boldsymbol{M}^{\mathrm{T}} = \boldsymbol{N}\boldsymbol{M}\boldsymbol{N}^{-1}$。

现将线性异构多智能体系统 (2.1) 的输出同步问题可解性总结如下。

定理 2.1

考虑具有 N 个智能体的线性异构多智能体系统 (2.1) 。在假设 2.1 ~ 假设 2.3 下，选择 $\boldsymbol{K}_i$ 和 $\boldsymbol{L}_i$ 使得 $\boldsymbol{A}_i + \boldsymbol{B}_i\boldsymbol{K}_i$ 和 $\boldsymbol{A}_i + \boldsymbol{L}_i\boldsymbol{C}_i$ 是赫尔维茨 (Hurwitz) 矩阵，且 $\boldsymbol{K}_{\eta_i} = \boldsymbol{U}_i - \boldsymbol{K}_i\boldsymbol{X}_i$，$i = 1, 2, \cdots, N$，$\boldsymbol{K}_0 = \boldsymbol{P}(\mu)\boldsymbol{F}^{\mathrm{T}}$，其中 $\boldsymbol{P}(\mu) = \boldsymbol{P}(\mu)^{\mathrm{T}} > 0$ 是含参代数 Riccati 方程

$$\boldsymbol{S}\boldsymbol{P}(\mu) + \boldsymbol{P}(\mu)\boldsymbol{S}^{\mathrm{T}} + \mu\boldsymbol{P}(\mu) - \tau\boldsymbol{P}(\mu)\boldsymbol{F}^{\mathrm{T}}\boldsymbol{F}\boldsymbol{P}(\mu) = 0 \tag{2.13}$$

的唯一解，其中 $\mu > 0$ ，$0 < \tau \leqslant \frac{1}{2}\lambda_c$ ，而 $\lambda_c > 0$ 是 $\boldsymbol{\mathcal{L}}$ 非零特征值实部的下界。系统 (2.1) 的输出同步问题可以通过分布式动态输出反馈控制器 (2.6) 解决。

证明 由分布式动态输出反馈控制器 (2.6) 得到闭环系统：

$$\begin{cases} \dot{\boldsymbol{x}}_i = \boldsymbol{A}_i\boldsymbol{x}_i + \boldsymbol{B}_i\boldsymbol{K}_i\hat{\boldsymbol{x}}_i + \boldsymbol{B}_i(\boldsymbol{U}_i - \boldsymbol{K}_i\boldsymbol{X}_i)\boldsymbol{\eta}_i \\ \dot{\hat{\boldsymbol{x}}}_i = \boldsymbol{A}_i\hat{\boldsymbol{x}}_i + \boldsymbol{B}_i\boldsymbol{K}_i\hat{\boldsymbol{x}}_i + \boldsymbol{B}_i(\boldsymbol{U}_i - \boldsymbol{K}_i\boldsymbol{X}_i)\boldsymbol{\eta}_i + \boldsymbol{L}_i(\hat{\boldsymbol{y}}_i - \boldsymbol{y}_i), \quad i = 1, 2, \cdots, N \\ \dot{\boldsymbol{\eta}}_i = \boldsymbol{S}\boldsymbol{\eta}_i + \boldsymbol{K}_0 \sum\limits_{j\in\mathcal{N}_i} a_{ij}(\boldsymbol{y}_j - \boldsymbol{y}_i) \end{cases} \tag{2.14}$$

定义如下坐标变换：

$$
\begin{cases}\bar{\boldsymbol{x}}_i=\boldsymbol{x}_i-\boldsymbol{X}_i\boldsymbol{\eta}_i\\ \tilde{\boldsymbol{x}}_i=\boldsymbol{x}_i-\hat{\boldsymbol{x}}_i\end{cases},\quad i=1,2,\cdots,N \tag{2.15}
$$

其中，$\boldsymbol{X}_i$ 是方程 (2.5) 的解，则在假设 2.3 下，闭环系统 (2.14) 可转换为如下形式：

$$
\dot{\boldsymbol{\eta}}_i=\boldsymbol{S}\boldsymbol{\eta}_i+\boldsymbol{K}_0\boldsymbol{F}\sum_{j\in\mathcal{N}_i}a_{ij}(\boldsymbol{\eta}_j-\boldsymbol{\eta}_i)+\boldsymbol{K}_0\sum_{j\in\mathcal{N}_i}a_{ij}(\boldsymbol{C}_j\bar{\boldsymbol{x}}_j-\boldsymbol{C}_i\bar{\boldsymbol{x}}_i) \tag{2.16}
$$

$$
\begin{aligned}\dot{\bar{\boldsymbol{x}}}_i=&(\boldsymbol{A}_i+\boldsymbol{B}_i\boldsymbol{K}_i)\bar{\boldsymbol{x}}_i-\boldsymbol{X}_i\boldsymbol{K}_0\sum_{j\in\mathcal{N}_i}a_{ij}(\boldsymbol{C}_j\bar{\boldsymbol{x}}_j-\boldsymbol{C}_i\bar{\boldsymbol{x}}_i)\\&-\boldsymbol{X}_i\boldsymbol{K}_0\boldsymbol{F}\sum_{j\in\mathcal{N}_i}a_{ij}(\boldsymbol{\eta}_j-\boldsymbol{\eta}_i)-\boldsymbol{B}_i\boldsymbol{K}_i\tilde{\boldsymbol{x}}_i\end{aligned} \tag{2.17}
$$

$$
\begin{aligned}\dot{\tilde{\boldsymbol{x}}}_i&=\boldsymbol{A}_i\boldsymbol{x}_i+\boldsymbol{B}_i\boldsymbol{u}_i-\boldsymbol{A}_i\hat{\boldsymbol{x}}_i-\boldsymbol{B}_i\boldsymbol{u}_i-\boldsymbol{L}_i(\hat{\boldsymbol{y}}_i-\boldsymbol{y}_i)\\&=(\boldsymbol{A}_i+\boldsymbol{L}_i\boldsymbol{C}_i)\tilde{\boldsymbol{x}}_i\end{aligned} \tag{2.18}
$$

令 $\boldsymbol{\eta}=\mathrm{col}(\boldsymbol{\eta}_1,\boldsymbol{\eta}_2,\cdots,\boldsymbol{\eta}_N)$，$\bar{\boldsymbol{x}}=\mathrm{col}(\bar{\boldsymbol{x}}_1,\bar{\boldsymbol{x}}_2,\cdots,\bar{\boldsymbol{x}}_N)$，$\tilde{\boldsymbol{x}}=\mathrm{col}(\tilde{\boldsymbol{x}}_1,\tilde{\boldsymbol{x}}_2,\cdots,\tilde{\boldsymbol{x}}_N)$。由系统 (2.16) ~ 系统 (2.18) 组成的闭环系统可表示为以下紧凑形式：

$$
\begin{cases}\dot{\boldsymbol{\eta}}=(\boldsymbol{I}_N\otimes\boldsymbol{S}-\boldsymbol{\mathcal{L}}\otimes\boldsymbol{K}_0\boldsymbol{F})\boldsymbol{\eta}-(\boldsymbol{\mathcal{L}}\otimes\boldsymbol{K}_0)\boldsymbol{C}\bar{\boldsymbol{x}}\\ \dot{\bar{\boldsymbol{x}}}=\bar{\boldsymbol{A}}\bar{\boldsymbol{x}}+\boldsymbol{X}(\boldsymbol{\mathcal{L}}\otimes\boldsymbol{K}_0)\boldsymbol{C}\bar{\boldsymbol{x}}+\boldsymbol{X}(\boldsymbol{\mathcal{L}}\otimes\boldsymbol{K}_0\boldsymbol{F})\boldsymbol{\eta}+\tilde{\boldsymbol{B}}\tilde{\boldsymbol{x}}\\ \dot{\tilde{\boldsymbol{x}}}=\tilde{\boldsymbol{A}}\tilde{\boldsymbol{x}}\end{cases} \tag{2.19}
$$

其中，$\bar{\boldsymbol{A}}=\text{block diag}((\boldsymbol{A}_1+\boldsymbol{B}_1\boldsymbol{K}_1),(\boldsymbol{A}_2+\boldsymbol{B}_2\boldsymbol{K}_2),\cdots,(\boldsymbol{A}_N+\boldsymbol{B}_N\boldsymbol{K}_N))$；$\boldsymbol{X}=\text{block diag}(\boldsymbol{X}_1,\boldsymbol{X}_2,\cdots,\boldsymbol{X}_N)$；$\boldsymbol{C}=\text{block diag}(\boldsymbol{C}_1,\boldsymbol{C}_2,\cdots,\boldsymbol{C}_N)$；$\tilde{\boldsymbol{A}}=\text{block diag}((\boldsymbol{A}_1+\boldsymbol{L}_1\boldsymbol{C}_1),(\boldsymbol{A}_2+\boldsymbol{L}_2\boldsymbol{C}_2),\cdots,(\boldsymbol{A}_N+\boldsymbol{L}_N\boldsymbol{C}_N))$；$\tilde{\boldsymbol{B}}=\text{block diag}\ (-\boldsymbol{B}_1\boldsymbol{K}_1,-\boldsymbol{B}_2\boldsymbol{K}_2,\cdots,-\boldsymbol{B}_N\boldsymbol{K}_N)$。

令 $\boldsymbol{r}\in\mathbb{R}^N$，$\boldsymbol{Q}\in\mathbb{C}^{N\times(N-1)}$，$\boldsymbol{W}\in\mathbb{C}^{(N-1)\times N}$，$\boldsymbol{T}\in\mathbb{C}^{N\times N}$，其定义如下：

$$
\boldsymbol{T}=\begin{bmatrix}\boldsymbol{1}_N & \boldsymbol{Q}\end{bmatrix},\quad \boldsymbol{T}^{-1}=\begin{bmatrix}\boldsymbol{r}^{\mathrm{T}}\\ \boldsymbol{W}\end{bmatrix} \tag{2.20}
$$

矩阵 $\boldsymbol{T}^{-1}\boldsymbol{\mathcal{L}}\boldsymbol{T}$ 的 Jordan 形式如下：

$$\boldsymbol{\mathcal{L}}_J=\boldsymbol{T}^{-1}\boldsymbol{\mathcal{L}}\boldsymbol{T}=\begin{bmatrix} 0 & 0 & \cdots & 0 \\ 0 & & & \\ \vdots & & \hat{\boldsymbol{\mathcal{L}}}_J & \\ 0 & & & \end{bmatrix} \tag{2.21}$$

其中，$\hat{\boldsymbol{\mathcal{L}}}_J=\hat{\boldsymbol{\mathcal{L}}}_{J_1}\oplus\hat{\boldsymbol{\mathcal{L}}}_{J_2}\oplus\cdots\oplus\hat{\boldsymbol{\mathcal{L}}}_{J_p}$，$\hat{\boldsymbol{\mathcal{L}}}_{J_i}$ 是 $\boldsymbol{\mathcal{L}}$ 关于第 i 个非零特征值的第 i 个 Jordan 块，维数为 q_i，且满足 $\sum\limits_{i=1}^{p}q_i=N-1$。不失一般性，假设 $\hat{\boldsymbol{\mathcal{L}}}_{J_i}$ 具有如下形式：

$$\hat{\boldsymbol{\mathcal{L}}}_{J_i}=\begin{bmatrix} \lambda_i(\boldsymbol{\mathcal{L}}) & & & \\ 1 & \lambda_i(\boldsymbol{\mathcal{L}}) & & \\ & \ddots & \ddots & \\ & & 1 & \lambda_i(\boldsymbol{\mathcal{L}}) \end{bmatrix}_{q_i\times q_i} \tag{2.22}$$

令 $\bar{\boldsymbol{\eta}}=(\boldsymbol{T}^{-1}\otimes\boldsymbol{I}_q)\boldsymbol{\eta}$，则根据系统 (2.19) 和矩阵 (2.21) 可得

$$\dot{\bar{\boldsymbol{\eta}}}=(\boldsymbol{I}_N\otimes\boldsymbol{S}-\boldsymbol{\mathcal{L}}_J\otimes\boldsymbol{K}_0\boldsymbol{F})\,\bar{\boldsymbol{\eta}}-(\boldsymbol{\mathcal{L}}_J\otimes\boldsymbol{K}_0)(\boldsymbol{T}^{-1}\otimes\boldsymbol{I}_p)\boldsymbol{C}\bar{\boldsymbol{x}} \tag{2.23}$$

以及

$$\dot{\bar{\boldsymbol{x}}}=\bar{\boldsymbol{A}}\bar{\boldsymbol{x}}+\boldsymbol{X}(\boldsymbol{\mathcal{L}}\otimes\boldsymbol{K}_0)\boldsymbol{C}\bar{\boldsymbol{x}}+\boldsymbol{X}(\boldsymbol{\mathcal{L}}\boldsymbol{T}\otimes\boldsymbol{K}_0\boldsymbol{F})\bar{\boldsymbol{\eta}}+\tilde{\boldsymbol{B}}\tilde{\boldsymbol{x}} \tag{2.24}$$

定义 $\bar{\boldsymbol{\eta}}=\mathrm{col}(\bar{\boldsymbol{\eta}}_1,\tilde{\boldsymbol{\eta}})$，其中 $\bar{\boldsymbol{\eta}}_1\in\mathbb{C}^q$ ，$\tilde{\boldsymbol{\eta}}\in\mathbb{C}^{(N-1)q}$，并定义矩阵：

$$\boldsymbol{T}_1=\begin{bmatrix}\boldsymbol{0}_{N-1} & \boldsymbol{I}_{N-1}\end{bmatrix} \tag{2.25}$$

那么，系统 (2.23) 可以进一步变换为如下形式：

$$\begin{cases} \dot{\bar{\boldsymbol{\eta}}}_1=\boldsymbol{S}\bar{\boldsymbol{\eta}}_1 \\ \dot{\tilde{\boldsymbol{\eta}}}=\left(\boldsymbol{I}_{N-1}\otimes\boldsymbol{S}-\hat{\boldsymbol{\mathcal{L}}}_J\otimes\boldsymbol{K}_0\boldsymbol{F}\right)\tilde{\boldsymbol{\eta}}-(\hat{\boldsymbol{\mathcal{L}}}_J\otimes\boldsymbol{K}_0)\left(\boldsymbol{T}_1\boldsymbol{T}^{-1}\otimes\boldsymbol{I}_p\right)\boldsymbol{C}\bar{\boldsymbol{x}} \\ \quad=\left(\boldsymbol{I}_{N-1}\otimes\boldsymbol{S}-\hat{\boldsymbol{\mathcal{L}}}_J\otimes\boldsymbol{K}_0\boldsymbol{F}\right)\tilde{\boldsymbol{\eta}}-(\hat{\boldsymbol{\mathcal{L}}}_J\boldsymbol{W}\otimes\boldsymbol{K}_0)\boldsymbol{C}\bar{\boldsymbol{x}} \end{cases} \tag{2.26}$$

此外，对于矩阵 $\boldsymbol{G} \in \mathbb{C}^{N\times(N-1)}$ ，有

$$\boldsymbol{\mathcal{L}T} = \begin{bmatrix} \boldsymbol{0}_N & \boldsymbol{G} \end{bmatrix} \tag{2.27}$$

因此，系统 (2.24) 可以表示为如下形式：

$$\dot{\bar{\boldsymbol{x}}} = \bar{\boldsymbol{A}}\bar{\boldsymbol{x}} + \boldsymbol{X}(\boldsymbol{\mathcal{L}} \otimes \boldsymbol{K}_0)\boldsymbol{C}\bar{\boldsymbol{x}} + \boldsymbol{X}(\boldsymbol{G} \otimes \boldsymbol{K}_0\boldsymbol{F})\tilde{\boldsymbol{\eta}} + \tilde{\boldsymbol{B}}\tilde{\boldsymbol{x}} \tag{2.28}$$

由引理 2.2 可知，总是存在一个非奇异矩阵 $\boldsymbol{Q}_0 \in \mathbb{C}^{(N-1)q\times(N-1)q}$ 使得

$$\left(\boldsymbol{I}_{N-1} \otimes \boldsymbol{S} - \hat{\boldsymbol{\mathcal{L}}}_J \otimes \boldsymbol{K}_0\boldsymbol{F}\right)^{\mathrm{T}} = \boldsymbol{Q}_0\left(\boldsymbol{I}_{N-1} \otimes \boldsymbol{S} - \hat{\boldsymbol{\mathcal{L}}}_J \otimes \boldsymbol{K}_0\boldsymbol{F}\right)\boldsymbol{Q}_0^{-1} \tag{2.29}$$

进一步定义坐标变换 $\hat{\boldsymbol{\eta}} = \boldsymbol{Q}_0\tilde{\boldsymbol{\eta}}$，则闭环系统可变换为如下形式：

$$\begin{cases} \dot{\bar{\boldsymbol{\eta}}}_1 = \boldsymbol{S}\bar{\boldsymbol{\eta}}_1 \\ \dot{\hat{\boldsymbol{\eta}}} = (\boldsymbol{I}_{N-1} \otimes \boldsymbol{S} - \hat{\boldsymbol{\mathcal{L}}}_J \otimes \boldsymbol{K}_0\boldsymbol{F})^{\mathrm{T}}\hat{\boldsymbol{\eta}} - \boldsymbol{Q}_0(\hat{\boldsymbol{\mathcal{L}}}_J\boldsymbol{W} \otimes \boldsymbol{K}_0)\boldsymbol{C}\bar{\boldsymbol{x}} \\ \dot{\bar{\boldsymbol{x}}} = \bar{\boldsymbol{A}}\bar{\boldsymbol{x}} + \boldsymbol{X}(\hat{\boldsymbol{\mathcal{L}}} \otimes \boldsymbol{K}_0)\boldsymbol{C}\bar{\boldsymbol{x}} + \boldsymbol{X}(\boldsymbol{G} \otimes \boldsymbol{K}_0\boldsymbol{F})\boldsymbol{Q}_0^{-1}\hat{\boldsymbol{\eta}} + \tilde{\boldsymbol{B}}\tilde{\boldsymbol{x}} \\ \dot{\tilde{\boldsymbol{x}}} = \tilde{\boldsymbol{A}}\tilde{\boldsymbol{x}} \end{cases} \tag{2.30}$$

因为矩阵对 $(\boldsymbol{F},\boldsymbol{S})$ 是可观测的，所以 $(\boldsymbol{S}^{\mathrm{T}},\boldsymbol{F}^{\mathrm{T}})$ 是可控的。此外，$\boldsymbol{S}$ 的所有特征值都在虚轴上。因此，对于 $\mu > 0$，含参代数 Riccati 方程存在唯一解 $\boldsymbol{P}(\mu) = \boldsymbol{P}(\mu)^{\mathrm{T}} > 0$ 且 $\lim\limits_{\mu\to 0^+} \dfrac{||\boldsymbol{P}(\mu)||}{\mu} < \infty$ [8,9] 。此外，对于 $0<\mu<1$，有

$$\underline{p}_0\mu \leqslant \lambda_i(\boldsymbol{P}(\mu)) \leqslant \bar{p}_0\mu \tag{2.31}$$

其中，$\underline{p}_0$ 和 $\bar{p}_0$ 是正实数[8,9]。

令 $\boldsymbol{V}_1(\hat{\boldsymbol{\eta}}) = \hat{\boldsymbol{\eta}}^{\mathrm{H}}(\boldsymbol{C}_0 \otimes \boldsymbol{P}(\mu))\hat{\boldsymbol{\eta}}$，$b_0 = \lambda_m(\boldsymbol{C}_0)$，$b_1 = b_0\underline{p}_0$，其中 $0<\mu<1$，$\boldsymbol{C}_0 = \mathrm{diag}\left(1, \dfrac{1}{\tau^2}, \cdots, \dfrac{1}{\tau^{2(q_1-1)}}, \cdots, 1, \dfrac{1}{\tau^2}, \cdots, \dfrac{1}{\tau^{2(q_p-1)}}\right)$，$\epsilon_1 = b_1/(2\bar{p}_0^2||\boldsymbol{C}_0||^2 \times ||\boldsymbol{Q}_0||^2||\hat{\boldsymbol{\mathcal{L}}}_J||^2||\boldsymbol{W}||^2||\boldsymbol{C}||^2)$。那么根据引理 2.1，沿系统 (2.30) 所定义的子系统 $\hat{\boldsymbol{\eta}}$ 的轨迹，$\boldsymbol{V}_1(\hat{\boldsymbol{\eta}})$ 的导数满足

$$\begin{aligned}
\dot{\boldsymbol{V}}_1(\hat{\boldsymbol{\eta}}) \leqslant & -b_0\mu\hat{\boldsymbol{\eta}}^{\mathrm{H}}(\boldsymbol{I}_{N-1}\otimes\boldsymbol{P})\hat{\boldsymbol{\eta}}-2\hat{\boldsymbol{\eta}}^{\mathrm{H}}(\boldsymbol{C}_0\otimes\boldsymbol{P})\boldsymbol{Q}_0(\hat{\boldsymbol{\mathcal{L}}}_J\boldsymbol{W}\otimes\boldsymbol{K}_0)\boldsymbol{C}\bar{\boldsymbol{x}} \\
\leqslant & -b_0\underline{p}_0\mu^2||\hat{\boldsymbol{\eta}}||^2-2\hat{\boldsymbol{\eta}}^{\mathrm{H}}(\boldsymbol{C}_0\otimes\boldsymbol{P})\boldsymbol{Q}_0(\hat{\boldsymbol{\mathcal{L}}}_J\boldsymbol{W}\otimes\boldsymbol{K}_0)\boldsymbol{C}\bar{\boldsymbol{x}} \\
\leqslant & -b_1\mu^2||\hat{\boldsymbol{\eta}}||^2+\epsilon_1||\boldsymbol{C}_0||^2||\boldsymbol{P}||^2||\boldsymbol{Q}_0||^2||\hat{\boldsymbol{\mathcal{L}}}_J||^2||\boldsymbol{W}||^2||\boldsymbol{C}||^2||\hat{\boldsymbol{\eta}}||^2 \\
& +\frac{1}{\epsilon_1}\nu^2||\boldsymbol{P}(\mu)||^2||\boldsymbol{F}||^2||\bar{\boldsymbol{x}}||^2 \\
\leqslant & -b_1\mu^2||\hat{\boldsymbol{\eta}}||^2+\epsilon_1\bar{p}_0^2\mu^2||\boldsymbol{C}_0||^2||\boldsymbol{Q}_0||^2||\hat{\boldsymbol{\mathcal{L}}}_J||^2||\boldsymbol{W}||^2||\boldsymbol{C}||^2||\hat{\boldsymbol{\eta}}||^2 \\
& +\frac{1}{\epsilon_1}\nu^2\bar{p}_0^2\mu^2||\boldsymbol{F}||^2||\bar{\boldsymbol{x}}||^2 \\
= & -\frac{1}{2}b_1\mu^2||\hat{\boldsymbol{\eta}}||^2+\frac{1}{\epsilon_1}\nu^2\bar{p}_0^2\mu^2||\boldsymbol{F}||^2||\bar{\boldsymbol{x}}||^2
\end{aligned} \tag{2.32}$$

由于 $\bar{\boldsymbol{A}}$ 是 Hurwitz 矩阵,故存在一个正定矩阵 $\bar{\boldsymbol{P}}=\bar{\boldsymbol{P}}^{\mathrm{T}}$,使得 $\bar{\boldsymbol{A}}^{\mathrm{H}}\bar{\boldsymbol{P}}+\bar{\boldsymbol{P}}\bar{\boldsymbol{A}}=-\boldsymbol{I}$。令 $\boldsymbol{V}_2(\bar{\boldsymbol{x}})=\bar{\boldsymbol{x}}^{\mathrm{H}}\bar{\boldsymbol{P}}\bar{\boldsymbol{x}}$，$0<\mu<\min\{1,\mu_0\}$，其中

$$\mu_0=1/(8\nu\bar{p}_0||\bar{\boldsymbol{P}}||\,||\boldsymbol{X}||\,||\boldsymbol{\mathcal{L}}||\,||\boldsymbol{F}||\,||\boldsymbol{C}||+4\nu^2\bar{p}_0^2||\bar{\boldsymbol{P}}||^2||\boldsymbol{X}||^2||\boldsymbol{G}||^2) \tag{2.33}$$

因此，沿系统 (2.30) 所定义的子系统 $\bar{\boldsymbol{x}}$ 的轨迹，函数 $\boldsymbol{V}_2(\bar{\boldsymbol{x}})$ 的导数满足

$$\begin{aligned}
\dot{\boldsymbol{V}}_2(\bar{\boldsymbol{x}}) \leqslant & -||\bar{\boldsymbol{x}}||^2+\bar{\boldsymbol{x}}^{\mathrm{H}}[\boldsymbol{X}(\boldsymbol{\mathcal{L}}\otimes\boldsymbol{K}_0)\boldsymbol{C}]^{\mathrm{H}}\bar{\boldsymbol{P}}\bar{\boldsymbol{x}}+\hat{\boldsymbol{\eta}}^{\mathrm{H}}[\boldsymbol{X}(\boldsymbol{G}\otimes\boldsymbol{K}_0\boldsymbol{F})\boldsymbol{Q}_0^{-1}]^{\mathrm{H}}\bar{\boldsymbol{P}}\bar{\boldsymbol{x}} \\
& +\bar{\boldsymbol{x}}^{\mathrm{H}}\bar{\boldsymbol{P}}\boldsymbol{X}(\boldsymbol{\mathcal{L}}\otimes\boldsymbol{K}_0)\boldsymbol{C}\bar{\boldsymbol{x}}+\bar{\boldsymbol{x}}^{\mathrm{H}}\bar{\boldsymbol{P}}\boldsymbol{X}(\boldsymbol{G}\otimes\boldsymbol{K}_0\boldsymbol{F})\boldsymbol{Q}_0^{-1}\hat{\boldsymbol{\eta}} \\
& +\frac{1}{4}||\bar{\boldsymbol{x}}||^2+4||\tilde{\boldsymbol{B}}||^2||\bar{\boldsymbol{P}}||^2||\tilde{\boldsymbol{x}}||^2 \\
\leqslant & -\frac{3}{4}||\bar{\boldsymbol{x}}||^2+2\nu\bar{p}_0\mu||\bar{\boldsymbol{P}}||\,||\boldsymbol{X}||\,||\boldsymbol{\mathcal{L}}||\,||\boldsymbol{F}||\,||\boldsymbol{C}||\,||\bar{\boldsymbol{x}}||^2 \\
& +\nu^2\bar{p}_0^2\mu||\bar{\boldsymbol{P}}||^2||\boldsymbol{X}||^2||\boldsymbol{G}||^2||\bar{\boldsymbol{x}}||^2+\mu||\boldsymbol{F}||^4||\boldsymbol{Q}_0^{-1}||^2||\hat{\boldsymbol{\eta}}||^2 \\
& +4||\tilde{\boldsymbol{B}}||^2||\bar{\boldsymbol{P}}||^2||\tilde{\boldsymbol{x}}||^2 \\
= & -\left(\frac{3}{4}-2\nu\bar{p}_0\mu||\bar{\boldsymbol{P}}||\,||\boldsymbol{X}||\,||\boldsymbol{\mathcal{L}}||\,||\boldsymbol{F}||\,||\boldsymbol{C}||\right. \\
& \left.-\nu^2\bar{p}_0^2\mu||\bar{\boldsymbol{P}}||^2||\boldsymbol{X}||^2||\boldsymbol{G}||^2\right)||\bar{\boldsymbol{x}}||^2 \\
& +\mu||\boldsymbol{F}||^4||\boldsymbol{Q}_0^{-1}||^2||\hat{\boldsymbol{\eta}}||^2+4||\tilde{\boldsymbol{B}}||^2||\bar{\boldsymbol{P}}||^2||\tilde{\boldsymbol{x}}||^2 \\
\leqslant & -\frac{1}{2}||\bar{\boldsymbol{x}}||^2+\mu||\boldsymbol{F}||^4||\boldsymbol{Q}_0^{-1}||^2||\hat{\boldsymbol{\eta}}||^2+4||\tilde{\boldsymbol{B}}||^2||\bar{\boldsymbol{P}}||^2||\tilde{\boldsymbol{x}}||^2
\end{aligned} \tag{2.34}$$

由于 $\tilde{\boldsymbol{A}}$ 是 Hurwitz 矩阵，存在一个正定矩阵 $\tilde{\boldsymbol{P}} = \tilde{\boldsymbol{P}}^{\mathrm{T}}$，满足 $\tilde{\boldsymbol{A}}^{\mathrm{T}}\tilde{\boldsymbol{P}} + \tilde{\boldsymbol{P}}\tilde{\boldsymbol{A}} = -\boldsymbol{I}$。定义 $\boldsymbol{V}_3(\tilde{\boldsymbol{x}}) = \tilde{\boldsymbol{x}}^{\mathrm{T}}\tilde{\boldsymbol{P}}\tilde{\boldsymbol{x}}$。那么沿系统 (2.30) 所定义的子系统 $\tilde{\boldsymbol{x}}$ 的轨迹，函数 $\boldsymbol{V}_3(\tilde{\boldsymbol{x}})$ 的导数满足

$$\dot{\boldsymbol{V}}_3(\tilde{\boldsymbol{x}}) = -||\tilde{\boldsymbol{x}}||^2 \tag{2.35}$$

设 $\boldsymbol{V} = \boldsymbol{V}_1(\hat{\boldsymbol{\eta}}) + k_0\mu\boldsymbol{V}_2(\bar{\boldsymbol{x}}) + k_1\boldsymbol{V}_3(\tilde{\boldsymbol{x}})$，其中 $k_0 \leqslant b_1/(4||\boldsymbol{F}||^4||\boldsymbol{Q}_0^{-1}||^2)$，$0 < \mu < \min\{1, \mu_0, \mu_1\}$，其中 $\mu_1 = k_0\epsilon_1/(4\nu^2\bar{p}_0^2||\boldsymbol{F}||^2)$，$k_1 \geqslant 4/3\,(4k_0\mu||\tilde{\boldsymbol{B}}||^2||\bar{\boldsymbol{P}}||^2)$。

那么沿着闭环系统 (2.30) 的轨迹，函数 $\boldsymbol{V}$ 的导数满足

$$\begin{aligned}
\dot{\boldsymbol{V}} \leqslant& -\frac{1}{2}b_1\mu^2||\hat{\boldsymbol{\eta}}||^2 + \frac{1}{\epsilon_1}\nu^2\bar{p}_0^2\mu^2||\boldsymbol{F}||^2||\bar{\boldsymbol{x}}||^2 - \frac{1}{2}k_0\mu||\bar{\boldsymbol{x}}||^2 \\
&+ k_0\mu^2||\boldsymbol{F}||^4||\boldsymbol{Q}_0^{-1}||^2||\hat{\boldsymbol{\eta}}||^2 + 4k_0\mu||\tilde{\boldsymbol{B}}||^2||\bar{\boldsymbol{P}}||^2||\tilde{\boldsymbol{x}}||^2 - k_1||\tilde{\boldsymbol{x}}||^2 \\
=& -\left(\frac{1}{2}b_1 - k_0||\boldsymbol{F}||^4||\boldsymbol{Q}_0^{-1}||^2\right)\mu^2||\hat{\boldsymbol{\eta}}||^2 \\
&- \left(\frac{1}{2}k_0 - \frac{1}{\epsilon_1}\nu^2\bar{p}_0^2\mu||\boldsymbol{F}||^2\right)\mu||\bar{\boldsymbol{x}}||^2 \\
&- (k_1 - 4k_0\mu||\tilde{\boldsymbol{B}}||^2||\bar{\boldsymbol{P}}||^2)||\tilde{\boldsymbol{x}}||^2 \\
\leqslant& -\frac{1}{4}b_1\mu^2||\hat{\boldsymbol{\eta}}||^2 - \frac{1}{4}k_0\mu||\bar{\boldsymbol{x}}||^2 - \frac{1}{4}k_1||\tilde{\boldsymbol{x}}||^2
\end{aligned} \tag{2.36}$$

因此，可得 $\lim\limits_{t\to\infty}\hat{\boldsymbol{\eta}}(t) = \boldsymbol{0}$，$\lim\limits_{t\to\infty}\bar{\boldsymbol{x}}(t) = \boldsymbol{0}$，$\lim\limits_{t\to\infty}\tilde{\boldsymbol{x}}(t) = \boldsymbol{0}$。此外，由 $\lim\limits_{t\to\infty}\tilde{\boldsymbol{\eta}}(t) = \boldsymbol{0}$ 可知，当 $t \to \infty$ 时，有

$$\bar{\boldsymbol{\eta}}(t) \to \begin{bmatrix} \bar{\boldsymbol{\eta}}_1(t) \\ \boldsymbol{0}_{q(N-1)} \end{bmatrix} \tag{2.37}$$

当 $t \to \infty$ 时，有

$$\begin{aligned}
\boldsymbol{\eta}(t) &\to (\boldsymbol{T} \otimes \boldsymbol{I}_q)\bar{\boldsymbol{\eta}}(t) \\
&\to \begin{bmatrix} \boldsymbol{1}_N \otimes \boldsymbol{I}_q & \boldsymbol{Q} \otimes \boldsymbol{I}_q \end{bmatrix} \begin{bmatrix} \bar{\boldsymbol{\eta}}_1(t) \\ \boldsymbol{0}_{q(N-1)} \end{bmatrix}
\end{aligned} \tag{2.38}$$

这意味着

$$\lim_{t\to\infty}\boldsymbol{\eta}_i(t) = \bar{\boldsymbol{\eta}}_1(t) = (\boldsymbol{r}^{\mathrm{T}} \otimes \boldsymbol{I}_q)\boldsymbol{\eta}(t), \quad \forall i = 1, 2, \cdots, N \tag{2.39}$$

因此，由

$$\begin{aligned}\lim_{t\to\infty}\boldsymbol{y}_i(t) &= \lim_{t\to\infty}\boldsymbol{C}_i\boldsymbol{x}_i(t)\\ &= \lim_{t\to\infty}\boldsymbol{C}_i\boldsymbol{X}_i\boldsymbol{\eta}_i(t)\\ &= \lim_{t\to\infty}\boldsymbol{F}\boldsymbol{\eta}_i(t)\\ &= \boldsymbol{F}(\boldsymbol{r}^{\mathrm{T}}\otimes\boldsymbol{I}_q)\boldsymbol{\eta}(t),\quad \forall i=1,2,\cdots,N\end{aligned} \tag{2.40}$$

可知

$$\lim_{t\to\infty}(\boldsymbol{y}_i(t)-\boldsymbol{y}_j(t))=\mathbf{0},\quad \forall i,j=1,2,\cdots,N \tag{2.41}$$

证毕。

2.5 仿 真 示 例

本示例考虑一组形如系统 (2.1) 的线性系统输出同步问题，其中

$$\begin{aligned}
\boldsymbol{A}_1 &= \begin{bmatrix}0&1&0\\0&0&1\\0&0&-2\end{bmatrix},\quad \boldsymbol{B}_1=\begin{bmatrix}0\\0\\1\end{bmatrix}\\
\boldsymbol{A}_2 &= \begin{bmatrix}0&1&0\\0&0&2\\0&0&-4\end{bmatrix},\quad \boldsymbol{B}_2=\begin{bmatrix}0\\0\\2\end{bmatrix}\\
\boldsymbol{A}_3 &= \begin{bmatrix}0&1&0\\0&0&1\\0&-5&-2\end{bmatrix},\quad \boldsymbol{B}_3=\begin{bmatrix}0\\0\\-1\end{bmatrix}\\
\boldsymbol{A}_4 &= \begin{bmatrix}0&1&0\\0&0&2\\0&-4&-1\end{bmatrix},\quad \boldsymbol{B}_4=\begin{bmatrix}0\\0\\-2\end{bmatrix}\\
\boldsymbol{A}_5 &= \begin{bmatrix}0&1&0\\0&0&2\\0&-2&-3\end{bmatrix},\quad \boldsymbol{B}_5=\begin{bmatrix}0\\0\\3\end{bmatrix}
\end{aligned} \tag{2.42}$$

$$\boldsymbol{C}_i = \begin{bmatrix}1 & 0 & 0\end{bmatrix}, \quad i = 1,2,3,4,5$$

基于可镇定性判据和可检测性判据，可以验证每个子系统均具有可镇定性与可检测性。

图 2.1 为多智能体系统网络拓扑图，由图可以看出假设 2.1 的条件能够得到满足。

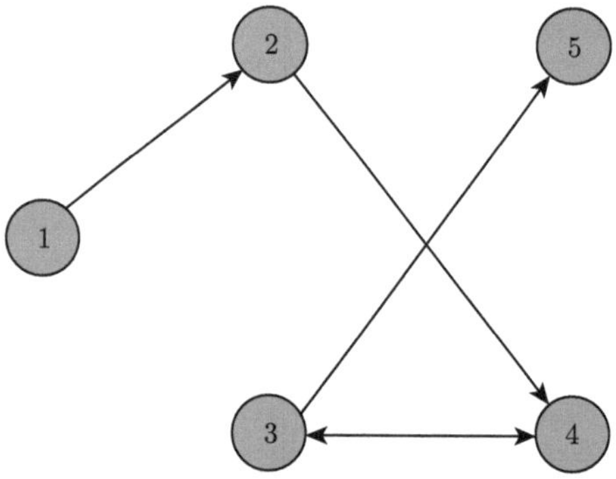

图 2.1　多智能体系统网络拓扑图

每个智能体的同步信号生成器采用系统 (2.6) 的形式，其中

$$\boldsymbol{S} = \begin{bmatrix}0 & 1\\ 0 & 0\end{bmatrix}, \quad \boldsymbol{F} = \begin{bmatrix}1 & 0\end{bmatrix} \tag{2.43}$$

然后，可得到方程 (2.5) 的解：

$$\begin{aligned} &\boldsymbol{X}_i = \begin{bmatrix}1 & 0\\ 0 & 1\\ 0 & 0\end{bmatrix}, \quad i = 1,2,3,4,5\\ &\boldsymbol{U}_1 = \begin{bmatrix}0 & 0\end{bmatrix}, \quad \boldsymbol{U}_2 = \begin{bmatrix}0 & 0\end{bmatrix}\\ &\boldsymbol{U}_3 = \begin{bmatrix}0 & -5\end{bmatrix}, \quad \boldsymbol{U}_4 = \begin{bmatrix}0 & -2\end{bmatrix}\\ &\boldsymbol{U}_5 = \begin{bmatrix}0 & 2/3\end{bmatrix} \end{aligned} \tag{2.44}$$

设计分布式输出反馈控制器 (2.6) 的参数：

$$\boldsymbol{K}_1 = \begin{bmatrix}-8 & -12 & -3\end{bmatrix}, \quad \boldsymbol{K}_{\eta_1} = \begin{bmatrix}8 & 12\end{bmatrix}$$

$$\boldsymbol{K}_2 = \begin{bmatrix}-2 & -3 & -0.5\end{bmatrix}, \quad \boldsymbol{K}_{\eta_2} = \begin{bmatrix}2 & 3\end{bmatrix}$$

$$
\begin{aligned}
&\boldsymbol{K}_3 = \begin{bmatrix} 8 & 7 & 3 \end{bmatrix}, \quad \boldsymbol{K}_{\eta_3} = \begin{bmatrix} -8 & -12 \end{bmatrix} \\
&\boldsymbol{K}_4 = \begin{bmatrix} 2 & 1 & 2 \end{bmatrix}, \quad \boldsymbol{K}_{\eta_4} = \begin{bmatrix} -2 & -3 \end{bmatrix} \\
&\boldsymbol{K}_5 = \begin{bmatrix} -4/3 & -4/3 & -2/3 \end{bmatrix}, \quad \boldsymbol{K}_{\eta_5} = \begin{bmatrix} 4/3 & 2 \end{bmatrix} \\
&\boldsymbol{K}_0 = \begin{bmatrix} 0.3333 & 0.0167 \end{bmatrix}^{\mathrm{T}}
\end{aligned} \tag{2.45}
$$

同时，对于矩阵 $\boldsymbol{\mathcal{A}}$，当且仅当 $j \in \mathcal{N}_i$ 时，$a_{ij} = 1$，$i, j = 1, 2, 3, 4, 5$。

仿真随机选择初始状态如下：

$$
\begin{aligned}
&\boldsymbol{x}_1(0) = \begin{bmatrix} -0.8 & 1.2 & 2.3 \end{bmatrix}^{\mathrm{T}}, \quad \boldsymbol{\eta}_1(0) = \begin{bmatrix} 0 & 0.5 \end{bmatrix}^{\mathrm{T}} \\
&\boldsymbol{x}_2(0) = \begin{bmatrix} 1.2 & 0 & -0.8 \end{bmatrix}^{\mathrm{T}}, \quad \boldsymbol{\eta}_2(0) = \begin{bmatrix} 0 & 0 \end{bmatrix}^{\mathrm{T}} \\
&\boldsymbol{x}_3(0) = \begin{bmatrix} 3 & 0 & 0.5 \end{bmatrix}^{\mathrm{T}}, \quad \boldsymbol{\eta}_3(0) = \begin{bmatrix} 0 & 0 \end{bmatrix}^{\mathrm{T}} \\
&\boldsymbol{x}_4(0) = \begin{bmatrix} 2 & 2 & -1 \end{bmatrix}^{\mathrm{T}}, \quad \boldsymbol{\eta}_4(0) = \begin{bmatrix} 0 & 0 \end{bmatrix}^{\mathrm{T}} \\
&\boldsymbol{x}_5(0) = \begin{bmatrix} 1 & -1 & 2 \end{bmatrix}^{\mathrm{T}}, \quad \boldsymbol{\eta}_5(0) = \begin{bmatrix} 0 & 0 \end{bmatrix}^{\mathrm{T}} \\
&\hat{\boldsymbol{x}}_i(0) = \begin{bmatrix} 0 & 0 & 0 \end{bmatrix}^{\mathrm{T}}, \quad i = 1, 2, 3, 4, 5
\end{aligned} \tag{2.46}
$$

仿真结果图如图 2.2 和图 2.3 所示。

图 2.2 展示的是各智能体的测量输出。为方便起见，仿真定义跟踪误差为 $\boldsymbol{e}_i = \boldsymbol{y}_{i+1} - \boldsymbol{y}_1$，$i = 1, 2, 3, 4$，并将其显示在图 2.3 中。可以看出，系统 (2.42) 的输出同步问题已得到解决。

2.6 本章小结

本章通过提出一类分布式动态输出反馈控制器，研究了一组具有不同动力学特性的线性异构系统的输出同步问题。首先，为每个子系统设计了一类同步信号生成器，该同步信号生成器仅依赖原始系统的相对测量输出；然后，利用低增益方法，对控制器参数进行设计；最后，基于 Lyapunov 分析方法，证明了本章所提出的分布式控制器在解决输出同步问题中的有效性，并通过一个仿真示例对控制器的可行性进行了验证。

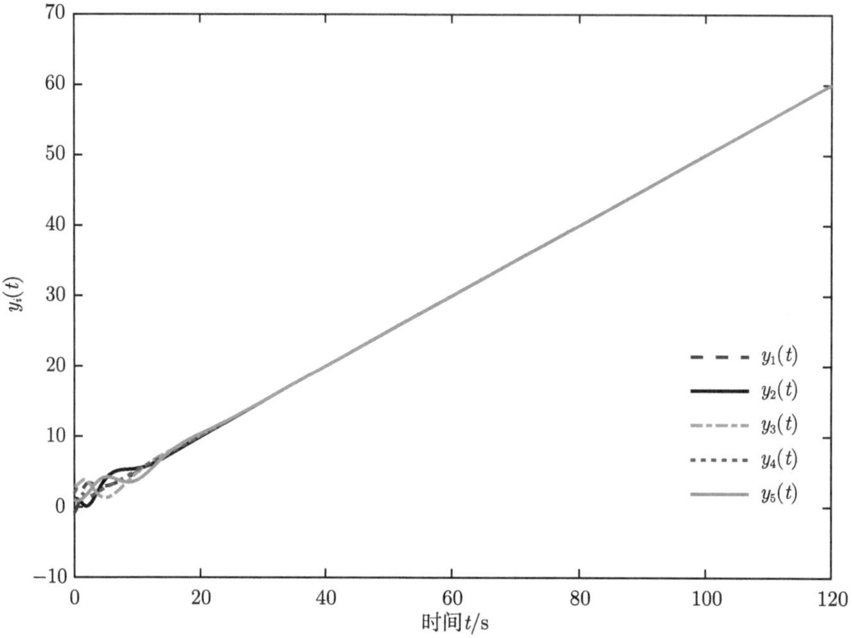

图 2.2　第 $i(i=1,2,\cdots,5)$ 个系统的测量输出 $y_i(t)$

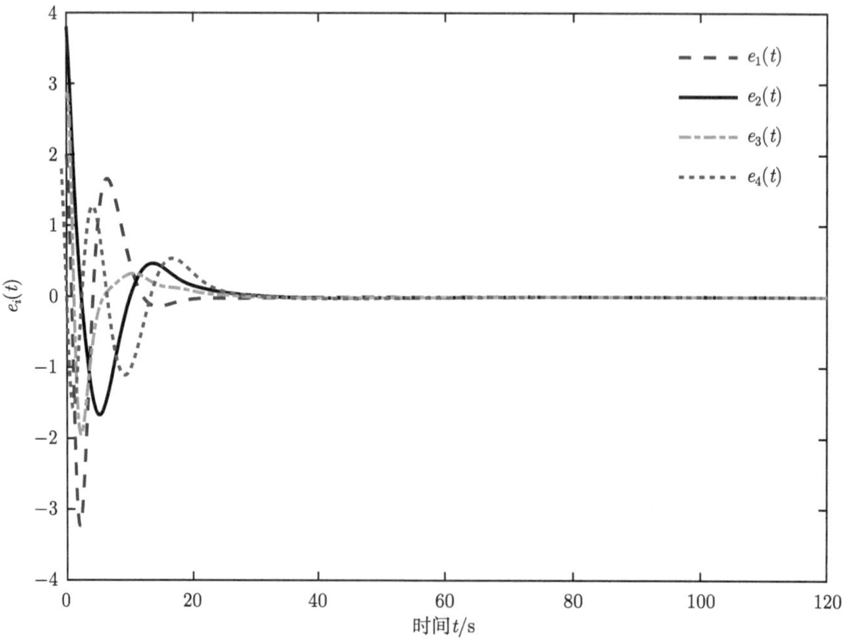

图 2.3　第 $i(i=1,2,3,4)$ 个系统的同步误差 $e_i(t)$

参考文献

[1] Godsil C, Royle G F. Algebraic Graph Theory[M]. New York: Springer, 2001.

[2] Kim H, Shim H, Seo J H. Output consensus of heterogeneous uncertain linear multi-agent systems[J]. IEEE Transactions on Automatic Control, 2010, 56(1): 200-206.

[3] Wieland P, Sepulchre R, Allgöwer F. An internal model principle is necessary and sufficient for linear output synchronization[J]. Automatica, 2011, 47(5): 1068-1074.

[4] Huang J. Nonlinear Output Regulation: Theory and Applications[M]. Philadelphia: Society for Industrial and Applied Mathematics, 2004.

[5] Su Y F, Huang J. Stability of a class of linear switching systems with applications to two consensus problems[J]. IEEE Transactions on Automatic Control, 2011, 57 (6): 1420-1430.

[6] Ni W, Cheng D Z. Leader-following consensus of multi-agent systems under fixed and switching topologies[J]. Systems & Control Letters, 2010, 59(3-4): 209-217.

[7] Tuna S E. LQR-based coupling gain for synchronization of linear systems[EB/OL]. https://arxiv.org/abs/0801.3390[2025-02-07].

[8] Lin Z L. Low Gain Feedback[M]. London: Springer, 1999.

[9] Zhou B, Duan G R, Lin Z L. A parametric Lyapunov equation approach to the design of low gain feedback[J]. IEEE Transactions on Automatic Control, 2008, 53(6): 1548-1554.

第 3 章　线性异构多智能体系统切换拓扑下的一致性调控

3.1　引　　言

在第 2 章的基础上，本章进一步研究网络化线性异构多智能体系统的一致性调控问题。系统中所有智能体都具有异构的线性多输入多输出动力学特性，系统的通信拓扑时变，且可获取的信息为系统的相对测量输出而非相对内部状态，这些条件使得该问题的描述更符合一些实际情况，但技术上也更具挑战性，现有方法不能直接应用解决此问题。为了克服技术上的挑战，本章在仅利用多智能体系统相对测量输出信息的情况下提出了一类同步信号生成器。然而，该同步信号生成器与线性异构多智能体系统动力学系统存在相互耦合，给闭环系统稳定性分析带来了诸多难点。为了克服这些难点，首先，引入一系列坐标变换将一致性调控问题转化为同步镇定控制问题；然后，基于低增益方法建立一类切换系统的稳定性特性；最后，采用低增益方法设计同步信号生成器，通过构造多个 Lyapunov 函数并设计低增益参数，在平均驻留时间满足特定条件的情况下解决同步镇定控制问题，最终证明无需内部状态通信即可实现多输入多输出多线性异构智能体系统的一致性调控。

符号说明　对于 $\boldsymbol{M} \in \mathbb{R}^{n\times m}$，记其转置矩阵为 $\boldsymbol{M}^{\mathrm{T}}$。对于 $\boldsymbol{N} \in \mathbb{C}^{n\times m}$，记其共轭转置矩阵为 $\boldsymbol{N}^{\mathrm{H}}$。对于一个正定的矩阵 $\boldsymbol{A}$，分别记其最小特征值与最大特征值为 $\lambda_m(\boldsymbol{A})$ 与 $\lambda_M(\boldsymbol{A})$。对于 $\boldsymbol{A} \in \mathbb{C}^{n\times n}$，$\lambda_i(\boldsymbol{A})$ 表示 $\boldsymbol{A}$ 矩阵第 i 个特征值，$\sigma(\boldsymbol{A})$ 表示 $\boldsymbol{A}$ 的谱。对于 $\boldsymbol{A}_i \in \mathbb{R}^{n_i\times n_i}$，$i = 1,2,\cdots,n$，$\boldsymbol{A} = \text{block diag}(\boldsymbol{A}_1, \boldsymbol{A}_2, \cdots, \boldsymbol{A}_n)$ 表示一个块对角矩阵，其块对角元素为 $\boldsymbol{A}_i$。对于 $a_i \in \mathbb{R}$，$i = 1,2,\cdots,n$，$\boldsymbol{A} = \text{diag}(a_1, a_2, \cdots, a_n)$ 表示一个对角线元素为 a_i 的对角矩阵。用 $\otimes$ 与 $\oplus$ 分别表示矩阵的克罗内克积与直和。对于 $\boldsymbol{z}_i \in \mathbb{R}^{m_i}$，$i = 1,2,\cdots,n$，定义 $\text{col}(\boldsymbol{z}_1, \boldsymbol{z}_2, \cdots, \boldsymbol{z}_n) = [\boldsymbol{z}_1^{\mathrm{T}}, \boldsymbol{z}_2^{\mathrm{T}}, \cdots, \boldsymbol{z}_n^{\mathrm{T}}]^{\mathrm{T}}$。对于 $x \in \mathbb{C}$，记 $\text{Re}(x)$ 为复数 x 的实部。

3.2 线性异构多智能体系统切换拓扑下的一致性调控问题

考虑以下线性异构多智能体系统：

$$\begin{cases} \dot{\boldsymbol{x}}_i = \boldsymbol{A}_i\boldsymbol{x}_i + \boldsymbol{B}_i\boldsymbol{u}_i \\ \boldsymbol{y}_i = \boldsymbol{C}_i\boldsymbol{x}_i \end{cases}, \quad i = 1, 2, \cdots, N \tag{3.1}$$

其中，$\boldsymbol{x}_i \in \mathbb{R}^{n_i}$ 是系统状态；$\boldsymbol{u}_i \in \mathbb{R}^{m_i}$ 是控制输入；$\boldsymbol{y}_i \in \mathbb{R}^p$ 是测量输出。对于 $i = 1, 2, \cdots, N$，矩阵对 $(\boldsymbol{A}_i, \boldsymbol{B}_i)$ 是可镇定的，$(\boldsymbol{C}_i, \boldsymbol{A}_i)$ 是可检测的。

3.2.1 基础知识

首先，用映射 $\sigma: [0, +\infty) \to \mathcal{P} = \{1, 2, \cdots, q_0\}$ 表示切换信号，其中 q_0 是一个正整数，集合 $\mathcal{P}$ 称为切换指标集。若切换时刻满足对于某个正实数 τ_D，有 $t_{p+1} - t_p \geqslant \tau_D$，并且 $\lim\limits_{i\to\infty} t_i = \infty$，则 $\sigma(t)$ 称为具有驻留时间 τ_D 的分段常数切换信号。假设对于每个 $t \geqslant 0$，有 $\sigma(t) = \lim\limits_{\tau\to t^+} \sigma(\tau)$。用 $\mathcal{S}[\tau_D]$ 表示驻留时间 τ_D 的切换信号集合。对于分段常数切换信号 $\sigma(t)$ 和 $t \geqslant \tau \geqslant 0$，用 $N_\sigma(t, \tau)$ 表示 σ 在开区间 (τ, t) 内的不连续点数。若切换信号满足

$$N_\sigma(t, \tau) \leqslant N_0 + \frac{t - \tau}{\tau_A} \tag{3.2}$$

其中，若 N_0 是一个正实数 (称为抖动界[1])，则称切换信号具有平均驻留时间 τ_A。用 $\mathcal{S}_{\text{ave}}[\tau_A, N_0]$ 表示满足不等式 (3.2) 的切换信号集合，显然有 $\mathcal{S}[\tau_D] \subset \mathcal{S}_{\text{ave}}[\tau_A, 1]$。

给定线性异构多智能体系统 (3.1) 和分段常数切换信号 $\sigma(t)$，可以定义一个切换有向图 $\mathcal{G}_{\sigma(t)} = (\mathcal{V}, \mathcal{E}_{\sigma(t)})$。定义节点集合 $\mathcal{V} = \{1, 2, \cdots, N\}$，其中节点 i 表示系统 (3.1) 的第 i 个子系统。定义边集合为 $\mathcal{E}_{\sigma(t)} \subseteq \mathcal{V} \times \mathcal{V}$，当且仅当在时刻 t 智能体 i 可以测量相对输出 $(\boldsymbol{y}_j - \boldsymbol{y}_i)$ 时，边 (j, i) 属于 $\mathcal{E}_{\sigma(t)}$。定义切换有向图 $\mathcal{G}_{\sigma(t)}$ 的一个非负切换矩阵 $\boldsymbol{\mathcal{A}}_{\sigma(t)} = [a_{ij}(t)] \in \mathbb{R}^{N\times N}$，其中 $a_{ii}(t) = 0$，$i = 1, 2, \cdots, N$，并且当且仅当 $(j, i) \in \mathcal{E}_{\sigma(t)}$ 时，$a_{ij}(t) > 0$，$i, j = 1, 2, \cdots, N$。$\boldsymbol{\mathcal{A}}_{\sigma(t)}$ 称为切换有向图 $\mathcal{G}_{\sigma(t)}$ 的加权邻接矩阵。切换有向图 $\mathcal{G}_{\sigma(t)}$ 的拉普拉斯矩阵定义为 $\boldsymbol{\mathcal{L}}_{\sigma(t)} = [l_{ij}(t)] \in \mathbb{R}^{N\times N}$，其中 $l_{ii}(t) = \sum\limits_{j=1}^{N} a_{ij}(t)$，$i = 1, 2, \cdots, N$，并且 $l_{ij}(t) = -a_{ij}(t)$，$i, j = 1, 2, \cdots, N$，$i \neq j$。节点 i 的邻居集合定义为 $\mathcal{N}_i(t) = \{j \mid (j, i) \in \mathcal{E}_{\sigma(t)}\}$。

3.2.2 问题描述

线性异构多智能体系统的一致性调控问题描述如下。

问题 3.1 给定线性异构多智能体系统 (3.1) 和一组有向图 $\mathcal{G}_p$，$p \in \mathcal{P}$，设计如下形式的分布式控制器：

$$\begin{cases} \boldsymbol{u}_i = \boldsymbol{F}_i\boldsymbol{\eta}_i + \boldsymbol{G}_i\boldsymbol{\zeta}_i + \boldsymbol{H}_i\boldsymbol{y}_i \\ \dot{\boldsymbol{\eta}}_i = \boldsymbol{D}_i\boldsymbol{\eta}_i + \boldsymbol{J}_i\boldsymbol{\zeta}_i + \boldsymbol{Q}_i\boldsymbol{y}_i \end{cases} \tag{3.3}$$

使得对于任意分段常数切换信号 $\sigma(t) \in \mathcal{S}_{\text{ave}}[\tau_A, N_0]$ 和任意初始条件 $\boldsymbol{x}_i(0)$、$\boldsymbol{\eta}_i(0), i=1,2,\cdots,N$，闭环系统满足 $\lim\limits_{t\to\infty}(\boldsymbol{y}_i(t)-\boldsymbol{y}_j(t))=\boldsymbol{0}, \forall i,j=1,2,\cdots,N$。其中，$\boldsymbol{\zeta}_i = \sum\limits_{j\in\mathcal{N}_i(t)} a_{ij}(t)(\boldsymbol{y}_j - \boldsymbol{y}_i)$；$\tau_A$ 和 N_0 是正的常数。

为了解决这一问题，给出以下切换有向图 $\mathcal{G}_{\sigma(t)}$ 的标准假设。

假设 3.1 对于每个 $p \in \mathcal{P}$，有向图 $\mathcal{G}_p$ 包含一个有向生成树。

注 3.1 已知对于每个 $p \in \mathcal{P}$，当且仅当假设 3.1 成立时，通信图相关联的拉普拉斯矩阵 $\boldsymbol{\mathcal{L}}_p$ 在原点有一个特征值，并且 $\boldsymbol{\mathcal{L}}_p$ 的所有其他特征值都具有正实部[2,3]。

3.3 基于输出的分布式协同调控

3.3.1 基于相对测量输出的分布式同步信号生成器

与第 2 章类似，一致性调控问题可解意味着存在一个共同的参考信号 $\boldsymbol{\chi}_0(t)$，即同步信号，使得 $\lim\limits_{t\to\infty}(\boldsymbol{y}_i(t)-\boldsymbol{\chi}_0(t))=\boldsymbol{0}$，$i=1,2,\cdots,N$。考虑到由系统 (3.1) 和控制器 (3.3) 组成的整个闭环系统是线性的，同步信号 $\boldsymbol{\chi}_0(t)$ 应该由一个线性系统生成，即 $\dot{\boldsymbol{\vartheta}} = \boldsymbol{S}\boldsymbol{\vartheta}$ 和 $\boldsymbol{\chi}_0 = \boldsymbol{R}\boldsymbol{\vartheta}$，其中 $\boldsymbol{\vartheta} \in \mathbb{R}^q$ 并且矩阵对 $(\boldsymbol{R},\boldsymbol{S})$ 是可观测的。

不失一般性，对同步信号的生成系统进行以下假设。

假设 3.2 $\boldsymbol{S}$ 的所有特征值都在虚轴上。

注 3.2 在假设 3.2 下，同步信号仍然可以包括多种信号，如常值信号、正弦信号和无界多项式发散信号。在线性异构多智能体系统一致性调控的经典结果[4,5] 中也使用了相同的假设。

构建基于输出的观测器和分布式同步信号生成器：

$$\begin{cases}\dot{\hat{\boldsymbol{x}}}_i = \boldsymbol{A}_i\hat{\boldsymbol{x}}_i + \boldsymbol{B}_i\boldsymbol{u}_i + \boldsymbol{L}_i(\hat{\boldsymbol{y}}_i - \boldsymbol{y}_i) \\ \dot{\boldsymbol{\xi}}_i = \boldsymbol{S}\boldsymbol{\xi}_i + \boldsymbol{L}_0 \sum\limits_{j\in\mathcal{N}_i(t)} a_{ij}(t)(\boldsymbol{y}_j - \boldsymbol{y}_i)\end{cases}, \quad i = 1,2,\cdots,N \tag{3.4}$$

其中，$\hat{\boldsymbol{y}}_i = \boldsymbol{C}_i\hat{\boldsymbol{x}}_i$ 是观测器 $\hat{\boldsymbol{x}}_i$ 的测量输出；$\hat{\boldsymbol{x}}_i \in \mathbb{R}^{n_i}$ 是对第 i 个智能体状态的观测器；$\boldsymbol{\xi}_i \in \mathbb{R}^q$ 是同步信号生成器，用于生成同步信号；$\boldsymbol{L}_i \in \mathbb{R}^{n_i\times p}$ 和 $\boldsymbol{L}_0 \in \mathbb{R}^{q\times p}$ 是某些待设计的矩阵。

3.3.2 基于输出的分布式动态输出反馈控制

基于 3.3.1 节中提出的观测器 (3.4)，设计分布式动态输出反馈控制器如下：

$$\begin{cases}\boldsymbol{u}_i = \boldsymbol{K}_i\hat{\boldsymbol{x}}_i + \boldsymbol{K}_{\xi_i}\boldsymbol{\xi}_i \\ \dot{\hat{\boldsymbol{x}}}_i = \boldsymbol{A}_i\hat{\boldsymbol{x}}_i + \boldsymbol{B}_i\boldsymbol{u}_i + \boldsymbol{L}_i(\hat{\boldsymbol{y}}_i - \boldsymbol{y}_i) \\ \dot{\boldsymbol{\xi}}_i = \boldsymbol{S}\boldsymbol{\xi}_i + \boldsymbol{L}_0 \sum\limits_{j\in\mathcal{N}_i(t)} a_{ij}(t)(\boldsymbol{y}_j - \boldsymbol{y}_i)\end{cases}, \quad i = 1,2,\cdots,N \tag{3.5}$$

其中，$\boldsymbol{K}_i \in \mathbb{R}^{m_i\times n_i}$ 和 $\boldsymbol{K}_{\xi_i} \in \mathbb{R}^{m_i\times q}$ 是待设计的常数矩阵。

为求解线性异构多智能体系统的一致性调控问题，给出以下假设。

假设 3.3 对于 $i = 1,2,\cdots,N$，存在矩阵 $\boldsymbol{\Pi}_i \in \mathbb{R}^{n_i\times q}$ 和 $\boldsymbol{\Gamma}_i \in \mathbb{R}^{m_i\times q}$ 使得

$$\begin{cases}\boldsymbol{A}_i\boldsymbol{\Pi}_i + \boldsymbol{B}_i\boldsymbol{\Gamma}_i = \boldsymbol{\Pi}_i\boldsymbol{S} \\ \boldsymbol{C}_i\boldsymbol{\Pi}_i = \boldsymbol{R}\end{cases} \tag{3.6}$$

注 3.3 可以证明线性矩阵方程 (3.6) 的可解性是一致性调控问题可解性的充分必要条件[5]。若对于任意的 $\lambda \in \sigma(\boldsymbol{S})$，有 $\operatorname{rank}\begin{bmatrix}\boldsymbol{A}_i - \lambda\boldsymbol{I}_{n_i} & \boldsymbol{B}_i \\ \boldsymbol{C}_i & \boldsymbol{0}\end{bmatrix} = n_i + p$，则方程 (3.6) 是可解的[6]。由此可知，在假设 3.2 下，若系统 (3.1) 为最小相位系统，则假设 3.3 始终成立。

3.3.3 一致性调控到同步镇定控制：一种低增益方法

1. 一致性调控到同步镇定控制

本节将证明通过引入特定坐标变换，一致性调控问题可以转化为同步镇定控制问题。具体地，给出以下定理。

定理 3.1

考虑线性异构多智能体系统 (3.1) 和分布式动态输出反馈控制器 (3.5)。在假设 3.3 下，选择 $\boldsymbol{K}_i$ 和 $\boldsymbol{L}_i$ 使得 $(\boldsymbol{A}_i+\boldsymbol{B}_i\boldsymbol{K}_i)$ 和 $(\boldsymbol{A}_i+\boldsymbol{L}_i\boldsymbol{C}_i)$ 都是 Hurwitz 矩阵，且 $\boldsymbol{K}_{\xi_i}=\boldsymbol{\Gamma}_i-\boldsymbol{K}_i\boldsymbol{\Pi}_i$，$i=1,2,\cdots,N$，则存在特定坐标变换使得系统 (3.1) 的一致性调控问题可以转化为一个切换系统的同步镇定控制问题。

证明　在控制器 (3.5) 下，闭环系统如下：

$$\begin{cases}\dot{\boldsymbol{x}}_i=\boldsymbol{A}_i\boldsymbol{x}_i+\boldsymbol{B}_i\boldsymbol{K}_i\hat{\boldsymbol{x}}_i+\boldsymbol{B}_i(\boldsymbol{\Gamma}_i-\boldsymbol{K}_i\boldsymbol{\Pi}_i)\boldsymbol{\xi}_i\\ \dot{\hat{\boldsymbol{x}}}_i=\boldsymbol{A}_i\hat{\boldsymbol{x}}_i+\boldsymbol{B}_i\boldsymbol{K}_i\hat{\boldsymbol{x}}_i+\boldsymbol{B}_i(\boldsymbol{\Gamma}_i-\boldsymbol{K}_i\boldsymbol{\Pi}_i)\boldsymbol{\xi}_i+\boldsymbol{L}_i(\hat{\boldsymbol{y}}_i-\boldsymbol{y}_i)\\ \dot{\boldsymbol{\xi}}_i=\boldsymbol{S}\boldsymbol{\xi}_i+\boldsymbol{L}_0\sum\limits_{j\in\mathcal{N}_i(t)}a_{ij}(t)(\boldsymbol{y}_j-\boldsymbol{y}_i)\end{cases},\quad i=1,2,\cdots,N \tag{3.7}$$

令 $\bar{\boldsymbol{x}}_i=\boldsymbol{x}_i-\boldsymbol{\Pi}_i\boldsymbol{\xi}_i$ 和 $\tilde{\boldsymbol{x}}_i=\boldsymbol{x}_i-\hat{\boldsymbol{x}}_i$，$i=1,2,\cdots,N$，其中 $\boldsymbol{\Pi}_i$ 是方程 (3.6) 的解。那么，在假设 3.3 下，闭环系统 (3.7) 可以进一步写成如下形式：

$$\begin{cases}\dot{\boldsymbol{\xi}}_i=\boldsymbol{S}\boldsymbol{\xi}_i+\boldsymbol{L}_0\boldsymbol{R}\sum\limits_{j\in\mathcal{N}_i(t)}a_{ij}(t)(\boldsymbol{\xi}_j-\boldsymbol{\xi}_i)+\boldsymbol{L}_0\sum\limits_{j\in\mathcal{N}_i(t)}a_{ij}(t)(\boldsymbol{C}_j\bar{\boldsymbol{x}}_j-\boldsymbol{C}_i\bar{\boldsymbol{x}}_i)\\ \dot{\bar{\boldsymbol{x}}}_i=(\boldsymbol{A}_i+\boldsymbol{B}_i\boldsymbol{K}_i)\bar{\boldsymbol{x}}_i-\boldsymbol{\Pi}_i\boldsymbol{L}_0\sum\limits_{j\in\mathcal{N}_i(t)}a_{ij}(t)(\boldsymbol{C}_j\bar{\boldsymbol{x}}_j-\boldsymbol{C}_i\bar{\boldsymbol{x}}_i)\\ \qquad-\boldsymbol{\Pi}_i\boldsymbol{L}_0\boldsymbol{R}\sum\limits_{j\in\mathcal{N}_i(t)}a_{ij}(t)(\boldsymbol{\xi}_j-\boldsymbol{\xi}_i)-\boldsymbol{B}_i\boldsymbol{K}_i\tilde{\boldsymbol{x}}_i\\ \dot{\tilde{\boldsymbol{x}}}_i=(\boldsymbol{A}_i+\boldsymbol{L}_i\boldsymbol{C}_i)\tilde{\boldsymbol{x}}_i\end{cases} \tag{3.8}$$

式中，$i=1,2,\cdots,N$。

令 $\boldsymbol{\xi}=\mathrm{col}(\boldsymbol{\xi}_1,\boldsymbol{\xi}_2,\cdots,\boldsymbol{\xi}_N)$、$\bar{\boldsymbol{x}}=\mathrm{col}(\bar{\boldsymbol{x}}_1,\bar{\boldsymbol{x}}_2,\cdots,\bar{\boldsymbol{x}}_N)$ 和 $\tilde{\boldsymbol{x}}=\mathrm{col}(\tilde{\boldsymbol{x}}_1,\tilde{\boldsymbol{x}}_2,\cdots,\tilde{\boldsymbol{x}}_N)$，闭环系统 (3.8) 可以写成如下紧凑形式：

$$\begin{cases}\dot{\boldsymbol{\xi}}=(\boldsymbol{I}_N\otimes\boldsymbol{S}-\mathcal{L}_{\sigma(t)}\otimes\boldsymbol{L}_0\boldsymbol{R})\boldsymbol{\xi}-(\mathcal{L}_{\sigma(t)}\otimes\boldsymbol{L}_0)\boldsymbol{C}\bar{\boldsymbol{x}}\\ \dot{\bar{\boldsymbol{x}}}=\bar{\boldsymbol{A}}\bar{\boldsymbol{x}}+\boldsymbol{\Pi}(\mathcal{L}_{\sigma(t)}\otimes\boldsymbol{L}_0)\boldsymbol{C}\bar{\boldsymbol{x}}+\boldsymbol{\Pi}(\mathcal{L}_{\sigma(t)}\otimes\boldsymbol{L}_0\boldsymbol{R})\boldsymbol{\xi}+\tilde{\boldsymbol{B}}\tilde{\boldsymbol{x}}\\ \dot{\tilde{\boldsymbol{x}}}=\tilde{\boldsymbol{A}}\tilde{\boldsymbol{x}}\end{cases} \tag{3.9}$$

其中，$\bar{\boldsymbol{A}}=\text{block diag}((\boldsymbol{A}_1+\boldsymbol{B}_1\boldsymbol{K}_1),(\boldsymbol{A}_2+\boldsymbol{B}_2\boldsymbol{K}_2),\cdots,(\boldsymbol{A}_N+\boldsymbol{B}_N\boldsymbol{K}_N))$；$\boldsymbol{\Pi}=\text{block diag}(\boldsymbol{\Pi}_1,\boldsymbol{\Pi}_2,\cdots,\boldsymbol{\Pi}_N)$；$\boldsymbol{C}=\text{block diag}(\boldsymbol{C}_1,\boldsymbol{C}_2,\cdots,\boldsymbol{C}_N)$；$\tilde{\boldsymbol{A}}=\text{block}$

diag$((\boldsymbol{A}_1+\boldsymbol{L}_1\boldsymbol{C}_1),(\boldsymbol{A}_2+\boldsymbol{L}_2\boldsymbol{C}_2),\cdots,(\boldsymbol{A}_N+\boldsymbol{L}_N\boldsymbol{C}_N))$；$\tilde{\boldsymbol{B}}=$ block diag $(-\boldsymbol{B}_1\boldsymbol{K}_1,-\boldsymbol{B}_2\boldsymbol{K}_2,\cdots,-\boldsymbol{B}_N\boldsymbol{K}_N)$。

将拉普拉斯矩阵 $\boldsymbol{\mathcal{L}}_{\sigma(t)}$ 分块如下：

$$\begin{aligned}\boldsymbol{\mathcal{L}}_{\sigma(t)}&=\begin{bmatrix}\boldsymbol{\mathcal{L}}_{11\sigma(t)} & \boldsymbol{\mathcal{L}}_{12\sigma(t)}\\ \boldsymbol{\mathcal{L}}_{21\sigma(t)} & \boldsymbol{\mathcal{L}}_{22\sigma(t)}\end{bmatrix}\\&=\begin{bmatrix}\boldsymbol{\mathcal{L}}_{1\sigma(t)}\\ \boldsymbol{\mathcal{L}}_{2\sigma(t)}\end{bmatrix}\\&=\begin{bmatrix}\boldsymbol{\mathcal{L}}_{10\sigma(t)} & \boldsymbol{\mathcal{L}}_{20\sigma(t)}\end{bmatrix}\end{aligned}\tag{3.10}$$

其中，$\boldsymbol{\mathcal{L}}_{11\sigma(t)}\in\mathbb{R}$；$\boldsymbol{\mathcal{L}}_{22\sigma(t)}\in\mathbb{R}^{(N-1)\times(N-1)}$；$\boldsymbol{\mathcal{L}}_{1\sigma(t)}\in\mathbb{R}^{1\times N}$；$\boldsymbol{\mathcal{L}}_{10\sigma(t)}\in\mathbb{R}^{N\times 1}$。

引入坐标变换 $\tilde{\boldsymbol{\xi}}_i=\boldsymbol{\xi}_{i+1}-\boldsymbol{\xi}_1$，$i=1,2,\cdots,N-1$，并记 $\tilde{\boldsymbol{\xi}}=\mathrm{col}(\tilde{\boldsymbol{\xi}}_1,\tilde{\boldsymbol{\xi}}_2,\cdots,\tilde{\boldsymbol{\xi}}_{N-1})$。由于 $\boldsymbol{\mathcal{L}}_{\sigma(t)}\mathbf{1}_N=\mathbf{0}$，根据式 (3.10)，闭环系统 (3.9) 可以写成如下形式：

$$\begin{cases}\dot{\boldsymbol{\xi}}_1=\boldsymbol{S}\boldsymbol{\xi}_1-(\boldsymbol{\mathcal{L}}_{12\sigma(t)}\otimes\boldsymbol{L}_0\boldsymbol{R})\tilde{\boldsymbol{\xi}}-(\boldsymbol{\mathcal{L}}_{1\sigma(t)}\otimes\boldsymbol{L}_0)\boldsymbol{C}\bar{\boldsymbol{x}}\\ \dot{\tilde{\boldsymbol{\xi}}}=(\boldsymbol{I}_{N-1}\otimes\boldsymbol{S}-\tilde{\boldsymbol{\mathcal{L}}}_{\sigma(t)}\otimes\boldsymbol{L}_0\boldsymbol{R})\tilde{\boldsymbol{\xi}}-(\breve{\boldsymbol{\mathcal{L}}}_{\sigma(t)}\otimes\boldsymbol{L}_0)\boldsymbol{C}\bar{\boldsymbol{x}}\\ \dot{\bar{\boldsymbol{x}}}=\bar{\boldsymbol{A}}\bar{\boldsymbol{x}}+\boldsymbol{\Pi}(\boldsymbol{\mathcal{L}}_{\sigma(t)}\otimes\boldsymbol{L}_0)\boldsymbol{C}\bar{\boldsymbol{x}}+\boldsymbol{\Pi}(\boldsymbol{\mathcal{L}}_{20\sigma(t)}\otimes\boldsymbol{L}_0\boldsymbol{R})\tilde{\boldsymbol{\xi}}+\tilde{\boldsymbol{B}}\tilde{\boldsymbol{x}}\\ \dot{\tilde{\boldsymbol{x}}}=\tilde{\boldsymbol{A}}\tilde{\boldsymbol{x}}\end{cases}\tag{3.11}$$

其中

$$\begin{aligned}\tilde{\boldsymbol{\mathcal{L}}}_{\sigma(t)}&=\boldsymbol{\mathcal{L}}_{22\sigma(t)}-\mathbf{1}_{N-1}\boldsymbol{\mathcal{L}}_{12\sigma(t)}\\ \breve{\boldsymbol{\mathcal{L}}}_{\sigma(t)}&=\boldsymbol{\mathcal{L}}_{2\sigma(t)}-\mathbf{1}_{N-1}\otimes\boldsymbol{\mathcal{L}}_{1\sigma(t)}\end{aligned}\tag{3.12}$$

记 $\boldsymbol{x}_c=\mathrm{col}(\tilde{\boldsymbol{\xi}},\bar{\boldsymbol{x}},\tilde{\boldsymbol{x}})$。可以验证，$\boldsymbol{x}_c$ 系统镇定问题的解决方法可以解决输出一致性问题。特别地，$\lim\limits_{t\to\infty}\boldsymbol{x}_c(t)=\mathbf{0}$ 意味着 $\lim\limits_{t\to\infty}(\boldsymbol{x}_i(t)-\boldsymbol{\Pi}_i\boldsymbol{\xi}_i(t))=\mathbf{0}$，$i=1,2,\cdots,N$，并且 $\lim\limits_{t\to\infty}(\boldsymbol{\xi}_i(t)-\boldsymbol{\xi}_j(t))=\mathbf{0}$，$\forall i,j=1,2,\cdots,N$。因此，有

$$\begin{aligned}&\lim_{t\to\infty}(\boldsymbol{y}_i(t)-\boldsymbol{y}_j(t))\\&=\lim_{t\to\infty}(\boldsymbol{C}_i\boldsymbol{\Pi}_i\boldsymbol{\xi}_i(t)-\boldsymbol{C}_j\boldsymbol{\Pi}_j\boldsymbol{\xi}_j(t))\\&=\lim_{t\to\infty}\boldsymbol{R}(\boldsymbol{\xi}_i(t)-\boldsymbol{\xi}_j(t))=\mathbf{0},\quad\forall i,j=1,2,\cdots,N\end{aligned}\tag{3.13}$$

特别地，由于 $\lim\limits_{t\to\infty}\boldsymbol{x}_c(t)=\boldsymbol{0}$，根据式 (3.11)，$\boldsymbol{\xi}_1(t)$ 趋于一个由 $\dot{\boldsymbol{\omega}}(t)=\boldsymbol{S}\boldsymbol{\omega}(t)$ 形式的系统产生的信号 $\boldsymbol{\omega}(t)$。因此，$\boldsymbol{\xi}_i(t)(i=1,2,\cdots,N)$ 能够趋于 $\boldsymbol{\omega}(t)$。此外，$\lim\limits_{t\to\infty}\boldsymbol{y}_i(t)=\lim\limits_{t\to\infty}\boldsymbol{C}_i\boldsymbol{\Pi}_i\boldsymbol{\xi}_i(t)=\boldsymbol{R}\boldsymbol{\omega}(t)\xlongequal{\text{def}}\Re^{\boldsymbol{S}t}\boldsymbol{\omega}(0)$。证毕。

注 3.4　本节所研究的同步镇定控制问题与经典一致性调控领域已有的研究成果[7-13] 存在明显区别。在这些现有结果中，一致性调控问题可以转化为如下形式系统的同步镇定控制问题：

$$\dot{\tilde{\boldsymbol{\xi}}}=(\boldsymbol{I}_{N-1}\otimes\boldsymbol{S}-\tilde{\boldsymbol{\mathcal{L}}}_{\sigma(t)}\otimes\boldsymbol{L}_0\boldsymbol{R})\tilde{\boldsymbol{\xi}}\tag{3.14}$$

即设计 $\boldsymbol{L}_0$ 使得系统 (3.14) 渐近稳定。

相比之下，如式 (3.11) 所示，$\tilde{\boldsymbol{\xi}}$、$\bar{\boldsymbol{x}}$ 和 $\tilde{\boldsymbol{x}}$ 的动态是耦合关联的，因此本节中的同步镇定控制问题是设计一个增益矩阵 $\boldsymbol{L}_0$，使得 $\tilde{\boldsymbol{\xi}}$、$\bar{\boldsymbol{x}}$ 和 $\tilde{\boldsymbol{x}}$ 系统同步渐近稳定。

注 3.5　定理 3.1 的作用是将线性异构多智能体系统 (3.1) 的输出一致性问题转化为 $\boldsymbol{x}_c$ 系统的镇定问题。特别地，式 (3.11) 中的 $\boldsymbol{x}_c$ 系统表示如下：

$$\dot{\boldsymbol{x}}_c=f_{\sigma(t)}(\boldsymbol{x}_c)\tag{3.15}$$

其中，$\boldsymbol{x}_c\in\mathbb{R}^{n_c}$，$n_c=q(N-1)+2\sum\limits_{i=1}^{N}n_i$。

切换系统的稳定性问题已经受到了广泛关注[14-17]。为方便起见，文献 [18] 中的定理 3.2 引述如下。

引理 3.1

(文献 [18] 的定理 3.2) 考虑系统 (3.15)，假设存在 C^1 函数 $V_p(\boldsymbol{x}_c):\mathbb{R}^{n_c}\to\mathbb{R}$，$p\in\mathcal{P}$，两个 K_∞ 类函数 $\alpha_1(\cdot)$ 和 $\alpha_2(\cdot)$ 及一个正实数 λ_0，使得

$$\begin{aligned}&\alpha_1(\|\boldsymbol{x}_c\|)\leqslant V_p(\boldsymbol{x}_c)\leqslant\alpha_2(\|\boldsymbol{x}_c\|),\quad\forall\boldsymbol{x}_c,\forall p\in\mathcal{P}\\&\frac{\partial V_p}{\partial\boldsymbol{x}_c}f_p(\boldsymbol{x}_c)\leqslant-\lambda_0V_p(\boldsymbol{x}_c),\quad\forall\boldsymbol{x}_c,\forall p\in\mathcal{P}\end{aligned}\tag{3.16}$$

并且

$$V_p(\boldsymbol{x}_c)\leqslant\iota_0V_q(\boldsymbol{x}_c),\quad\forall\boldsymbol{x}_c,\forall p,q\in\mathcal{P}\tag{3.17}$$

则对于每个 $\sigma(t)\in\mathcal{S}_{\text{ave}}[\tau_A,N_0]$，切换系统 (3.15) 是全局渐近稳定的，其中，平均驻留时间 $\tau_A>\dfrac{\log\iota_0}{\lambda_0}$ 且 N_0 为任意值。

2. 低增益同步镇定控制

本节将设计低增益同步镇定控制器，为此引入如下引理，为所提出的方法奠定基础。

首先考虑如下系统的稳定性：

$$\dot{\boldsymbol{\chi}} = (\boldsymbol{I}_n \otimes \boldsymbol{\mathcal{A}} - \boldsymbol{\mathcal{F}}_{\sigma(t)} \otimes \boldsymbol{\mathcal{B}}\boldsymbol{\mathcal{K}})\boldsymbol{\chi} \tag{3.18}$$

其中，$\boldsymbol{\chi} = \mathrm{col}(\boldsymbol{\chi}_1, \boldsymbol{\chi}_2, \cdots, \boldsymbol{\chi}_n)$；$\boldsymbol{\mathcal{A}} \in \mathbb{R}^{s\times s}$，$\boldsymbol{\mathcal{B}} \in \mathbb{R}^{s\times p}$，且矩阵对 $(\boldsymbol{\mathcal{A}}, \boldsymbol{\mathcal{B}})$ 是可控的；$\boldsymbol{\mathcal{F}}_{\sigma(t)}$ 由分段常数切换信号 $\sigma(t)$ 决定；$\boldsymbol{\mathcal{K}}$ 是稍后定义的矩阵。

不失一般性，假设 $\boldsymbol{\mathcal{F}}_{\sigma(t)}$ 符合 Jordan 标准型形式，即对于每个 $p \in \mathcal{P}$，有 $\boldsymbol{\mathcal{F}}_p = \boldsymbol{\mathcal{F}}_{J_1} \oplus \boldsymbol{\mathcal{F}}_{J_2} \oplus \cdots \oplus \boldsymbol{\mathcal{F}}_{J_{q_p}}$，其中 $\boldsymbol{\mathcal{F}}_{J_i}$ 是关于 $\lambda_i(\boldsymbol{\mathcal{F}}_p)$ 的第 i 个 Jordan 块，维数为 p_i，满足 $\sum\limits_{i=1}^{q_p} p_i = n$，则可以得到以下稳定性结果。

引理 3.2

考虑线性切换系统 (3.18)，假设 $\boldsymbol{\mathcal{A}}$ 的所有特征值都在虚轴上，并且对于每个 $p \in \mathcal{P}$，$\boldsymbol{\mathcal{F}}_p$ 的所有特征值都具有正实部。令

$$\boldsymbol{\mathcal{K}} = \boldsymbol{\mathcal{B}}^{\mathrm{T}}\boldsymbol{\mathcal{Q}}(\mu) \tag{3.19}$$

其中，$\boldsymbol{\mathcal{Q}}(\mu) = \boldsymbol{\mathcal{Q}}(\mu)^{\mathrm{T}} > 0$ 是以下含参代数 Riccati 方程的唯一解：

$$\boldsymbol{\mathcal{A}}^{\mathrm{T}}\boldsymbol{\mathcal{Q}}(\mu) + \boldsymbol{\mathcal{Q}}(\mu)\boldsymbol{\mathcal{A}} + \mu\boldsymbol{\mathcal{Q}}(\mu) - \theta\boldsymbol{\mathcal{Q}}(\mu)\boldsymbol{\mathcal{B}}\boldsymbol{\mathcal{B}}^{\mathrm{T}}\boldsymbol{\mathcal{Q}}(\mu) = 0 \tag{3.20}$$

其中，$\mu > 0$ 并且 $0 < \theta \leqslant \dfrac{2}{3}\min\limits_{\forall p\in\mathcal{P}}\{\mathrm{Re}(\lambda_i(\boldsymbol{\mathcal{F}}_p)),\ i = 1, 2, \cdots, n\}$。

对于每个 $p \in \mathcal{P}$，令 $\boldsymbol{\mathcal{C}}_{p0} = \mathrm{diag}\left(\boldsymbol{\mathcal{C}}_{p_1}, \boldsymbol{\mathcal{C}}_{p_2}, \cdots, \boldsymbol{\mathcal{C}}_{p_{q_p}}\right)$，其中 $\boldsymbol{\mathcal{C}}_{p_i} = \mathrm{diag}\left(1, \dfrac{1}{\theta^2}, \cdots, \dfrac{1}{\theta^{2(p_i-1)}}\right)$，$i = 1, 2, \cdots, q_p$。定义 $V_p(\boldsymbol{\chi}) = \boldsymbol{\chi}^{\mathrm{H}}(\boldsymbol{\mathcal{C}}_{p0} \otimes \boldsymbol{\mathcal{Q}}(\mu))\boldsymbol{\chi}$ 和 $\nu_0 = \sup\limits_{p,q\in\mathcal{P}} \dfrac{\lambda_M(\boldsymbol{\mathcal{C}}_{p0})}{\lambda_m(\boldsymbol{\mathcal{C}}_{q0})}$。

那么，对于所有 $p \in \mathcal{P}$，沿着系统 (3.18) 的状态轨迹，Lyapunov 函数 $V_p(\boldsymbol{\chi})$ 关于时间的导数满足

$$\dot{V}_p(\boldsymbol{\chi}) \leqslant -\mu V_p(\boldsymbol{\chi}) \tag{3.21}$$

进一步，对于每个 $\sigma(t) \in \mathcal{S}_{\mathrm{ave}}[\tau_A, N_0]$，系统 (3.18) 的原点是渐近稳定的，其中 $\tau_A > \dfrac{\log\nu_0}{\mu}$ 且 N_0 为任意值。

证明 $(\boldsymbol{\mathcal{A}},\boldsymbol{\mathcal{B}})$ 是可控的，并且 $\boldsymbol{\mathcal{A}}$ 的所有特征值都在虚轴上，因此当 $\mu>0$ 时，方程 (3.20) 的唯一解 $\boldsymbol{\mathcal{Q}}(\mu)=\boldsymbol{\mathcal{Q}}(\mu)^{\mathrm{T}}>0$ 存在，见文献 [19]。

对于某个 $p\in\mathcal{P}$，不失一般性，假设 $\boldsymbol{\mathcal{F}}_p=\boldsymbol{\mathcal{F}}_{J_1}\oplus\boldsymbol{\mathcal{F}}_{J_2}\oplus\cdots\oplus\boldsymbol{\mathcal{F}}_{J_{q_p}}$，其中

$$\boldsymbol{\mathcal{F}}_{J_i}=\begin{bmatrix}\lambda_i(\boldsymbol{\mathcal{F}}_p) & 1 & & \\ & \lambda_i(\boldsymbol{\mathcal{F}}_p) & \ddots & \\ & & \ddots & 1\\ & & & \lambda_i(\boldsymbol{\mathcal{F}}_p)\end{bmatrix}_{p_i\times p_i} \tag{3.22}$$

考虑系统 (3.18) 中与 $\boldsymbol{\mathcal{F}}_{J_i}$ 相关的子系统：

$$\dot{\bar{\boldsymbol{\chi}}}_i=(\boldsymbol{I}_{p_i}\otimes\boldsymbol{\mathcal{A}}-\boldsymbol{\mathcal{F}}_{J_i}\otimes\boldsymbol{\mathcal{B}}\boldsymbol{\mathcal{B}}^{\mathrm{T}}\boldsymbol{\mathcal{Q}}(\mu))\bar{\boldsymbol{\chi}}_i \tag{3.23}$$

基于方程 (3.20)，有

$$\begin{aligned}&(\boldsymbol{\mathcal{A}}-\lambda_i(\boldsymbol{\mathcal{F}}_p)\boldsymbol{\mathcal{B}}\boldsymbol{\mathcal{B}}^{\mathrm{T}}\boldsymbol{\mathcal{Q}}(\mu))^{\mathrm{H}}\boldsymbol{\mathcal{Q}}(\mu)+\boldsymbol{\mathcal{Q}}(\mu)(\boldsymbol{\mathcal{A}}-\lambda_i(\boldsymbol{\mathcal{F}}_p)\boldsymbol{\mathcal{B}}\boldsymbol{\mathcal{B}}^{\mathrm{T}}\boldsymbol{\mathcal{Q}}(\mu))\\
=&\boldsymbol{\mathcal{A}}^{\mathrm{T}}\boldsymbol{\mathcal{Q}}(\mu)+\boldsymbol{\mathcal{Q}}(\mu)\boldsymbol{\mathcal{A}}-2\mathrm{Re}(\lambda_i(\boldsymbol{\mathcal{F}}_p))\boldsymbol{\mathcal{Q}}(\mu)\boldsymbol{\mathcal{B}}\boldsymbol{\mathcal{B}}^{\mathrm{T}}\boldsymbol{\mathcal{Q}}(\mu)\\
=&-\mu\boldsymbol{\mathcal{Q}}(\mu)-(2\mathrm{Re}(\lambda_i(\boldsymbol{\mathcal{F}}_p))-\theta)\boldsymbol{\mathcal{Q}}(\mu)\boldsymbol{\mathcal{B}}\boldsymbol{\mathcal{B}}^{\mathrm{T}}\boldsymbol{\mathcal{Q}}(\mu)\\
\leqslant&-\mu\boldsymbol{\mathcal{Q}}(\mu)-2\theta\boldsymbol{\mathcal{Q}}(\mu)\boldsymbol{\mathcal{B}}\boldsymbol{\mathcal{B}}^{\mathrm{T}}\boldsymbol{\mathcal{Q}}(\mu)\end{aligned} \tag{3.24}$$

定义 $\bar{\boldsymbol{\chi}}_i=\mathrm{col}(\bar{\boldsymbol{\chi}}_{i1},\bar{\boldsymbol{\chi}}_{i2},\cdots,\bar{\boldsymbol{\chi}}_{ip_i})$。令 $V_{pi}=\bar{\boldsymbol{\chi}}_i^{\mathrm{H}}(\boldsymbol{\mathcal{C}}_{pi}\otimes\boldsymbol{\mathcal{Q}}(\mu))\bar{\boldsymbol{\chi}}_i$。基于式 (3.22) 和式 (3.24)，有

$$\begin{aligned}\dot{V}_{pi}\leqslant&(-\mu\bar{\boldsymbol{\chi}}_{i1}^{\mathrm{H}}\boldsymbol{\mathcal{Q}}(\mu)\bar{\boldsymbol{\chi}}_{i1}-2\theta\bar{\boldsymbol{\chi}}_{i1}^{\mathrm{H}}\boldsymbol{\mathcal{Q}}(\mu)\boldsymbol{\mathcal{B}}\boldsymbol{\mathcal{B}}^{\mathrm{T}}\boldsymbol{\mathcal{Q}}(\mu)\bar{\boldsymbol{\chi}}_{i1}-2\bar{\boldsymbol{\chi}}_{i1}^{\mathrm{H}}\boldsymbol{\mathcal{Q}}(\mu)\boldsymbol{\mathcal{B}}\boldsymbol{\mathcal{B}}^{\mathrm{T}}\boldsymbol{\mathcal{Q}}(\mu)\bar{\boldsymbol{\chi}}_{i2})\\
&+\frac{1}{\theta^2}(-\mu\bar{\boldsymbol{\chi}}_{i2}^{\mathrm{H}}\boldsymbol{\mathcal{Q}}(\mu)\bar{\boldsymbol{\chi}}_{i2}-2\theta\bar{\boldsymbol{\chi}}_{i2}^{\mathrm{H}}\boldsymbol{\mathcal{Q}}(\mu)\boldsymbol{\mathcal{B}}\boldsymbol{\mathcal{B}}^{\mathrm{T}}\boldsymbol{\mathcal{Q}}(\mu)\bar{\boldsymbol{\chi}}_{i2}\\
&-2\bar{\boldsymbol{\chi}}_{i2}^{\mathrm{H}}\boldsymbol{\mathcal{Q}}(\mu)\boldsymbol{\mathcal{B}}\boldsymbol{\mathcal{B}}^{\mathrm{T}}\boldsymbol{\mathcal{Q}}(\mu)\bar{\boldsymbol{\chi}}_{i3})+\cdots+\frac{1}{\theta^{2(p_i-2)}}(-\mu\bar{\boldsymbol{\chi}}_{i(p_i-1)}^{\mathrm{H}}\boldsymbol{\mathcal{Q}}(\mu)\bar{\boldsymbol{\chi}}_{i(p_i-1)}\\
&-2\theta\bar{\boldsymbol{\chi}}_{i(p_i-1)}^{\mathrm{H}}\boldsymbol{\mathcal{Q}}(\mu)\boldsymbol{\mathcal{B}}\boldsymbol{\mathcal{B}}^{\mathrm{T}}\boldsymbol{\mathcal{Q}}(\mu)\bar{\boldsymbol{\chi}}_{i(p_i-1)}-2\bar{\boldsymbol{\chi}}_{i(p_i-1)}^{\mathrm{H}}\boldsymbol{\mathcal{Q}}(\mu)\boldsymbol{\mathcal{B}}\boldsymbol{\mathcal{B}}^{\mathrm{T}}\boldsymbol{\mathcal{Q}}(\mu)\bar{\boldsymbol{\chi}}_{ip_i})\\
&+\frac{1}{\theta^{2(p_i-1)}}(-\mu\bar{\boldsymbol{\chi}}_{ip_i}^{\mathrm{H}}\boldsymbol{\mathcal{Q}}(\mu)\bar{\boldsymbol{\chi}}_{ip_i}-2\theta\bar{\boldsymbol{\chi}}_{ip_i}^{\mathrm{H}}\boldsymbol{\mathcal{Q}}(\mu)\boldsymbol{\mathcal{B}}\boldsymbol{\mathcal{B}}^{\mathrm{T}}\boldsymbol{\mathcal{Q}}(\mu)\bar{\boldsymbol{\chi}}_{ip_i})\\
\leqslant&-\mu\bar{\boldsymbol{\chi}}_{i1}^{\mathrm{H}}\boldsymbol{\mathcal{Q}}(\mu)\bar{\boldsymbol{\chi}}_{i1}-2\theta\bar{\boldsymbol{\chi}}_{i1}^{\mathrm{H}}\boldsymbol{\mathcal{Q}}(\mu)\boldsymbol{\mathcal{B}}\boldsymbol{\mathcal{B}}^{\mathrm{T}}\boldsymbol{\mathcal{Q}}(\mu)\bar{\boldsymbol{\chi}}_{i1}+\theta\bar{\boldsymbol{\chi}}_{i1}^{\mathrm{H}}\boldsymbol{\mathcal{Q}}(\mu)\boldsymbol{\mathcal{B}}\boldsymbol{\mathcal{B}}^{\mathrm{T}}\boldsymbol{\mathcal{Q}}(\mu)\bar{\boldsymbol{\chi}}_{i1}\\
&+\frac{1}{\theta}\bar{\boldsymbol{\chi}}_{i2}^{\mathrm{H}}\boldsymbol{\mathcal{Q}}(\mu)\boldsymbol{\mathcal{B}}\boldsymbol{\mathcal{B}}^{\mathrm{T}}\boldsymbol{\mathcal{Q}}(\mu)\bar{\boldsymbol{\chi}}_{i2}+\frac{1}{\theta^2}(-\mu\bar{\boldsymbol{\chi}}_{i2}^{\mathrm{H}}\boldsymbol{\mathcal{Q}}(\mu)\bar{\boldsymbol{\chi}}_{i2}\end{aligned}$$

$$
\begin{aligned}
&-2\theta\bar{\boldsymbol{\chi}}_{i2}^{\mathrm{H}}\boldsymbol{\mathcal{Q}}(\mu)\boldsymbol{\mathcal{B}}\boldsymbol{\mathcal{B}}^{\mathrm{T}}\boldsymbol{\mathcal{Q}}(\mu)\bar{\boldsymbol{\chi}}_{i2}+\theta\bar{\boldsymbol{\chi}}_{i2}^{\mathrm{H}}\boldsymbol{\mathcal{Q}}(\mu)\boldsymbol{\mathcal{B}}\boldsymbol{\mathcal{B}}^{\mathrm{T}}\boldsymbol{\mathcal{Q}}(\mu)\bar{\boldsymbol{\chi}}_{i2}\\
&+\frac{1}{\theta}\bar{\boldsymbol{\chi}}_{i3}^{\mathrm{H}}\boldsymbol{\mathcal{Q}}(\mu)\boldsymbol{\mathcal{B}}\boldsymbol{\mathcal{B}}^{\mathrm{T}}\boldsymbol{\mathcal{Q}}(\mu)\bar{\boldsymbol{\chi}}_{i3})+\cdots+\frac{1}{\theta^{2(p_i-2)}}(-\mu\bar{\boldsymbol{\chi}}_{i(p_i-1)}^{\mathrm{H}}\boldsymbol{\mathcal{Q}}(\mu)\bar{\boldsymbol{\chi}}_{i(p_i-1)}\\
&-2\theta\bar{\boldsymbol{\chi}}_{i(p_i-1)}^{\mathrm{H}}\boldsymbol{\mathcal{Q}}(\mu)\boldsymbol{\mathcal{B}}\boldsymbol{\mathcal{B}}^{\mathrm{T}}\boldsymbol{\mathcal{Q}}(\mu)\bar{\boldsymbol{\chi}}_{i(p_i-1)}+\theta\bar{\boldsymbol{\chi}}_{i(p_i-1)}^{\mathrm{H}}\boldsymbol{\mathcal{Q}}(\mu)\boldsymbol{\mathcal{B}}\boldsymbol{\mathcal{B}}^{\mathrm{T}}\boldsymbol{\mathcal{Q}}(\mu)\bar{\boldsymbol{\chi}}_{i(p_i-1)}\\
&+\frac{1}{\theta}\bar{\boldsymbol{\chi}}_{ip_i}^{\mathrm{H}}\boldsymbol{\mathcal{Q}}(\mu)\boldsymbol{\mathcal{B}}\boldsymbol{\mathcal{B}}^{\mathrm{T}}\boldsymbol{\mathcal{Q}}(\mu)\bar{\boldsymbol{\chi}}_{ip_i})+\frac{1}{\theta^{2(p_i-1)}}(-\mu\bar{\boldsymbol{\chi}}_{ip_i}^{\mathrm{H}}\boldsymbol{\mathcal{Q}}(\mu)\bar{\boldsymbol{\chi}}_{ip_i}\\
&-2\theta\bar{\boldsymbol{\chi}}_{ip_i}^{\mathrm{H}}\boldsymbol{\mathcal{Q}}(\mu)\boldsymbol{\mathcal{B}}\boldsymbol{\mathcal{B}}^{\mathrm{T}}\boldsymbol{\mathcal{Q}}(\mu)\bar{\boldsymbol{\chi}}_{ip_i})\\
=&(-\mu\bar{\boldsymbol{\chi}}_{i1}^{\mathrm{H}}\boldsymbol{\mathcal{Q}}(\mu)\bar{\boldsymbol{\chi}}_{i1}-\theta\bar{\boldsymbol{\chi}}_{i1}^{\mathrm{H}}\boldsymbol{\mathcal{Q}}(\mu)\boldsymbol{\mathcal{B}}\boldsymbol{\mathcal{B}}^{\mathrm{T}}\boldsymbol{\mathcal{Q}}(\mu)\bar{\boldsymbol{\chi}}_{i1})+\frac{1}{\theta^{2}}(-\mu\bar{\boldsymbol{\chi}}_{i2}^{\mathrm{H}}\boldsymbol{\mathcal{Q}}(\mu)\bar{\boldsymbol{\chi}}_{i2})\\
&+\cdots+\frac{1}{\theta^{2(p_i-2)}}(-\mu\bar{\boldsymbol{\chi}}_{i(p_i-1)}^{\mathrm{H}}\boldsymbol{\mathcal{Q}}(\mu)\bar{\boldsymbol{\chi}}_{i(p_i-1)})\\
&+\frac{1}{\theta^{2(p_i-1)}}(-\mu\bar{\boldsymbol{\chi}}_{ip_i}^{\mathrm{H}}\boldsymbol{\mathcal{Q}}(\mu)\bar{\boldsymbol{\chi}}_{ip_i}-\theta\bar{\boldsymbol{\chi}}_{ip_i}^{\mathrm{H}}\boldsymbol{\mathcal{Q}}(\mu)\boldsymbol{\mathcal{B}}\boldsymbol{\mathcal{B}}^{\mathrm{T}}\boldsymbol{\mathcal{Q}}(\mu)\bar{\boldsymbol{\chi}}_{ip_i})\\
\leqslant&(-\mu\bar{\boldsymbol{\chi}}_{i1}^{\mathrm{H}}\boldsymbol{\mathcal{Q}}(\mu)\bar{\boldsymbol{\chi}}_{i1})+\frac{1}{\theta^{2}}(-\mu\bar{\boldsymbol{\chi}}_{i2}^{\mathrm{H}}\boldsymbol{\mathcal{Q}}(\mu)\bar{\boldsymbol{\chi}}_{i2})+\cdots\\
&+\frac{1}{\theta^{2(p_i-2)}}(-\mu\bar{\boldsymbol{\chi}}_{i(p_i-1)}^{\mathrm{H}}\boldsymbol{\mathcal{Q}}(\mu)\bar{\boldsymbol{\chi}}_{i(p_i-1)})+\frac{1}{\theta^{2(p_i-1)}}(-\mu\bar{\boldsymbol{\chi}}_{ip_i}^{\mathrm{H}}\boldsymbol{\mathcal{Q}}(\mu)\bar{\boldsymbol{\chi}}_{ip_i})\\
=&-\mu\bar{\boldsymbol{\chi}}_{i}^{\mathrm{H}}(\boldsymbol{\mathcal{C}}_{p_i}\otimes\boldsymbol{\mathcal{Q}}(\mu))\bar{\boldsymbol{\chi}}_{i}
\end{aligned}
\tag{3.25}
$$

其中，对于 $j=1,2,\cdots,p_i-1$，上述表达式中使用了以下不等式（注意 V 和 $\dot{V}$ 是实数）：

$$
\begin{aligned}
&2\bar{\boldsymbol{\chi}}_{ij}^{\mathrm{H}}\boldsymbol{\mathcal{Q}}(\mu)\boldsymbol{\mathcal{B}}\boldsymbol{\mathcal{B}}^{\mathrm{T}}\boldsymbol{\mathcal{Q}}(\mu)\bar{\boldsymbol{\chi}}_{i(j+1)}\\
\leqslant&\theta\bar{\boldsymbol{\chi}}_{ij}^{\mathrm{H}}\boldsymbol{\mathcal{Q}}(\mu)\boldsymbol{\mathcal{B}}\boldsymbol{\mathcal{B}}^{\mathrm{T}}\boldsymbol{\mathcal{Q}}(\mu)\bar{\boldsymbol{\chi}}_{ij}+\frac{1}{\theta}\bar{\boldsymbol{\chi}}_{i(j+1)}^{\mathrm{H}}\boldsymbol{\mathcal{Q}}(\mu)\boldsymbol{\mathcal{B}}\boldsymbol{\mathcal{B}}^{\mathrm{T}}\boldsymbol{\mathcal{Q}}(\mu)\bar{\boldsymbol{\chi}}_{i(j+1)}
\end{aligned}
\tag{3.26}
$$

因此，对于每个 $p\in\mathcal{P}$，可以验证沿着系统 (3.18) 的状态轨迹式 (3.21) 成立，即

$$
\dot{V}_p(\boldsymbol{\chi})\leqslant-\mu V_p(\boldsymbol{\chi}),\ \forall p\in\mathcal{P}
\tag{3.27}
$$

进一步，可以验证 $V_p(\boldsymbol{\chi})\leqslant\nu_0 V_q(\boldsymbol{\chi})$，$\forall p,q\in\mathcal{P}$，则根据引理 3.1，对于每个 $\sigma(t)\in\mathcal{S}_{\mathrm{ave}}[\tau_A,N_0]$，其中，$\tau_A>\dfrac{\log\nu_0}{\mu}$ 且 N_0 为任意值，有 $\lim\limits_{t\to\infty}\boldsymbol{\chi}(t)=\mathbf{0}$。证毕。

注 3.6　系统 (3.18) 是由线性多智能体系统的一致性问题推导所得。在不同条件下，系统 (3.18) 的稳定性已有诸多研究成果 [7-10]。这里得到的稳定性结果与现有结果不同之处在于引入了一个额外的设计参数 μ，并且可以自由设计。如后面所示，该参数的引入增加了设计灵活性，并有助于稳定性分析。

接下来，介绍一些相关矩阵结论。

引理 3.3

对于非奇异矩阵 $\boldsymbol{M} \in \mathbb{C}^{n\times n}$ 和正定矩阵 $\boldsymbol{P} \in \mathbb{R}^{n\times n}$，矩阵 $\boldsymbol{M}^{\mathrm{H}}\boldsymbol{M}$ 和 $\boldsymbol{M}^{\mathrm{H}}\boldsymbol{P}\boldsymbol{M}$ 是正定的。

证明　设 $\boldsymbol{v} \in \mathbb{C}^n$ 为任意列向量。那么，由 $\boldsymbol{P}$ 是正定的这一事实，有

$$\boldsymbol{v}^{\mathrm{H}}\boldsymbol{M}^{\mathrm{H}}\boldsymbol{P}\boldsymbol{M}\boldsymbol{v} = ||\boldsymbol{P}^{1/2}\boldsymbol{M}\boldsymbol{v}||^2 \geqslant 0 \tag{3.28}$$

易得，$\boldsymbol{v}^{\mathrm{H}}\boldsymbol{M}^{\mathrm{H}}\boldsymbol{P}\boldsymbol{M}\boldsymbol{v} = 0$ 当且仅当 $\boldsymbol{P}^{1/2}\boldsymbol{M}\boldsymbol{v} = \boldsymbol{0}$。由于 $\boldsymbol{M}$ 是非奇异的，$\boldsymbol{P}$ 是正定的，$\boldsymbol{P}^{1/2}\boldsymbol{M}\boldsymbol{v} = \boldsymbol{0}$ 当且仅当 $\boldsymbol{v} = \boldsymbol{0}$，这意味着 $\boldsymbol{v}^{\mathrm{H}}\boldsymbol{M}^{\mathrm{H}}\boldsymbol{P}\boldsymbol{M}\boldsymbol{v} = 0$ 当且仅当 $\boldsymbol{v} = \boldsymbol{0}$。因此，$\boldsymbol{M}^{\mathrm{H}}\boldsymbol{P}\boldsymbol{M}$ 是正定的。令 $\boldsymbol{P} = \boldsymbol{I}$，可得 $\boldsymbol{M}^{\mathrm{H}}\boldsymbol{M}$ 是正定的。证毕。

为了方便获得同步镇定问题的可解性条件，再引入以下引理。

引理 3.4

考虑如下形式的线性系统：

$$\dot{\boldsymbol{\chi}} = \boldsymbol{\mathcal{A}}\boldsymbol{\chi} + \boldsymbol{\omega} \tag{3.29}$$

其中，$\boldsymbol{\chi} \in \mathbb{C}^n$；$\boldsymbol{\omega} \in \mathbb{C}^n$。假设存在一个 Lyapunov 函数 $V(\boldsymbol{\chi}) = \boldsymbol{\chi}^{\mathrm{H}}\boldsymbol{P}\boldsymbol{\chi}$，使得沿着系统 (3.29) 的状态轨迹，Lyapunov 函数 $V(\boldsymbol{\chi})$ 关于时间的导数满足以下关系：

$$\dot{V}(\boldsymbol{\chi}) \leqslant -\boldsymbol{\chi}^{\mathrm{H}}\boldsymbol{Q}\boldsymbol{\chi} + 2\boldsymbol{\chi}^{\mathrm{H}}\boldsymbol{P}\boldsymbol{\omega} \tag{3.30}$$

其中，$\boldsymbol{P}$ 和 $\boldsymbol{Q}$ 是正定矩阵。令 $\bar{\boldsymbol{\chi}} = \boldsymbol{M}^{-1}\boldsymbol{\chi}$，其中 $\boldsymbol{M} \in \mathbb{C}^{n\times n}$ 为任意非奇异矩阵。那么，沿着 $\bar{\boldsymbol{\chi}}$ 系统的状态轨迹，Lyapunov 函数 $V_1(\bar{\boldsymbol{\chi}}) = \bar{\boldsymbol{\chi}}^{\mathrm{H}}\boldsymbol{M}^{\mathrm{H}}\boldsymbol{P}\boldsymbol{M}\bar{\boldsymbol{\chi}}$ 关于时间的导数满足以下关系：

$$\dot{V}_1(\bar{\boldsymbol{\chi}}) \leqslant -\bar{\boldsymbol{\chi}}^{\mathrm{H}}\boldsymbol{M}^{\mathrm{H}}\boldsymbol{Q}\boldsymbol{M}\bar{\boldsymbol{\chi}} + 2\bar{\boldsymbol{\chi}}^{\mathrm{H}}\boldsymbol{M}^{\mathrm{H}}\boldsymbol{P}\boldsymbol{\omega} \tag{3.31}$$

控制器 (3.5) 中参数可根据以下原则设计。

(1) 设计 $\boldsymbol{K}_i$ 和 $\boldsymbol{L}_i$ 使得 $(\boldsymbol{A}_i+\boldsymbol{B}_i\boldsymbol{K}_i)$ 和 $(\boldsymbol{A}_i+\boldsymbol{L}_i\boldsymbol{C}_i)$ 都是 Hurwitz 矩阵，且 $\boldsymbol{K}_{\xi_i}=\boldsymbol{\Gamma}_i-\boldsymbol{K}_i\boldsymbol{\Pi}_i$，$i=1,2,\cdots,N$。

(2) 令 $\boldsymbol{L}_0=\boldsymbol{P}(\varepsilon)\boldsymbol{R}^{\mathrm{T}}$，其中 $\boldsymbol{P}(\varepsilon)=\boldsymbol{P}(\varepsilon)^{\mathrm{T}}>0$ 是以下含参代数 Riccati 方程的唯一解：

$$\boldsymbol{S}\boldsymbol{P}(\varepsilon)+\boldsymbol{P}(\varepsilon)\boldsymbol{S}^{\mathrm{T}}+\varepsilon\boldsymbol{P}(\varepsilon)-\kappa_0\boldsymbol{P}(\varepsilon)\boldsymbol{R}^{\mathrm{T}}\boldsymbol{R}\boldsymbol{P}(\varepsilon)=0 \tag{3.32}$$

其中，$\varepsilon>0$；$0<\kappa_0\leqslant\dfrac{2}{3}\lambda_c$，$\lambda_c>0$ 是拉普拉斯矩阵 $\boldsymbol{\mathcal{L}}_p(\forall p\in\mathcal{P})$ 非零特征值实部的下界。

3.4 稳定性分析

本节将给出多智能体系统一致性调控问题的解，并对设计的控制器进行稳定性分析。

定理 3.2

在假设 3.1 ~ 假设 3.3 下，令 $\boldsymbol{K}_i$、$\boldsymbol{L}_i$、$\boldsymbol{K}_{\xi_i}$ 如定理 3.1 中的定义，并且 $\boldsymbol{L}_0=\boldsymbol{P}(\varepsilon)\boldsymbol{R}^{\mathrm{T}}$，其中 $\boldsymbol{P}(\varepsilon)=\boldsymbol{P}(\varepsilon)^{\mathrm{T}}>0$ 是含参代数 Riccati 方程 (3.32) 的唯一解，其中 $\varepsilon>0$；$0<\kappa_0\leqslant\dfrac{2}{3}\lambda_c$，$\lambda_c>0$ 是 $\boldsymbol{\mathcal{L}}_p(\forall p\in\mathcal{P})$ 非零特征值实部的下界，则存在 $0<\varepsilon_0<1$ 和 $\tau_0>0$，使得对于任意 N_0 和 $\sigma(t)\in\mathcal{S}_{\text{ave}}[\tau_A,N_0]$，其中 $\tau_A>\tau_0$，分布式动态输出反馈控制器 (3.5) 能够解决线性异构多智能体系统 (3.1) 的一致性调控问题，其中 $0<\varepsilon<\varepsilon_0$。

证明 在假设 3.3 下，可得闭环系统 (3.11)。为方便起见，系统 $\boldsymbol{x}_c$ 写为如下形式:

$$\begin{cases}\dot{\tilde{\boldsymbol{\xi}}}=(\boldsymbol{I}_{N-1}\otimes\boldsymbol{S}-\tilde{\boldsymbol{\mathcal{L}}}_{\sigma(t)}\otimes\boldsymbol{L}_0\boldsymbol{R})\tilde{\boldsymbol{\xi}}-(\breve{\boldsymbol{\mathcal{L}}}_{\sigma(t)}\otimes\boldsymbol{L}_0)\boldsymbol{C}\bar{\boldsymbol{x}}\\ \dot{\bar{\boldsymbol{x}}}=\bar{\boldsymbol{A}}\bar{\boldsymbol{x}}+\boldsymbol{\Pi}(\boldsymbol{\mathcal{L}}_{\sigma(t)}\otimes\boldsymbol{L}_0)\boldsymbol{C}\bar{\boldsymbol{x}}+\boldsymbol{\Pi}(\boldsymbol{\mathcal{L}}_{20\sigma(t)}\otimes\boldsymbol{L}_0\boldsymbol{R})\tilde{\boldsymbol{\xi}}+\tilde{\boldsymbol{B}}\tilde{\boldsymbol{x}}\\ \dot{\tilde{\boldsymbol{x}}}=\tilde{\boldsymbol{A}}\tilde{\boldsymbol{x}}\end{cases} \tag{3.33}$$

其中，$\tilde{\boldsymbol{\mathcal{L}}}_{\sigma(t)}=\boldsymbol{\mathcal{L}}_{22\sigma(t)}-\boldsymbol{1}_{N-1}\boldsymbol{\mathcal{L}}_{12\sigma(t)}$。

注意到 $\tilde{\boldsymbol{T}}_0^{-1}\boldsymbol{\mathcal{L}}_{\sigma(t)}\tilde{\boldsymbol{T}}_0=\begin{bmatrix}0 & \boldsymbol{\mathcal{L}}_{12\sigma(t)}\\ \boldsymbol{0}_{N-1} & \tilde{\boldsymbol{\mathcal{L}}}_{\sigma(t)}\end{bmatrix}$，其中 $\tilde{\boldsymbol{T}}_0=\begin{bmatrix}1 & \boldsymbol{0}\\ \boldsymbol{1}_{N-1} & \boldsymbol{I}_{N-1}\end{bmatrix}$。因此，在假设 3.1 下，根据注 3.1可知，对于任意 $p\in\mathcal{P}$，$\tilde{\boldsymbol{\mathcal{L}}}_p$ 的所有特征值都具有正实部。

令 $\boldsymbol{T}_p \in \mathbb{C}^{(N-1)\times(N-1)}$ 使得 $\boldsymbol{T}_p^{-1}\tilde{\boldsymbol{\mathcal{L}}}_p\boldsymbol{T}_p = \hat{\boldsymbol{\mathcal{L}}}_p$ 为 Jordan 标准型。进一步地，记 $\hat{\boldsymbol{\mathcal{L}}}_p = \hat{\boldsymbol{\mathcal{L}}}_{p_1} \oplus \hat{\boldsymbol{\mathcal{L}}}_{p_2} \oplus \cdots \oplus \hat{\boldsymbol{\mathcal{L}}}_{p_{n_p}}$，其中 $\hat{\boldsymbol{\mathcal{L}}}_{p_i}$ 是 $\tilde{\boldsymbol{\mathcal{L}}}_p$ 第 i 个特征值对应的第 i 个 Jordan 块，维数为 p_i，满足 $\sum\limits_{i=1}^{n_p} p_i = N-1$。

为了使矩阵 $(\boldsymbol{I}_{N-1} \otimes \boldsymbol{S} - \hat{\boldsymbol{\mathcal{L}}}_p \otimes \boldsymbol{L}_0\boldsymbol{R})^{\mathrm{T}}$ 具有系统 (3.18) 的形式，不失一般性，假设 $\hat{\boldsymbol{\mathcal{L}}}_{p_i}$ 具有以下 Jordan 标准型：

$$\hat{\boldsymbol{\mathcal{L}}}_{p_i} = \begin{bmatrix} \lambda_i(\tilde{\boldsymbol{\mathcal{L}}}_p) & & & \\ 1 & \lambda_i(\tilde{\boldsymbol{\mathcal{L}}}_p) & & \\ & \ddots & \ddots & \\ & & 1 & \lambda_i(\tilde{\boldsymbol{\mathcal{L}}}_p) \end{bmatrix}_{p_i \times p_i} \tag{3.34}$$

对于每个 $p\in\mathcal{P}$，定义坐标变换 $\hat{\boldsymbol{\xi}}_p = \boldsymbol{M}_p(\boldsymbol{T}_p^{-1}\otimes\boldsymbol{I}_q)\tilde{\boldsymbol{\xi}}$，且 $\boldsymbol{M}_p\in\mathbb{C}^{(N-1)q\times(N-1)q}$ 满足 $(\boldsymbol{I}_{N-1} \otimes \boldsymbol{S} - \hat{\boldsymbol{\mathcal{L}}}_p \otimes \boldsymbol{L}_0\boldsymbol{R})^{\mathrm{T}} = \boldsymbol{M}_p(\boldsymbol{I}_{N-1} \otimes \boldsymbol{S} - \hat{\boldsymbol{\mathcal{L}}}_p \otimes \boldsymbol{L}_0\boldsymbol{R})\boldsymbol{M}_p^{-1}$。根据引理 2.2，可得此类 $\boldsymbol{\mathcal{M}}_p$ 存在。由系统 (3.33) 得

$$\dot{\hat{\boldsymbol{\xi}}}_p = (\boldsymbol{I}_{N-1} \otimes \boldsymbol{S} - \hat{\boldsymbol{\mathcal{L}}}_p \otimes \boldsymbol{L}_0\boldsymbol{R})^{\mathrm{T}}\hat{\boldsymbol{\xi}}_p - \boldsymbol{M}_p(\boldsymbol{T}_p^{-1} \otimes \boldsymbol{I}_q)(\breve{\boldsymbol{\mathcal{L}}}_p \otimes \boldsymbol{L}_0)\boldsymbol{C}\bar{\boldsymbol{x}} \tag{3.35}$$

由于 $(\boldsymbol{R},\boldsymbol{S})$ 是可观测的，$(\boldsymbol{S}^{\mathrm{T}},\boldsymbol{R}^{\mathrm{T}})$ 是可控的，$\boldsymbol{S}$ 的所有特征值都在虚轴上。因此，对于 $\varepsilon > 0$，含参代数 Riccati 方程 (3.32) 存在唯一解 $\boldsymbol{P}(\varepsilon) = \boldsymbol{P}(\varepsilon)^{\mathrm{T}} > 0$，见文献 [19] 和文献 [20]。

令 $\bar{V}_p(\hat{\boldsymbol{\xi}}_p) = \hat{\boldsymbol{\xi}}_p^{\mathrm{H}}(\boldsymbol{C}_{p0} \otimes \boldsymbol{P}(\varepsilon))\hat{\boldsymbol{\xi}}_p$，其中 $\boldsymbol{C}_{p0} = \mathrm{diag}(\boldsymbol{C}_{p_1},\boldsymbol{C}_{p_2},\cdots,\boldsymbol{C}_{p_{n_p}})$，且 $\boldsymbol{C}_{p_i} = \mathrm{diag}\left(1,\dfrac{1}{\kappa_0^2},\cdots,\dfrac{1}{\kappa_0^{2(p_i-1)}}\right)$，$i=1,2,\cdots,n_p$。那么，根据引理 3.2，可知沿系统 (3.35)的轨迹，$\bar{V}_p(\hat{\boldsymbol{\xi}}_p)$ 的导数满足

$$\begin{aligned}\dot{\bar{V}}_p(\hat{\boldsymbol{\xi}}_p) \leqslant & -\varepsilon\hat{\boldsymbol{\xi}}_p^{\mathrm{H}}(\boldsymbol{C}_{p0} \otimes \boldsymbol{P}(\varepsilon))\hat{\boldsymbol{\xi}}_p - 2\hat{\boldsymbol{\xi}}_p^{\mathrm{H}}(\boldsymbol{C}_{p0} \otimes \boldsymbol{P}(\varepsilon))\boldsymbol{M}_p \\ & \times (\boldsymbol{T}_p^{-1} \otimes \boldsymbol{I}_q)(\breve{\boldsymbol{\mathcal{L}}}_p \otimes \boldsymbol{L}_0)\boldsymbol{C}\bar{\boldsymbol{x}}\end{aligned} \tag{3.36}$$

接下来，为系统 (3.33) 构造多重 Lyapunov 函数。

对于每个 $p \in \mathcal{P}$，令 $V_{p1}(\tilde{\boldsymbol{\xi}}) = \tilde{\boldsymbol{\xi}}^{\mathrm{H}}(\boldsymbol{T}_p^{-1}\otimes\boldsymbol{I}_q)^{\mathrm{H}}\boldsymbol{M}_p^{\mathrm{H}}(\boldsymbol{C}_{p0}\otimes\boldsymbol{P}(\varepsilon))\boldsymbol{M}_p(\boldsymbol{T}_p^{-1}\otimes\boldsymbol{I}_q)\tilde{\boldsymbol{\xi}}$。根据引理 3.3，$V_{p1}(\tilde{\boldsymbol{\xi}})$ 是正定的。进一步，根据式 (3.36) 和引理 3.4，可知沿系

统 (3.33) 所定义的子系统 $\tilde{\boldsymbol{\xi}}$ 的轨迹，$V_{p1}(\tilde{\boldsymbol{\xi}})$ 的导数满足

$$\begin{aligned}
\dot{V}_{p1}(\tilde{\boldsymbol{\xi}}) \leqslant & -\varepsilon\tilde{\boldsymbol{\xi}}^{\mathrm{H}}(\boldsymbol{T}_p^{-1}\otimes\boldsymbol{I}_q)^{\mathrm{H}}\boldsymbol{M}_p^{\mathrm{H}}(\boldsymbol{C}_{p0}\otimes\boldsymbol{P}(\varepsilon))\boldsymbol{M}_p(\boldsymbol{T}_p^{-1}\otimes\boldsymbol{I}_q)\tilde{\boldsymbol{\xi}}\\
& -2\tilde{\boldsymbol{\xi}}^{\mathrm{H}}(\boldsymbol{T}_p^{-1}\otimes\boldsymbol{I}_q)^{\mathrm{H}}\boldsymbol{M}_p^{\mathrm{H}}(\boldsymbol{C}_{p0}\otimes\boldsymbol{P}(\varepsilon))\boldsymbol{M}_p(\boldsymbol{T}_p^{-1}\otimes\boldsymbol{I}_q)(\breve{\boldsymbol{\mathcal{L}}}_p\otimes\boldsymbol{L}_0)\boldsymbol{C}\bar{\boldsymbol{x}}\\
\leqslant & -b_{p0}\underline{p}_0\varepsilon^2||\tilde{\boldsymbol{\xi}}||^2-2\tilde{\boldsymbol{\xi}}^{\mathrm{H}}(\boldsymbol{T}_p^{-1}\otimes\boldsymbol{I}_q)^{\mathrm{H}}\boldsymbol{M}_p^{\mathrm{H}}(\boldsymbol{C}_{p0}\otimes\boldsymbol{P}(\varepsilon))\\
& \times\boldsymbol{M}_p(\boldsymbol{T}_p^{-1}\otimes\boldsymbol{I}_q)(\breve{\boldsymbol{\mathcal{L}}}_p\otimes\boldsymbol{L}_0)\boldsymbol{C}\bar{\boldsymbol{x}}\\
\leqslant & \, 2||\tilde{\boldsymbol{\xi}}||\,||\boldsymbol{T}_p^{-1}||^2||\boldsymbol{M}_p||^2||\boldsymbol{C}_{p0}||\,||\boldsymbol{P}(\varepsilon)||\,||\breve{\boldsymbol{\mathcal{L}}}_p||\,||\boldsymbol{L}_0||\,||\boldsymbol{C}||\,||\bar{\boldsymbol{x}}||-b_{p1}\varepsilon^2||\tilde{\boldsymbol{\xi}}||^2\\
\leqslant & -b_{p1}\varepsilon^2||\tilde{\boldsymbol{\xi}}||^2+\epsilon_p||\boldsymbol{T}_p^{-1}||^4||\boldsymbol{M}_p||^4||\boldsymbol{C}_{p0}||^2||\boldsymbol{P}(\varepsilon)||^2||\breve{\boldsymbol{\mathcal{L}}}_p||^2||\boldsymbol{C}||^2||\tilde{\boldsymbol{\xi}}||^2\\
& +\frac{1}{\epsilon_p}||\boldsymbol{P}(\varepsilon)||^2||\boldsymbol{R}||^2||\bar{\boldsymbol{x}}||^2\\
\leqslant & -b_{p1}\varepsilon^2||\tilde{\boldsymbol{\xi}}||^2+\epsilon_p\bar{p}_0^2\varepsilon^2||\boldsymbol{T}_p^{-1}||^4||\boldsymbol{M}_p||^4||\boldsymbol{C}_{p0}||^2||\breve{\boldsymbol{\mathcal{L}}}_p||^2||\boldsymbol{C}||^2||\tilde{\boldsymbol{\xi}}||^2\\
& +\frac{1}{\epsilon_p}\bar{p}_0^2\varepsilon^2||\boldsymbol{R}||^2||\bar{\boldsymbol{x}}||^2\\
= & -\frac{1}{2}b_{p1}\varepsilon^2||\tilde{\boldsymbol{\xi}}||^2+\frac{1}{\epsilon_p}\bar{p}_0^2\varepsilon^2||\boldsymbol{R}||^2||\bar{\boldsymbol{x}}||^2
\end{aligned}\tag{3.37}$$

其中，$\underline{p}_0$ 和 $\bar{p}_0$ 是正实数，满足对于 $0<\varepsilon<1$ 有 $\underline{p}_0\varepsilon\leqslant\lambda_i(\boldsymbol{P}(\varepsilon))\leqslant\bar{p}_0\varepsilon$[19,20]；$b_{p0}=\lambda_m(\boldsymbol{Q}_p)$ 且 $\boldsymbol{Q}_p=(\boldsymbol{T}_p^{-1}\otimes\boldsymbol{I}_q)^{\mathrm{H}}\boldsymbol{M}_p^{\mathrm{H}}(\boldsymbol{C}_{p0}\otimes\boldsymbol{I}_q)\boldsymbol{M}_p(\boldsymbol{T}_p^{-1}\otimes\boldsymbol{I}_q)$；$\epsilon_p=b_{p1}/(2\bar{p}_0^2||\boldsymbol{C}_{p0}||^2||\boldsymbol{M}_p||^4||\boldsymbol{T}_p^{-1}||^4||\breve{\boldsymbol{\mathcal{L}}}_p||^2||\boldsymbol{C}||^2)$ 且 $b_{p1}=b_{p0}\underline{p}_0$。

定义 $V_{p2}(\bar{\boldsymbol{x}})=\bar{\boldsymbol{x}}^{\mathrm{H}}\bar{\boldsymbol{P}}\bar{\boldsymbol{x}}$，其中 $\bar{\boldsymbol{P}}=\bar{\boldsymbol{P}}^{\mathrm{T}}>0$ 满足 $\bar{\boldsymbol{A}}^{\mathrm{T}}\bar{\boldsymbol{P}}+\bar{\boldsymbol{P}}\bar{\boldsymbol{A}}=-\boldsymbol{I}$，则沿系统 (3.33) 所定义的子系统 $\bar{\boldsymbol{x}}$ 的轨迹，$V_{p2}(\bar{\boldsymbol{x}})$ 的导数满足

$$\begin{aligned}
\dot{V}_{p2}(\bar{\boldsymbol{x}}) = & [\bar{\boldsymbol{A}}\bar{\boldsymbol{x}}+\boldsymbol{\Pi}(\boldsymbol{\mathcal{L}}_p\otimes\boldsymbol{L}_0)\boldsymbol{C}\bar{\boldsymbol{x}}+\boldsymbol{\Pi}(\boldsymbol{\mathcal{L}}_{20p}\otimes\boldsymbol{L}_0\boldsymbol{R})\tilde{\boldsymbol{\xi}}]^{\mathrm{H}}\bar{\boldsymbol{P}}\bar{\boldsymbol{x}}\\
& +\bar{\boldsymbol{x}}^{\mathrm{H}}\bar{\boldsymbol{P}}[\bar{\boldsymbol{A}}\bar{\boldsymbol{x}}+\boldsymbol{\Pi}(\boldsymbol{\mathcal{L}}_p\otimes\boldsymbol{L}_0)\boldsymbol{C}\bar{\boldsymbol{x}}+\boldsymbol{\Pi}(\boldsymbol{\mathcal{L}}_{20p}\otimes\boldsymbol{L}_0\boldsymbol{R})\tilde{\boldsymbol{\xi}}]\\
& +\bar{\boldsymbol{x}}^{\mathrm{H}}\bar{\boldsymbol{P}}\tilde{\boldsymbol{B}}\tilde{\boldsymbol{x}}+\tilde{\boldsymbol{x}}^{\mathrm{H}}\tilde{\boldsymbol{B}}^{\mathrm{H}}\bar{\boldsymbol{P}}\bar{\boldsymbol{x}}\\
\leqslant & -\frac{3}{4}||\bar{\boldsymbol{x}}||^2+2||\bar{\boldsymbol{P}}||\,||\boldsymbol{\Pi}||\,||\boldsymbol{\mathcal{L}}_p||\,||\boldsymbol{P}(\varepsilon)||\,||\boldsymbol{R}||\,||\boldsymbol{C}||\,||\bar{\boldsymbol{x}}||^2
\end{aligned}$$

$$
\begin{aligned}
&+2||\bar{\boldsymbol{x}}||\,||\bar{\boldsymbol{P}}||\,||\boldsymbol{\Pi}||\,||\boldsymbol{\mathcal{L}}_{20p}||\,||\boldsymbol{P}(\varepsilon)||\,||\boldsymbol{R}||^2||\tilde{\boldsymbol{\xi}}|| \\
&+4||\tilde{\boldsymbol{B}}||^2||\bar{\boldsymbol{P}}||^2||\tilde{\boldsymbol{x}}||^2 \qquad (3.38)\\
\leqslant &-\frac{3}{4}||\bar{\boldsymbol{x}}||^2+2\bar{p}_0\varepsilon||\bar{\boldsymbol{P}}||\,||\boldsymbol{\Pi}||\,||\boldsymbol{\mathcal{L}}_p||\,||\boldsymbol{R}||\,||\boldsymbol{C}||\,||\bar{\boldsymbol{x}}||^2 \\
&+\bar{p}_0^2\varepsilon||\bar{\boldsymbol{P}}||^2||\boldsymbol{\Pi}||^2||\boldsymbol{\mathcal{L}}_{20p}||^2||\bar{\boldsymbol{x}}||^2+\varepsilon||\boldsymbol{R}||^4||\tilde{\boldsymbol{\xi}}||^2 \\
&+4||\tilde{\boldsymbol{B}}||^2||\bar{\boldsymbol{P}}||^2||\tilde{\boldsymbol{x}}||^2 \\
\leqslant &-\frac{1}{2}||\bar{\boldsymbol{x}}||^2+\varepsilon||\boldsymbol{R}||^4||\tilde{\boldsymbol{\xi}}||^2+4||\tilde{\boldsymbol{B}}||^2||\bar{\boldsymbol{P}}||^2||\tilde{\boldsymbol{x}}||^2
\end{aligned}
$$

其中，$0<\varepsilon<\min\{1,\varepsilon_{p0}\}$ 且 $\varepsilon_{p0}=1/(8\bar{p}_0||\bar{\boldsymbol{P}}||\,||\boldsymbol{\Pi}||\,||\boldsymbol{\mathcal{L}}_p||\,||\boldsymbol{R}||\,||\boldsymbol{C}||+4\bar{p}_0^2||\bar{\boldsymbol{P}}||^2\cdot ||\boldsymbol{\Pi}||^2||\boldsymbol{\mathcal{L}}_{20p}||^2)$。

定义 $V_{p3}(\tilde{\boldsymbol{x}})=\tilde{\boldsymbol{x}}^{\mathrm{T}}\tilde{\boldsymbol{P}}\tilde{\boldsymbol{x}}$，其中，$\tilde{\boldsymbol{P}}=\tilde{\boldsymbol{P}}^{\mathrm{T}}>0$ 满足 $\tilde{\boldsymbol{A}}^{\mathrm{T}}\tilde{\boldsymbol{P}}+\tilde{\boldsymbol{P}}\tilde{\boldsymbol{A}}=-\boldsymbol{I}$。那么，沿系统 (3.33) 所定义的子系统 $\tilde{\boldsymbol{x}}$ 的轨迹，$V_{p3}(\tilde{\boldsymbol{x}})$ 的导数满足

$$
\dot{V}_{p3}(\tilde{\boldsymbol{x}})=-||\tilde{\boldsymbol{x}}||^2 \qquad (3.39)
$$

令 $\boldsymbol{x}_c=\mathrm{col}(\tilde{\boldsymbol{\xi}},\bar{\boldsymbol{x}},\tilde{\boldsymbol{x}})$；$V_p(\boldsymbol{x}_c)=V_{p1}(\tilde{\boldsymbol{\xi}})+k_{p0}\varepsilon V_{p2}(\bar{\boldsymbol{x}})+k_{p1}V_{p3}(\tilde{\boldsymbol{x}})$。其中，$k_{p0}\leqslant b_{p1}/(4||\boldsymbol{R}||^4)$；$k_{p1}\geqslant 4/3(4k_{p0}\varepsilon||\tilde{\boldsymbol{B}}||^2||\bar{\boldsymbol{P}}||^2)$，$0<\varepsilon<\varepsilon_0$ 且 $\varepsilon_0=\min\limits_{p\in\mathcal{P}}\{1,\varepsilon_{p0},\varepsilon_{p1}\}$，$\varepsilon_{p1}=k_{p0}\epsilon_p/(4\bar{p}_0^2||\boldsymbol{R}||^2)$，则基于式 (3.37) ~ 式(3.39)，有

$$
\begin{aligned}
\dot{V}_p(\boldsymbol{x}_c)\leqslant &-\frac{1}{2}b_{p1}\varepsilon^2||\tilde{\boldsymbol{\xi}}||^2+\frac{1}{\epsilon_p}\bar{p}_0^2\varepsilon^2||\boldsymbol{R}||^2||\bar{\boldsymbol{x}}||^2 \\
&-\frac{1}{2}k_{p0}\varepsilon||\bar{\boldsymbol{x}}||^2+k_{p0}\varepsilon^2||\boldsymbol{R}||^4||\tilde{\boldsymbol{\xi}}||^2 \\
&+4k_{p0}\varepsilon||\tilde{\boldsymbol{B}}||^2||\bar{\boldsymbol{P}}||^2||\tilde{\boldsymbol{x}}||^2-k_{p1}||\tilde{\boldsymbol{x}}||^2 \qquad (3.40)\\
\leqslant &-\frac{1}{4}b_{p1}\varepsilon^2||\tilde{\boldsymbol{\xi}}||^2-\frac{1}{4}k_{p0}\varepsilon||\bar{\boldsymbol{x}}||^2-\frac{1}{4}k_{p1}||\tilde{\boldsymbol{x}}||^2 \\
\leqslant &-\lambda_0V_p(\boldsymbol{x}_c),\quad \forall p\in\mathcal{P}
\end{aligned}
$$

其中，$\lambda_0=\min\limits_{p\in\mathcal{P}}\left\{\dfrac{1}{4\lambda_M(\boldsymbol{Q}_p)\bar{p}_0}b_{p1}\varepsilon,\dfrac{1}{4\lambda_M(\bar{\boldsymbol{P}})},\dfrac{1}{4\lambda_M(\tilde{\boldsymbol{P}})}\right\}$。

进一步可以验证,总是存在一个正实数 ν_0,使得对于任意 $\boldsymbol{x}_c$ 和任意 $p,q\in\mathcal{P}$,有 $V_p(\boldsymbol{x}_c)\leqslant\nu_0V_q(\boldsymbol{x}_c)$。

令 $\tau_0 = \dfrac{\log\nu_0}{\lambda_0}$。然后，根据引理 3.1，可知对于每个 $\sigma(t) \in \mathcal{S}_{\mathrm{ave}}[\tau_A, N_0]$，其中 $\tau_A > \tau_0$ 且 N_0 为任意值，有 $\lim\limits_{t\to\infty} \boldsymbol{x}_c(t) = \mathbf{0}$。根据定理 3.1，一致性调控问题得到解决。证毕。

注 3.7 低增益设计使得闭环系统 (3.33) 的耦合项与低增益参数 ε 成正比。正是这种好的特性促使我们采用低增益方法进行控制器设计。如定理 3.2 的证明所示，当低增益参数 ε 调整得非常小时，这些耦合项可以控制，这使得三个耦合系统的同步镇定成为可能。

注 3.8 本节所得结果的一个扩展方向是处理多输入多输出线性不确定异构多智能体系统的一致性调控问题。不确定性会给一致性调控问题带来一些新的挑战，特别是对于耦合多输入多输出线性系统的同步镇定。通过在当前控制器中引入内模来进一步解决该问题，具有较高的研究价值。

注 3.9 多输入多输出线性异构多智能体系统的一致性调控问题在文献 [5] 中得到了解决。特别地，该文献中提出了一类如下形式的同步信号生成器：

$$\dot{\boldsymbol{\xi}}_i = \boldsymbol{S}\xi_i + \sum_{j\in\mathcal{N}_i(t)} a_{ij}(t)(\boldsymbol{\xi}_j - \boldsymbol{\xi}_i), \quad i = 1, 2, \cdots, N \tag{3.41}$$

需要注意的是，同步信号生成器 (3.41) 与原始线性异构多智能体系统 (3.1) 是解耦的。因此，输出一致性问题分两步解决：第一步是实现同步信号生成器 (3.41) 的状态一致性，即 $\boldsymbol{\xi}_i \to \boldsymbol{\xi}_j$；第二步是将每个系统的输出调节到其自身同步信号生成器的输出，即 $\boldsymbol{y}_i \to \boldsymbol{R}\boldsymbol{\xi}_i$。

相比之下，本节提出的同步信号生成器依赖 $(\boldsymbol{y}_j - \boldsymbol{y}_i)$ 而不是 $(\boldsymbol{\xi}_j - \boldsymbol{\xi}_i)$。因此，本节提出的控制器是完全基于输出的，不需要建立通信信道来交换内部状态 $(\boldsymbol{\xi}_j - \boldsymbol{\xi}_i)$，故文献 [5] 中的两步法不能使用，同步信号生成器的设计更加复杂。为了应对这些挑战，在同步信号生成器中引入增益矩阵，并将原问题转化为同步镇定问题。通过巧妙地构造多重 Lyapunov 函数并借助低增益方法，同步镇定问题得以解决，从而实现了一致性调控。此外，由于同步信号生成器可以直接接收传感器感知反馈，即系统的相对测量输出，本节设计的控制器在某种程度上具有快速响应特性。

3.5 仿真示例

3.5.1 数值仿真示例

本节针对同步信号分别为斜坡信号与正弦信号的情况，对所提出基于输出的分布式协同调控方法有效性进行仿真验证。

示例 3.1 考虑如下线性异构多智能体系统的输出一致性问题[5]：

$$\begin{cases}\dot{\boldsymbol{x}}_i=\begin{bmatrix}0 & 1 & 0\\0 & 0 & c_i\\0 & -d_i & -a_i\end{bmatrix}\boldsymbol{x}_i+\begin{bmatrix}0\\0\\b_i\end{bmatrix}u_i\\y_i=\begin{bmatrix}1 & 0 & 0\end{bmatrix}\boldsymbol{x}_i\end{cases},\quad i=1,2,3,4 \tag{3.42}$$

其中，系统参数为 $(a_1,b_1,c_1,d_1)=(1,1,1,0)$、$(a_2,b_2,c_2,d_2)=(10,2,1,0)$、$(a_3,b_3,c_3,d_3)=(2,1,1,10)$、$(a_4,b_4,c_4,d_4)=(2,1,1,1)$。

多智能体系统切换网络拓扑图如图 3.1 所示，并假设网络拓扑由图 3.2 中的分段常数切换信号决定。

与文献 [5] 相同，控制器设计过程中选择以下矩阵：

$$\boldsymbol{S}=\begin{bmatrix}0 & 1\\0 & 0\end{bmatrix},\quad \boldsymbol{R}=\begin{bmatrix}1 & 0\end{bmatrix} \tag{3.43}$$

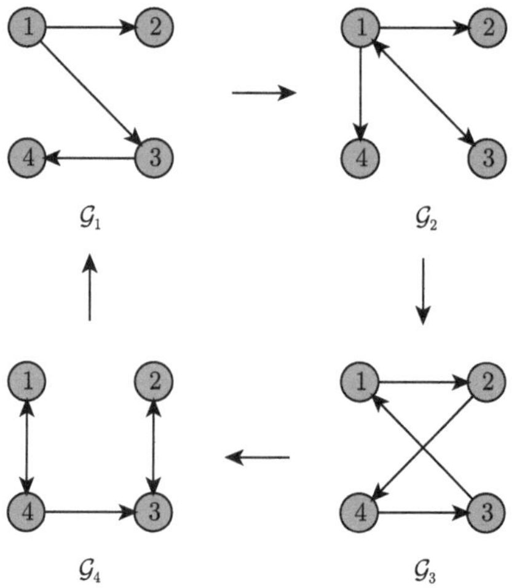

图 3.1　多智能体系统切换网络拓扑图

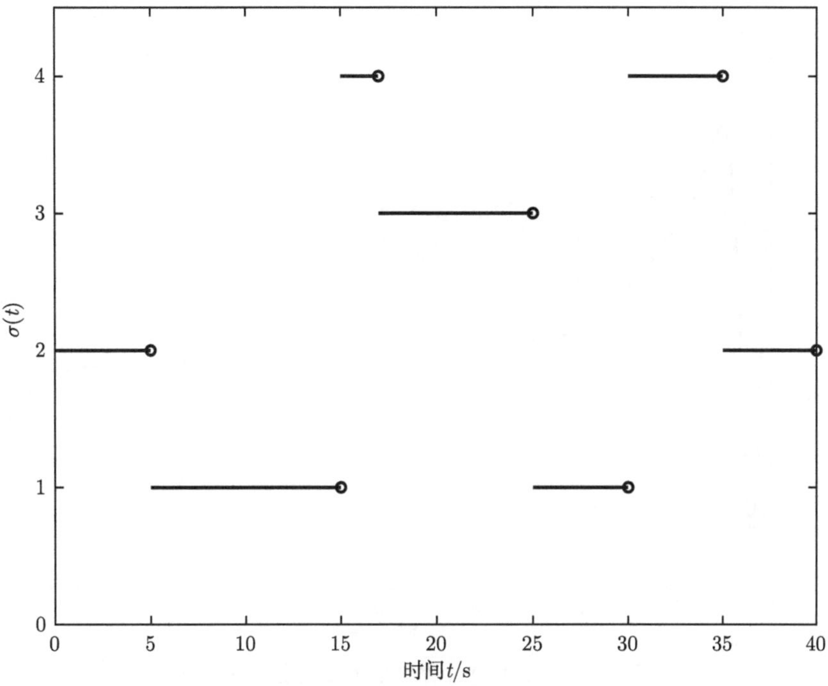

图 3.2 分段常数切换信号

因此，取

$$\boldsymbol{\Pi}_i = \begin{bmatrix} 1 & 0 \\ 0 & 1 \\ 0 & 0 \end{bmatrix}, \quad \boldsymbol{\Gamma}_i = \begin{bmatrix} 0 & d_i/b_i \end{bmatrix} \tag{3.44}$$

时，能够满足方程 (3.6)。

通过设计控制器参数 $\boldsymbol{K}_1 = [-8,-12,-4]$、$\boldsymbol{K}_2 = [-4,-6,2.5]$、$\boldsymbol{K}_3 = [-8,-2,-3]$、$\boldsymbol{K}_4 = [-8,-11,-3]$、$\boldsymbol{L}_0 = [0.4,0.02]^{\mathrm{T}}$、$\boldsymbol{L}_1 = [-8,-28,-26]^{\mathrm{T}}$、$\boldsymbol{L}_2 = [1,-46,406]^{\mathrm{T}}$、$\boldsymbol{L}_3 = [-7,-12,40]^{\mathrm{T}}$ 和 $\boldsymbol{L}_4 = [-7,-21,-5]^{\mathrm{T}}$，构造分布式动态输出反馈控制器 (3.5)。

系统初始条件除 $\boldsymbol{x}_1(0) = [-1,1,2]^{\mathrm{T}}$、$\boldsymbol{x}_2(0) = [1,0,-1]^{\mathrm{T}}$、$\boldsymbol{x}_3(0) = [2,0,1]^{\mathrm{T}}$、$\boldsymbol{x}_4(0) = [3,1,-2]^{\mathrm{T}}$ 外，其余所有初始状态均为零。

仿真结果如图 3.3 ~ 图 3.5 所示，其中图 3.3 给出第 $i(i=1,2,3,4)$ 个系统的测量输出，图 3.4 和图 3.5 给出第 $i(i=1,2,3,4)$ 个系统同步信号生成器的状态。结果表明，在系统实现同步的过程中，同步信号生成器的振荡幅度较小。由图 3.3 可以看到，系统 (3.42) 的渐近一致性调控得以实现。

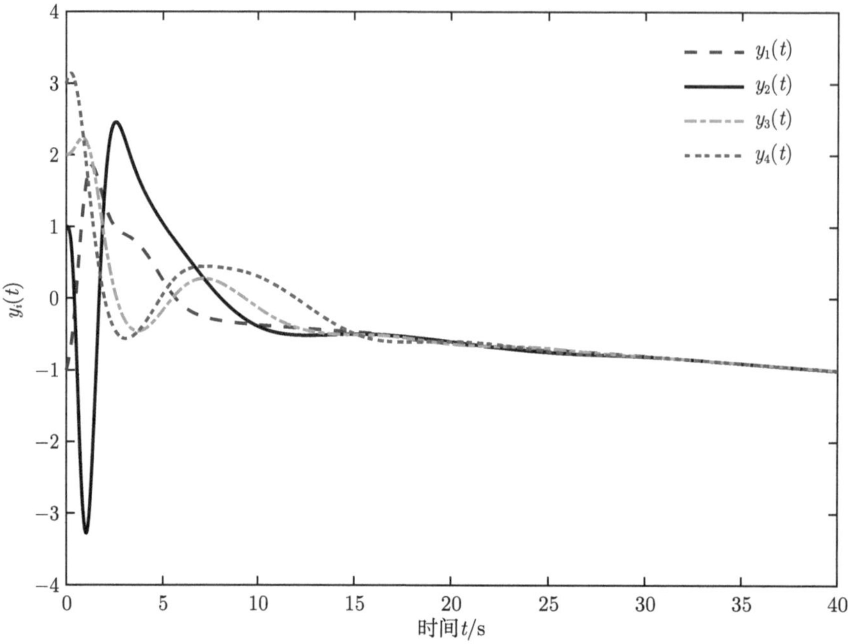

图 3.3 第 $i(i=1,2,3,4)$ 个系统的测量输出 $y_i(t)$（示例 3.1）

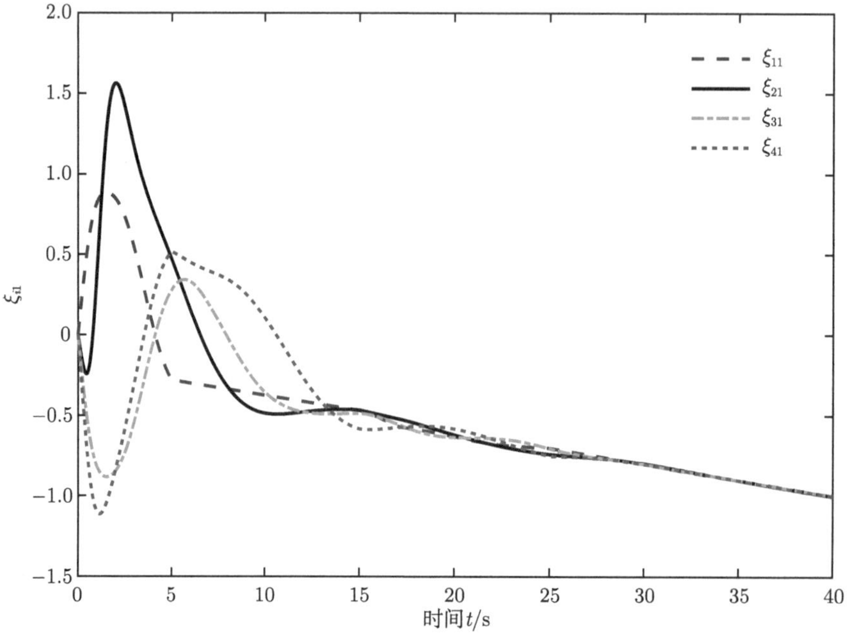

图 3.4 第 $i(i=1,2,3,4)$ 个系统同步信号生成器的状态 ξ_{i1}（示例 3.1）

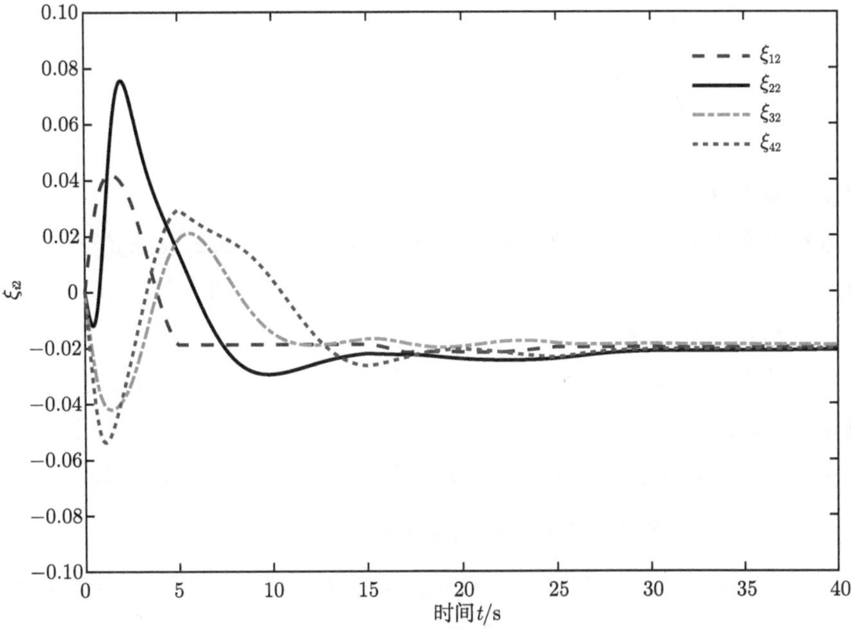

图 3.5 第 $i(i=1,2,3,4)$ 个系统同步信号生成器的状态 ξ_{i2}（示例 3.1）

示例 3.2 在示例 3.1 中，同步信号是斜坡信号。本例进一步考虑期望同步信号为正弦信号的情况。具体而言，线性异构多智能体系统 (3.1) 如下：

$$\begin{cases}\dot{\boldsymbol{x}}_i = \begin{bmatrix}0 & a_i\\ b_i & 0\end{bmatrix}\boldsymbol{x}_i + \begin{bmatrix}0\\1\end{bmatrix}u_i, \quad i=1,2,3,4\\ y_i = \begin{bmatrix}1 & 0\end{bmatrix}\boldsymbol{x}_i\end{cases} \tag{3.45}$$

其中，系统参数为 $(a_1,b_1)=(1,3)$、$(a_2,b_2)=(4,3)$、$(a_3,b_3)=(4,2)$、$(a_4,b_4)=(2,2)$。假设系统 (3.45) 的切换网络拓扑图仍由图 3.1 描述，分段常数切换信号如图 3.2 所示。

设计分布式动态输出反馈控制器 (3.5)，其中

$$\boldsymbol{S}=\begin{bmatrix}0 & 1\\ -1 & 0\end{bmatrix}, \quad \boldsymbol{R}=\begin{bmatrix}1 & 0\end{bmatrix} \tag{3.46}$$

设计控制器参数 $\boldsymbol{K}_1=[-11,-4]$、$\boldsymbol{K}_2=[-5,-4]$、$\boldsymbol{K}_3=[-4,-4]$、$\boldsymbol{K}_4=[-6,-4]$、$\boldsymbol{L}_0=[0.4,0.02]^{\mathrm{T}}$、$\boldsymbol{L}_1=[-6,-21]^{\mathrm{T}}$、$\boldsymbol{L}_2=[-6,-7.5]^{\mathrm{T}}$、$\boldsymbol{L}_3=[-6,-6.5]^{\mathrm{T}}$、

$\boldsymbol{L}_4 = [-6, -11]^{\mathrm{T}}$。取

$$\boldsymbol{\Pi}_i = \begin{bmatrix} 1 & 0 \\ 0 & 1/a_i \end{bmatrix}, \quad \boldsymbol{\Gamma}_i = \begin{bmatrix} -1/a_i - b_i & 0 \end{bmatrix} \tag{3.47}$$

可以验证假设 3.3 成立。

系统的初始条件除 $\boldsymbol{x}_1(0) = [-1,1]^{\mathrm{T}}$、$\boldsymbol{\xi}_1(0) = [-2,2]^{\mathrm{T}}$、$\boldsymbol{x}_2(0) = [1,0]^{\mathrm{T}}$、$\boldsymbol{\xi}_2(0) = [3,2]^{\mathrm{T}}$、$\boldsymbol{x}_3(0) = [2,0]^{\mathrm{T}}$、$\boldsymbol{\xi}_3(0) = [1,4]^{\mathrm{T}}$、$\boldsymbol{x}_4(0) = [3,1]^{\mathrm{T}}$、$\boldsymbol{\xi}_4(0) = [-3,4]^{\mathrm{T}}$外，所有初始状态均为零。

仿真结果如图 3.6 ~ 图 3.8 所示，其中图 3.6 给出第 $i(i = 1,2,3,4)$ 个系统的测量输出，图 3.7 和图 3.8 给出第 $i(i = 1,2,3,4)$ 个系统同步信号生成器的状态。由图 3.6 可以观察到，系统 (3.45) 的渐近一致性调控得以实现。

3.5.2 多个双电机伺服系统一致性调控仿真示例

电机是一种能够将电能转换为机械能的电磁装置，广泛应用于各种机械设备中，涵盖工业生产、交通运输、医疗、军事、机器人与自动化等多个领域。本节将进行多个双电机伺服系统的一致性调控应用仿真。

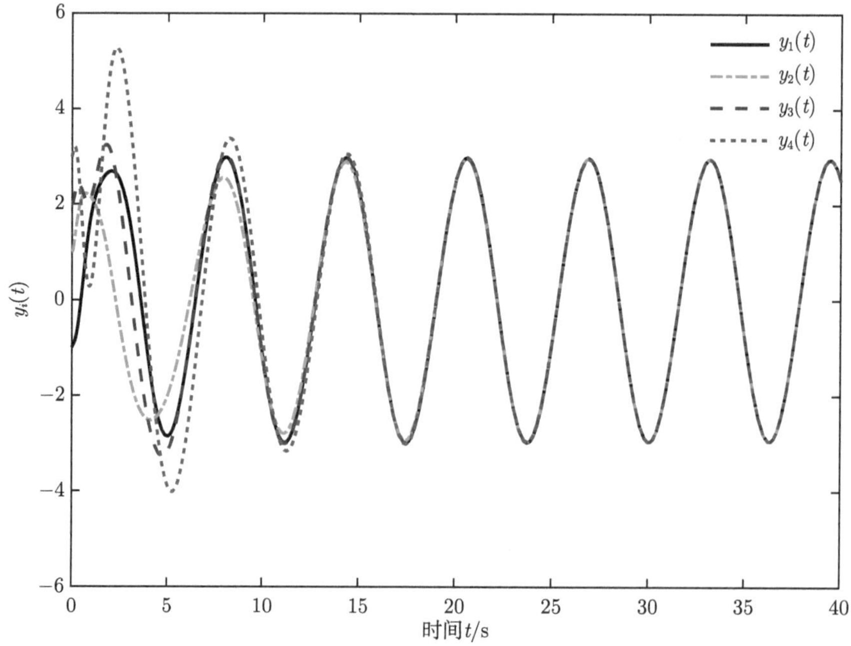

图 3.6 第 $i(i = 1,2,3,4)$ 个系统的测量输出 $y_i(t)$（示例 3.2）

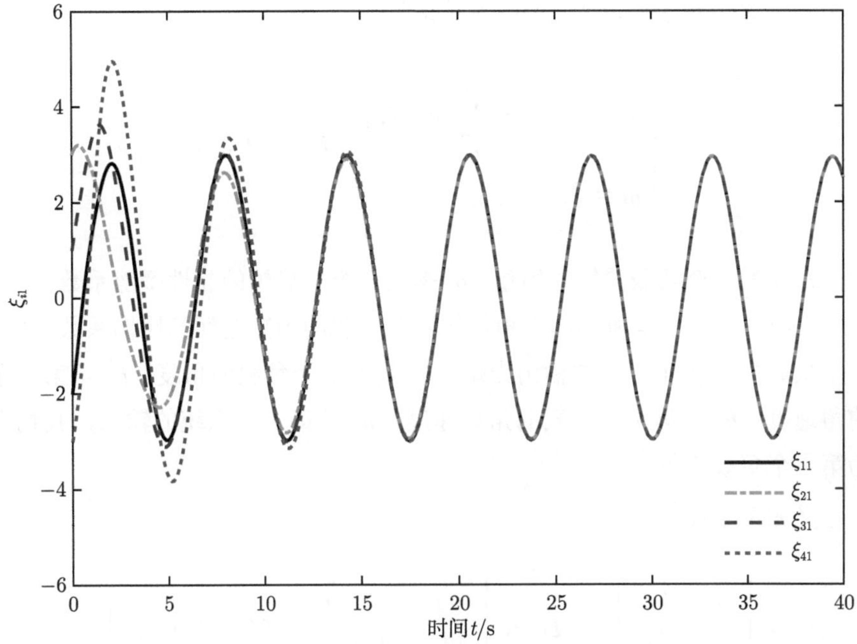

图 3.7 第 $i(i = 1, 2, 3, 4)$ 个系统同步信号生成器的状态 ξ_{i1}（示例 3.2）

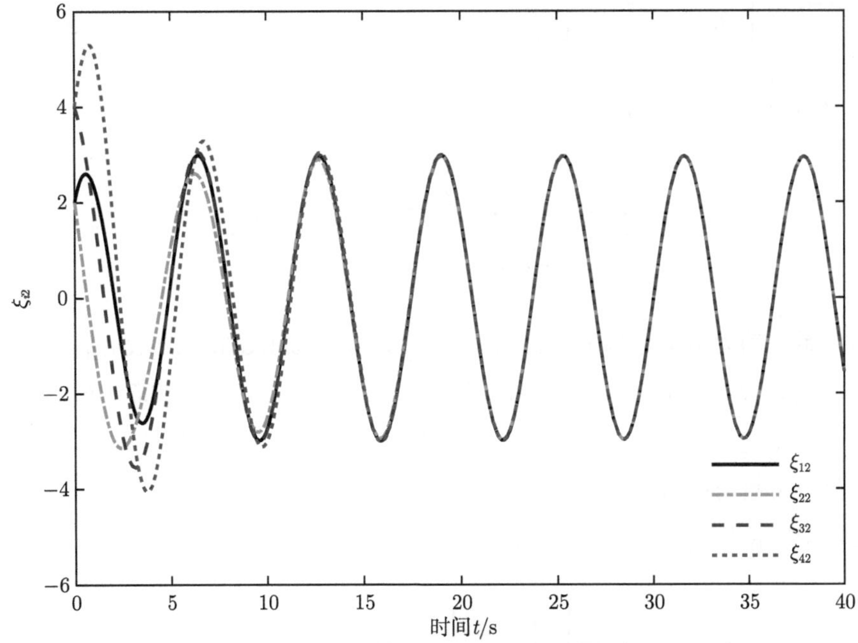

图 3.8 第 $i(i = 1, 2, 3, 4)$ 个系统同步信号生成器的状态 ξ_{i2}（示例 3.2）

示例 3.3　考虑以下双电机伺服系统[21]：

$$\begin{cases} J_i\ddot{\theta}_i + b_i\dot{\theta}_i = \sum_{j=1}^{2} g_{i,j}T_{i,j} \\ y_i = \theta_i \end{cases}, \quad i = 1,2,3,4 \tag{3.48}$$

其中，J_i 是第 i 个负载的转动惯量；b_i 是第 i 个负载轴的黏性摩擦系数；$g_{i,j}$ 是第 i 个负载中第 j 个电机输出力矩与作用至负载的力矩之间的比例系数；$T_{i,j}$ 是第 i 个负载中第 j 个电机的输出力矩；θ_i 是第 i 个负载的角度；$\dot{\theta}_i$ 是第 i 个负载的角速度；$\ddot{\theta}_i$ 是第 i 个负载的角加速度；y_i 是第 i 个系统的输出，其物理意义为第 i 个负载的角度。

定义如下参数：

$$\begin{aligned} &\boldsymbol{A}_i = \begin{bmatrix} 0 & 1 \\ 0 & -\dfrac{b_i}{J_i} \end{bmatrix}, \quad \boldsymbol{B}_i = \begin{bmatrix} 0 & 0 \\ \dfrac{g_{i,1}}{J_i} & \dfrac{g_{i,2}}{J_i} \end{bmatrix}, \quad \boldsymbol{C}_i = \begin{bmatrix} 1 & 0 \end{bmatrix} \\ &\boldsymbol{x}_i = \begin{bmatrix} \theta_i \\ \dot{\theta}_i \end{bmatrix}, \quad \boldsymbol{u}_i = \begin{bmatrix} T_{i,1} \\ T_{i,2} \end{bmatrix} \end{aligned} \tag{3.49}$$

则系统 (3.48) 可表示为

$$\begin{cases} \dot{\boldsymbol{x}}_i = \boldsymbol{A}_i\boldsymbol{x}_i + \boldsymbol{B}_i\boldsymbol{u}_i \\ y_i = \boldsymbol{C}_i\boldsymbol{x}_i \end{cases}, \quad i = 1,2,3,4 \tag{3.50}$$

其中，系统动力学参数为 $(J_1, b_1, g_{1,1}, g_{1,2}) = (0.5, 1, 1, 0.5)$、$(J_2, b_2, g_{2,1}, g_{2,2}) = (1, 1, 1, 2)$、$(J_3, b_3, g_{3,1}, g_{3,2}) = (1, 2, 2, 2)$、$(J_4, b_4, g_{4,1}, g_{4,2}) = (0.5, 1.5, 0.5, 2)$。

双电机伺服系统切换网络拓扑图如图 3.9 所示，并假设网络拓扑由图 3.10 中的分段常数切换信号决定。

控制器设计过程中选择以下矩阵:

$$\boldsymbol{S} = \begin{bmatrix} 0 & 1 \\ -1 & 0 \end{bmatrix}, \quad \boldsymbol{R} = \begin{bmatrix} 1 & 0 \end{bmatrix} \tag{3.51}$$

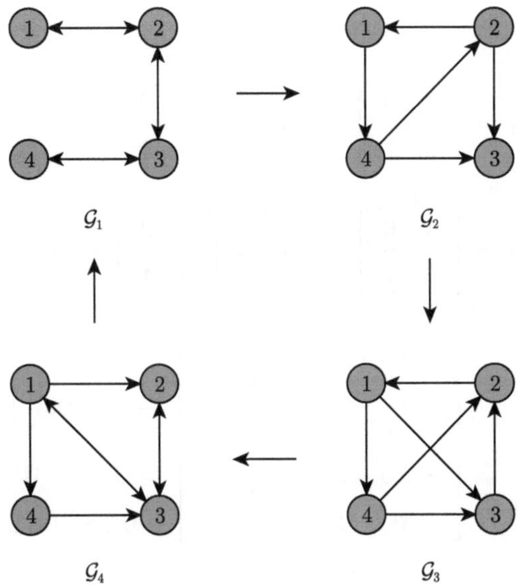

图 3.9 双电机伺服系统切换网络拓扑图

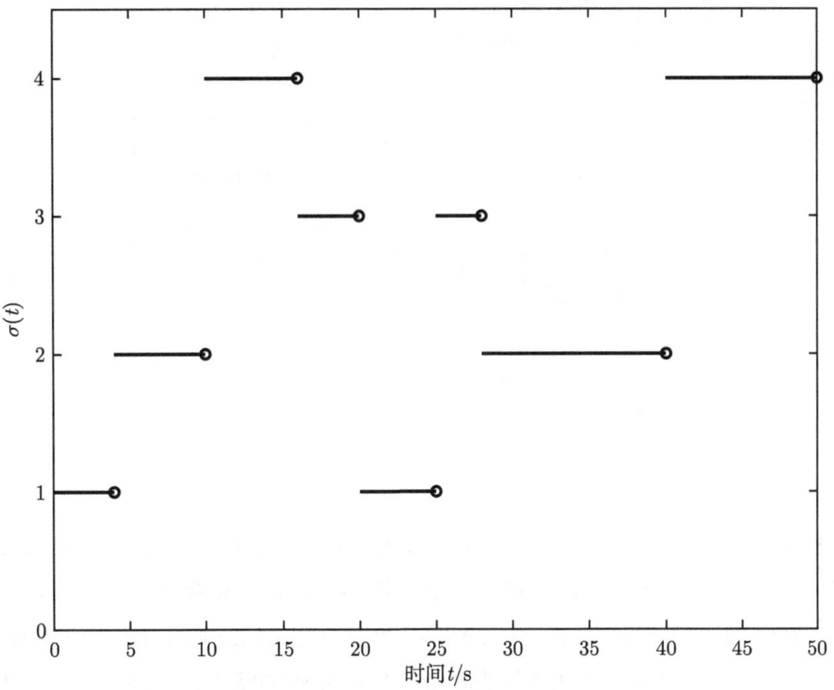

图 3.10 分段常数切换信号（示例 3.3）

因此，取

$$\boldsymbol{\Pi}_1=\begin{bmatrix}1&0\\0&1\end{bmatrix},\quad \boldsymbol{\Pi}_2=\begin{bmatrix}1&0\\0&1\end{bmatrix}$$

$$\boldsymbol{\Pi}_3=\begin{bmatrix}1&0\\0&1\end{bmatrix},\quad \boldsymbol{\Pi}_4=\begin{bmatrix}1&0\\0&1\end{bmatrix}$$

$$\boldsymbol{\Gamma}_1=\begin{bmatrix}-0.5&1\\0&0\end{bmatrix},\quad \boldsymbol{\Gamma}_2=\begin{bmatrix}0&0\\-0.5&0.5\end{bmatrix}$$

$$\boldsymbol{\Gamma}_3=\begin{bmatrix}-0.5&1\\0&0\end{bmatrix},\quad \boldsymbol{\Gamma}_4=\begin{bmatrix}0&0\\-0.25&0.75\end{bmatrix}$$

时，能够满足方程 (3.6) 。

通过选择控制器参数

$$\boldsymbol{K}_1=\begin{bmatrix}-0.8&-0.4\\-0.4&-0.2\end{bmatrix},\quad \boldsymbol{K}_2=\begin{bmatrix}-0.4&-0.4\\-0.8&-0.8\end{bmatrix}$$

$$\boldsymbol{K}_3=\begin{bmatrix}-0.5&-0.25\\-0.5&-0.25\end{bmatrix},\quad \boldsymbol{K}_4=\begin{bmatrix}-0.1176&0\\-0.4706&0\end{bmatrix}$$

$$\boldsymbol{L}_0=\begin{bmatrix}0.1818\\0.0027\end{bmatrix},\quad \boldsymbol{L}_1=\begin{bmatrix}-1\\0\end{bmatrix},\quad \boldsymbol{L}_2=\begin{bmatrix}-2\\0\end{bmatrix}$$

$$\boldsymbol{L}_3=\begin{bmatrix}-1\\0\end{bmatrix},\quad \boldsymbol{L}_4=\begin{bmatrix}0\\-2\end{bmatrix}$$

构造分布式动态输出反馈控制器 (3.5)。

系统初始条件除 $\boldsymbol{x}_1(0)=[0.3,0]^{\mathrm{T}}$、$\boldsymbol{x}_2(0)=[0,0.1]^{\mathrm{T}}$、$\boldsymbol{x}_3(0)=[0.4,0]^{\mathrm{T}}$、$\boldsymbol{x}_4(0)=[-0.5,0]^{\mathrm{T}}$ 外，其余所有初始状态均为零。仿真结果如图 3.11 ~ 图 3.13 所示，其中图 3.11 给出第 $i(i=1,2,3,4)$ 个系统的测量输出，图 3.12 和图 3.13 给出第 $i(i=1,2,3,4)$ 个伺服系统同步信号生成器的状态。由图 3.11 可以观察到，系统 (3.48) 的渐近一致性调控得以实现。

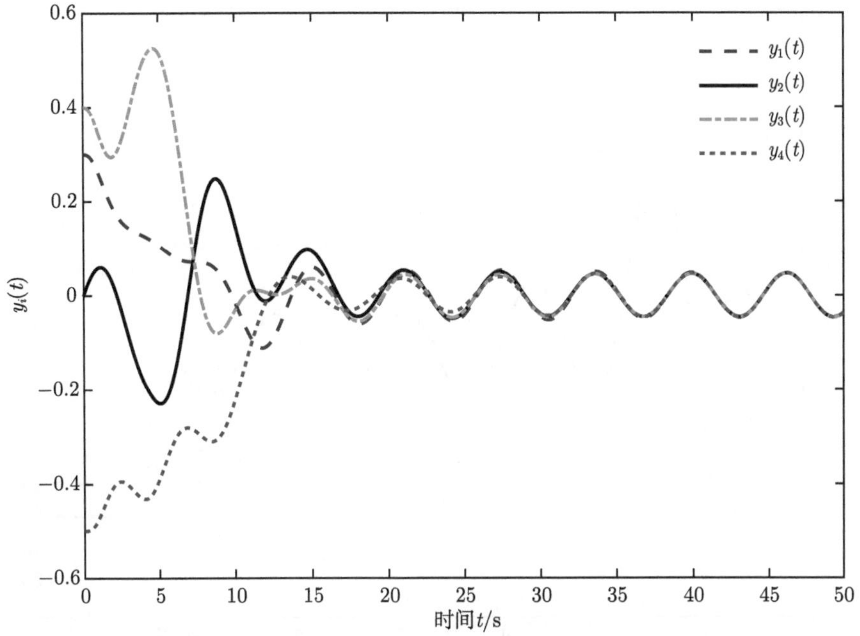

图 3.11 第 $i(i=1,2,3,4)$ 个系统的测量输出 $y_i(t)$（示例 3.3）

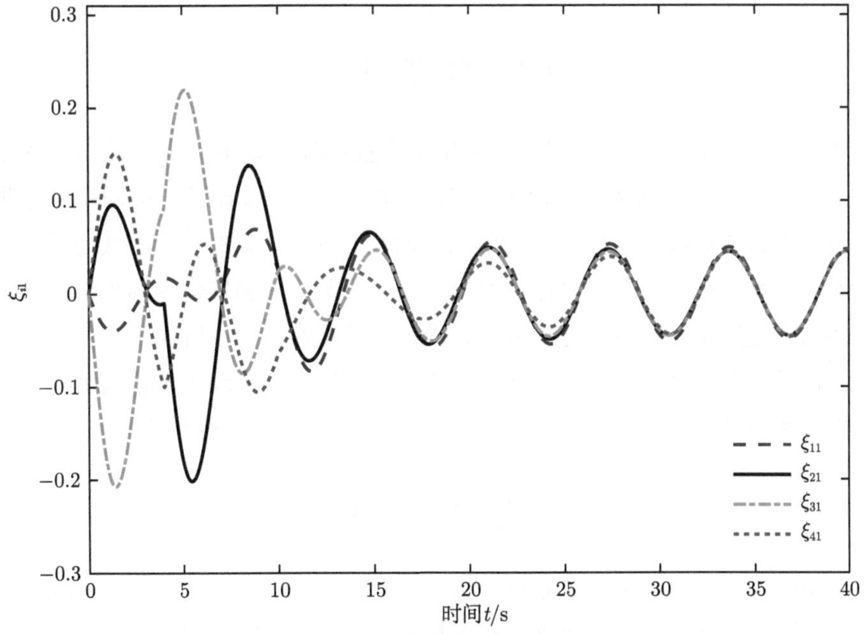

图 3.12 第 $i(i=1,2,3,4)$ 个伺服系统同步信号生成器的状态 ξ_{i1}（示例 3.3）

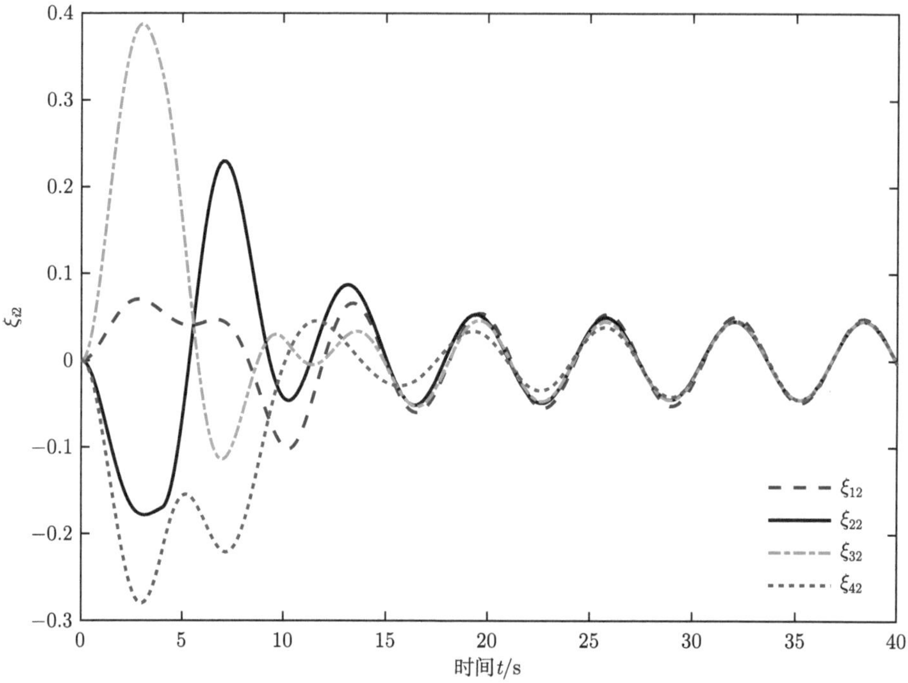

图 3.13　第 $i(i=1,2,3,4)$ 个伺服系统同步信号生成器的状态 ξ_{i2}（示例 3.3）

3.6 本章小结

本章通过提出一种分布式动态输出反馈控制器，研究了网络化多输入多输出线性异构多智能体系统的一致性调控问题。首先，设计了一类同步信号生成器，该生成器依赖线性异构多智能体系统的相对输出，其参数利用低增益方法进行设计；其次，通过一系列坐标变换，将一致性调控问题转化为同步镇定控制问题；然后，通过 Lyapunov 分析方法，设计了低增益参数，解决了同步镇定控制问题；最后，在满足平均驻留时间条件的切换网络下，实现了多输入多输出线性异构多智能体系统的一致性调控，并通过仿真示例验证了控制器的有效性。

参考文献

[1] Hespanha J P, Morse A S. Stability of switched systems with average dwell-time [C]. The 38th IEEE Conference on Decision and Control, 1999: 2655-2660.

[2] Godsil C, Royle G F. Algebraic Graph Theory[M]. New York: Springer, 2001.

[3] Ren W, Beard R W. Distributed Consensus in Multi-Vehicle Cooperative Control[M]. London: Springer, 2008.

[4] Kim H, Shim H, Seo J H. Output consensus of heterogeneous uncertain linear multi-agent systems[J]. IEEE Transactions on Automatic Control, 2010, 56(1): 200-206.

[5] Wieland P, Sepulchre R, Allgöwer F. An internal model principle is necessary and sufficient for linear output synchronization[J]. Automatica, 2011, 47(5): 1068-1074.

[6] Huang J. Nonlinear Output Regulation: Theory and Applications[M]. Philadelphia: Society for Industrial and Applied Mathematics, 2004.

[7] Su Y F, Huang J. Stability of a class of linear switching systems with applications to two consensus problems[J]. IEEE Transactions on Automatic Control, 2011, 57(6): 1420-1430.

[8] Ni W, Cheng D Z. Leader-following consensus of multi-agent systems under fixed and switching topologies[J]. Systems & Control Letters, 2010, 59(3-4): 209-217.

[9] Tuna S E. LQR-based coupling gain for synchronization of linear systems[EB/OL]. https://arxiv.org/abs/0801.3390 [2025-02-07].

[10] Su Y F, Huang J. Two consensus problems for discrete-time multi-agent systems with switching network topology[J]. Automatica, 2012, 48(9): 1988-1997.

[11] You K Y, Li Z K, Xie L H. Consensus condition for linear multi-agent systems over randomly switching topologies[J]. Automatica, 2013, 49(10): 3125-3132.

[12] Li Z K, Wen G H, Duan Z S, et al. Designing fully distributed consensus protocols for linear multi-agent systems with directed graphs[J]. IEEE Transactions on Automatic Control, 2014, 60(4): 1152-1157.

[13] Qin J H, Fu W M, Zheng W X, et al. On the bipartite consensus for generic linear multiagent systems with input saturation[J]. IEEE Transactions on Cybernetics, 2016, 47(8): 1948-1958.

[14] Sun Z D, Ge S S. Stability Theory of Switched Dynamical Systems[M]. London: Springer, 2011.

[15] Sun Y G, Tian Y Z, Xie X J. Stabilization of positive switched linear systems and its application in consensus of multiagent systems[J]. IEEE Transactions on Automatic Control, 2017, 62(12): 6608-6613.

[16] Valcher M E, Zorzan I. On the consensus of homogeneous multi-agent systems with arbitrarily switching topology[J]. Automatica, 2017, 84: 79-85.

[17] Lu J J, She Z K, Feng W J, et al. Stabilizability of time-varying switched systems based on piecewise continuous scalar functions[J]. IEEE Transactions on Automatic Control, 2018, 64(6): 2637-2644.

[18] Liberzon D. Switching in Systems and Control[M]. Boston: Birkhäuser, 2003.

[19] Lin Z L. Low Gain Feedback[M]. London: Springer, 1999.

[20] Zhou B, Duan G R, Lin Z L. A parametric Lyapunov equation approach to the design of low gain feedback[J]. IEEE Transactions on Automatic Control, 2008, 53(6): 1548-1554.

[21] Zhao H, Zong G D, Zhao X D, et al. Hierarchical sliding-mode surface-based adaptive critic tracking control for nonlinear multiplayer zero-sum games via generalized fuzzy hyperbolic models[J]. IEEE Transactions on Fuzzy Systems, 2023, 31(11): 4010-4023.

第 4 章　二阶非线性多智能体系统一致性调控

4.1　引　　言

本章研究扰动影响下异构二阶非线性多智能体系统的一致性调控问题，提出一种新颖的基于自适应控制方法的分布式协同控制器，其反馈变量只依赖系统的相对输出，可实现多智能体间无通信情况下的一致性调控。与已有的研究结果相比，本章的研究结果具有以下特点：① 考虑了动力学异构的智能体系统；② 允许非线性系统不满足全局利普希茨（Lipschitz）条件，且对系统初始条件无特定要求；③ 处理了系统中的不确定性，这些不确定参数可线性参数化，无须限制在特定紧集中。通过 Lyapunov 分析和巴巴拉特（Barbalat）引理，证明所提出的分布式协同调控方法可以解决一类静态有向网络中受扰动影响的含不确定参数的异构二阶非线性多智能体系统的一致性调控问题，同时验证该方法可以解决一组 Vol del Pol 振荡器和一组单连杆机器人刚性关节机械臂的一致性调控问题。

符号说明　对于任意的 $\boldsymbol{z}_i \in \mathbb{R}^{n_i \times q}, i=1,2,\cdots,m$，定义 $\mathrm{col}(\boldsymbol{z}_1,\boldsymbol{z}_2,\cdots,\boldsymbol{z}_m) = [\boldsymbol{z}_1^{\mathrm{T}},\boldsymbol{z}_2^{\mathrm{T}},\cdots,\boldsymbol{z}_m^{\mathrm{T}}]^{\mathrm{T}}$。对于矩阵 $\boldsymbol{M}=\boldsymbol{M}^{\mathrm{T}}>0$，$\lambda_m(\boldsymbol{M})$ 代表 $\boldsymbol{M}$ 的最小特征值。

4.2　二阶非线性多智能体系统一致性调控问题

考虑以下异构二阶非线性多智能体系统：

$$\begin{cases} \dot{\boldsymbol{q}}_i = \boldsymbol{p}_i \\ \dot{\boldsymbol{p}}_i = \boldsymbol{f}_i(\boldsymbol{q}_i,\boldsymbol{p}_i,t) + \boldsymbol{d}_i + \boldsymbol{u}_i \end{cases}, \quad i=1,2,\cdots,N \tag{4.1}$$

其中，$\boldsymbol{p}_i \in \mathbb{R}^n$ 是系统状态；$\boldsymbol{q}_i \in \mathbb{R}^n$ 是系统输出；$\boldsymbol{f}_i(\boldsymbol{q}_i,\boldsymbol{p}_i,t) = \boldsymbol{g}_{i0}(\boldsymbol{q}_i,\boldsymbol{p}_i) + \boldsymbol{g}_i(\boldsymbol{q}_i,\boldsymbol{p}_i)\boldsymbol{\theta}_i$，其中矩阵 $\boldsymbol{g}_{i0}(\boldsymbol{q}_i,\boldsymbol{p}_i) \in \mathbb{R}^n$ 和矩阵 $\boldsymbol{g}_i(\boldsymbol{q}_i,\boldsymbol{p}_i) \in \mathbb{R}^{n\times n_p}$ 是已知参数且连续的，向量 $\boldsymbol{\theta}_i \in \mathbb{R}^{n_p}$ 是未知参数；$\boldsymbol{d}_i$ 是扰动项；$\boldsymbol{u}_i \in \mathbb{R}^n$ 是控制输入。

假设扰动 $\boldsymbol{d}_i$ 和参考信号 $\boldsymbol{q}_0$ 是由以下线性系统产生的：

$$\dot{\boldsymbol{v}} = \boldsymbol{S}\boldsymbol{v}, \quad \boldsymbol{d}_i = \boldsymbol{D}_i\boldsymbol{v}, \quad \boldsymbol{q}_0 = \boldsymbol{F}\boldsymbol{v} \tag{4.2}$$

其中，$\boldsymbol{v} \in \mathbb{R}^m$、$\boldsymbol{S} \in \mathbb{R}^{m\times m}$、$\boldsymbol{D}_i \in \mathbb{R}^{n\times m}$ 和 $\boldsymbol{F} \in \mathbb{R}^{n\times m}$ 是常数矩阵，$(\boldsymbol{F}, \boldsymbol{S})$ 是可观测的。

4.2.1 基础知识

系统 (4.1) 和系统 (4.2) 构成了一个多智能体系统，其中系统 (4.2) 是领导者系统，系统 (4.1) 代表 N 个跟随者系统。对于该多智能体系统，定义一个非负矩阵 $\boldsymbol{\mathcal{A}} = [a_{ij}] \in \mathbb{R}^{(N+1)\times(N+1)}$，$i = 1, 2, \cdots, N$，$j = 0, 1, \cdots, N$，其中，$a_{ij} > 0$ 当且仅当智能体 i 可以测量相对输出 $(\boldsymbol{q}_j - \boldsymbol{q}_i)$；否则，$a_{ij} = 0$。定义与矩阵 $\boldsymbol{\mathcal{A}}$ 相关联的有向图 $\mathcal{G} = (\mathcal{V}, \mathcal{E})$ [1]。$\mathcal{V} = \{0, 1, \cdots, N\}$ 为节点集合，其中节点 0 代表领导者系统 (4.2)；节点 $i(i = 1, 2, \cdots, N)$ 代表跟随者系统 (4.1)。$\mathcal{E} \subseteq \mathcal{V} \times \mathcal{V}$ 为边集合，其中边 $(i, j) \in \mathcal{E}$ 当且仅当 $a_{ji} > 0$。如果图 $\mathcal{G}$ 包含边的一个序列 (i_l, i_{l+1})，$l = 1, 2, \cdots, k-1$，那么称节点 i_k 可以从节点 i_1 到达。节点 i 的邻居集合记为 $\mathcal{N}_i = \{j \in \mathcal{V} \mid (j, i) \in \mathcal{E}\}$。若 $(i, j) \in \mathcal{E} \Leftrightarrow (j, i) \in \mathcal{E}$，则该图称为无向图；否则称为有向图。

4.2.2 问题描述

考虑如下分布式控制器：

$$\begin{cases} \boldsymbol{u}_i = \boldsymbol{\psi}_i(\boldsymbol{\xi}_i, \boldsymbol{p}_i, \boldsymbol{q}_i, \dot{\boldsymbol{q}}_i, \boldsymbol{q}_j - \boldsymbol{q}_i, j \in \mathcal{N}_i) \\ \dot{\boldsymbol{\xi}}_i = \boldsymbol{\varphi}_i(\boldsymbol{\xi}_i, \boldsymbol{p}_i, \boldsymbol{q}_i, \dot{\boldsymbol{q}}_i, \boldsymbol{q}_j - \boldsymbol{q}_i, j \in \mathcal{N}_i) \end{cases} \tag{4.3}$$

其中，$\boldsymbol{\xi}_i \in \mathbb{R}^{n_{\xi_i}}$，$n_{\xi_i}$ 为正整数；$\boldsymbol{\psi}_i$ 和 $\boldsymbol{\varphi}_i$ 是待定义的平滑函数；$i = 1, 2, \cdots, N$。

二阶非线性多智能体系统一致性调控问题描述如下。

问题 4.1 给定一个由跟随者系统 (4.1)、领导者系统 (4.2) 和有向图 $\mathcal{G}$ 组成的多智能体系统，设计形如式 (4.3) 的分布式控制器，使得对于任意初始条件 $\boldsymbol{q}_i(0)$、$\boldsymbol{p}_i(0)$ 和 $\boldsymbol{v}(0)$，$i = 1, 2, \cdots, N$，系统 (4.1) 的解满足

$$\begin{aligned} &\lim_{t\to\infty} (\boldsymbol{q}_i(t) - \boldsymbol{q}_0(t)) = \boldsymbol{0} \\ &\lim_{t\to\infty} (\boldsymbol{p}_i(t) - \dot{\boldsymbol{q}}_0(t)) = \boldsymbol{0} \end{aligned} \tag{4.4}$$

为解决上述一致性调控问题，给出以下两个基本假设。

假设 4.1 矩阵 $\boldsymbol{S}$ 是临界稳定的。

假设 4.2 有向图 $\mathcal{G}$ 包含一个以节点 0 为根的有向生成树。

注 4.1 假设 4.1 保证了系统 (4.2) 中扰动和参考信号的有界性[2,3]。假设 4.2 是关于静态图的基本假设[4-7]。

在假设 4.1 下，系统 (4.2) 可以描述一大类扰动和参考信号，这些信号可以表示为任意有限数量正弦信号的叠加[8-11]。

4.3 基于相对输出的分布式协同调控

4.3.1 基于相对输出的分布式观测

考虑如下分布式动态补偿器：

$$\dot{\boldsymbol{\eta}}_i = \boldsymbol{S}\boldsymbol{\eta}_i + \boldsymbol{L}\sum_{j\in\mathcal{N}_i} a_{ij}(\boldsymbol{q}_j - \boldsymbol{q}_i) \tag{4.5}$$

其中，$\boldsymbol{\eta}_i \in \mathbb{R}^{m\times m}$ 和 $\boldsymbol{L} \in \mathbb{R}^{m\times n}$ 是常数矩阵。

注 4.2 受文献 [7] 中分布式观测器方法的启发，后面将证明分布式动态补偿器 (4.5) 可充当领导者系统的分布式观测器。与文献 [7] 的不同之处在于，分布式动态补偿器 (4.5) 只依赖多智能体系统的相对输出。因此，即使在智能体之间没有通信只有相对输出测量的情况下，所提出的分布式协同调控方法仍然是可行的。

4.3.2 自适应分布式协同控制

定义

$$\dot{\boldsymbol{q}}_{ri} = \boldsymbol{F}\boldsymbol{S}\boldsymbol{\eta}_i - \alpha(\boldsymbol{q}_i - \boldsymbol{F}\boldsymbol{\eta}_i) \tag{4.6}$$

其中，α 是一个正常数。由此可得

$$\ddot{\boldsymbol{q}}_{ri} = \boldsymbol{F}\boldsymbol{S}\dot{\boldsymbol{\eta}}_i - \alpha(\dot{\boldsymbol{q}}_i - \boldsymbol{F}\dot{\boldsymbol{\eta}}_i) \tag{4.7}$$

定义

$$\boldsymbol{s}_i = \dot{\boldsymbol{q}}_i - \dot{\boldsymbol{q}}_{ri} \tag{4.8}$$

设计如下自适应分布式协同控制器：

$$\begin{cases} \boldsymbol{u}_i = -\boldsymbol{K}_i\boldsymbol{s}_i - \boldsymbol{g}_{i0}(\boldsymbol{q}_i,\boldsymbol{p}_i) - \boldsymbol{g}_i(\boldsymbol{q}_i,\boldsymbol{p}_i)\hat{\boldsymbol{\theta}}_i - \boldsymbol{D}_i\boldsymbol{\eta}_i + \ddot{\boldsymbol{q}}_{ri} \\ \dot{\hat{\boldsymbol{\theta}}}_i = -\boldsymbol{\Lambda}_i\boldsymbol{g}_i^{\mathrm{T}}(\boldsymbol{q}_i,\boldsymbol{p}_i)\boldsymbol{s}_i \\ \dot{\boldsymbol{\eta}}_i = \boldsymbol{S}\boldsymbol{\eta}_i + \boldsymbol{L}\sum_{j\in\mathcal{N}_i} a_{ij}(\boldsymbol{q}_j - \boldsymbol{q}_i) \end{cases}, \quad i=1,2,\cdots,N \tag{4.9}$$

其中，$\hat{\boldsymbol{\theta}}_i \in \mathbb{R}^{n_p}$；$\boldsymbol{K}_i \in \mathbb{R}^{n\times n}$；$\boldsymbol{\Lambda}_i \in \mathbb{R}^{n_p\times n_p}$ 为正定矩阵。

基于自适应分布式协同控制器 (4.9)，闭环系统可以表示为

$$\begin{cases} \dot{\boldsymbol{q}}_i = \boldsymbol{p}_i \\ \dot{\boldsymbol{p}}_i = -\boldsymbol{K}_i\boldsymbol{s}_i - \boldsymbol{g}_i(\boldsymbol{q}_i,\boldsymbol{p}_i)\tilde{\boldsymbol{\theta}}_i - \boldsymbol{D}_i\tilde{\boldsymbol{\eta}}_i + \ddot{\boldsymbol{q}}_{ri} \\ \dot{\hat{\boldsymbol{\theta}}}_i = -\boldsymbol{\Lambda}_i\boldsymbol{g}_i^{\mathrm{T}}(\boldsymbol{q}_i,\boldsymbol{p}_i)\boldsymbol{s}_i \\ \dot{\boldsymbol{\eta}}_i = \boldsymbol{S}\boldsymbol{\eta}_i + \boldsymbol{L}\sum\limits_{j\in\mathcal{N}_i} a_{ij}(\boldsymbol{q}_j - \boldsymbol{q}_i) \end{cases} \tag{4.10}$$

其中，$\tilde{\boldsymbol{\eta}}_i = \boldsymbol{\eta}_i - \boldsymbol{v}$；$\tilde{\boldsymbol{\theta}}_i = \hat{\boldsymbol{\theta}}_i - \boldsymbol{\theta}_i$；$i = 1, 2, \cdots, N$。

4.4　稳定性分析

下面给出一致性调控问题的求解方法，如定理 4.1 所示。

定理 4.1

在假设 4.1 和假设 4.2 下，自适应分布式协同控制器 (4.9) 能够解决由系统 (4.1) 和系统 (4.2) 组成的多智能体系统的领导-跟随一致性调控问题。

证明　根据系统 (4.1) 和式(4.8)，可得

$$\begin{aligned} \dot{\boldsymbol{s}}_i &= \boldsymbol{f}_i(\boldsymbol{q}_i,\boldsymbol{p}_i,t) + \boldsymbol{d}_i + \boldsymbol{u}_i - \ddot{\boldsymbol{q}}_{ri} \\ &= -\boldsymbol{K}_i\boldsymbol{s}_i - \boldsymbol{g}_i(\boldsymbol{q}_i,\boldsymbol{p}_i)\tilde{\boldsymbol{\theta}}_i - \boldsymbol{D}_i\tilde{\boldsymbol{\eta}}_i,\quad i = 1, 2, \cdots, N \end{aligned} \tag{4.11}$$

定义

$$V_1 = \frac{1}{2}\sum_{i=1}^{N}(\boldsymbol{s}_i^{\mathrm{T}}\boldsymbol{s}_i + \tilde{\boldsymbol{\theta}}_i^{\mathrm{T}}\boldsymbol{\Lambda}_i^{-1}\tilde{\boldsymbol{\theta}}_i) \tag{4.12}$$

可得 V_1 关于时间的导数满足

$$\begin{aligned} \dot{V}_1 &= \sum_{i=1}^{N}(\boldsymbol{s}_i^{\mathrm{T}}\dot{\boldsymbol{s}}_i + \tilde{\boldsymbol{\theta}}_i^{\mathrm{T}}\boldsymbol{\Lambda}_i^{-1}\dot{\tilde{\boldsymbol{\theta}}}_i) \\ &= \sum_{i=1}^{N}\left[\boldsymbol{s}_i^{\mathrm{T}}\Big(-\boldsymbol{K}_i\boldsymbol{s}_i - \boldsymbol{g}_i(\boldsymbol{q}_i,\boldsymbol{p}_i)\tilde{\boldsymbol{\theta}}_i - \boldsymbol{D}_i\tilde{\boldsymbol{\eta}}_i\Big) + \tilde{\boldsymbol{\theta}}_i^{\mathrm{T}}\boldsymbol{\Lambda}_i^{-1}\Big(-\boldsymbol{\Lambda}_i\boldsymbol{g}_i^{\mathrm{T}}(\boldsymbol{q}_i,\boldsymbol{p}_i)\boldsymbol{s}_i\Big)\right] \\ &= \sum_{i=1}^{N}(-\boldsymbol{s}_i^{\mathrm{T}}\boldsymbol{K}_i\boldsymbol{s}_i - \boldsymbol{s}_i^{\mathrm{T}}\boldsymbol{D}_i\tilde{\boldsymbol{\eta}}_i) \end{aligned} \tag{4.13}$$

假设

$$\boldsymbol{\eta}_0 = \boldsymbol{v},\quad \tilde{\boldsymbol{q}}_i = \boldsymbol{q}_i - \boldsymbol{F}\boldsymbol{\eta}_i,\quad i = 0, 1, \cdots, N \tag{4.14}$$

由此可得 $\tilde{\boldsymbol{\eta}}_0 = \boldsymbol{0}$、$\tilde{\boldsymbol{q}}_0 = \boldsymbol{0}$，且

$$\begin{aligned}\dot{\tilde{\boldsymbol{\eta}}}_i &= \dot{\boldsymbol{\eta}}_i - \dot{\boldsymbol{v}} \\ &= \boldsymbol{S}\boldsymbol{\eta}_i + \boldsymbol{L}\sum_{j\in\mathcal{N}_i} a_{ij}(\boldsymbol{q}_j - \boldsymbol{q}_i) - \boldsymbol{S}\boldsymbol{v} \\ &= \boldsymbol{S}\tilde{\boldsymbol{\eta}}_i + \boldsymbol{L}\boldsymbol{F}\sum_{j\in\mathcal{N}_i} a_{ij}(\tilde{\boldsymbol{\eta}}_j - \tilde{\boldsymbol{\eta}}_i) + \boldsymbol{L}\sum_{j\in\mathcal{N}_i} a_{ij}(\tilde{\boldsymbol{q}}_j - \tilde{\boldsymbol{q}}_i)\end{aligned} \tag{4.15}$$

针对有向图 $\mathcal{G}$，定义一个矩阵 $\boldsymbol{\mathcal{H}} = [h_{ij}] \in \mathbb{R}^{N\times N}$，其中 $h_{ij} = -a_{ij}$，$i \neq j$ 且 $h_{ii} = \sum\limits_{j=0,1}^{N} a_{ij}$。

定义 $\tilde{\boldsymbol{\eta}} = \mathrm{col}(\tilde{\boldsymbol{\eta}}_1, \tilde{\boldsymbol{\eta}}_2, \cdots, \tilde{\boldsymbol{\eta}}_N)$ 和 $\tilde{\boldsymbol{q}} = \mathrm{col}(\tilde{\boldsymbol{q}}_1, \tilde{\boldsymbol{q}}_2, \cdots, \tilde{\boldsymbol{q}}_N)$。因此，式 (4.15) 可以表示为

$$\dot{\tilde{\boldsymbol{\eta}}} = (\boldsymbol{I}_N \otimes \boldsymbol{S} - \boldsymbol{\mathcal{H}} \otimes \boldsymbol{L}\boldsymbol{F})\tilde{\boldsymbol{\eta}} - (\boldsymbol{\mathcal{H}} \otimes \boldsymbol{L})\tilde{\boldsymbol{q}} \tag{4.16}$$

由式 (4.8)可得

$$\begin{aligned}\boldsymbol{s}_i &= \dot{\boldsymbol{q}}_i - \boldsymbol{F}\boldsymbol{S}\boldsymbol{\eta}_i + \alpha(\boldsymbol{q}_i - \boldsymbol{F}\boldsymbol{\eta}_i) \\ &= \dot{\boldsymbol{q}}_i - \boldsymbol{F}\Big[\dot{\boldsymbol{\eta}}_i - \boldsymbol{L}\sum_{j\in\mathcal{N}_i} a_{ij}(\boldsymbol{q}_j - \boldsymbol{q}_i)\Big] + \alpha(\boldsymbol{q}_i - \boldsymbol{F}\boldsymbol{\eta}_i)\end{aligned} \tag{4.17}$$

因此，对于 $i = 1, 2, \cdots, N$，有

$$\begin{aligned}&\dot{\boldsymbol{q}}_i - \boldsymbol{F}\dot{\boldsymbol{\eta}}_i + \alpha(\boldsymbol{q}_i - \boldsymbol{F}\boldsymbol{\eta}_i) \\ =& -\boldsymbol{F}\boldsymbol{L}\sum_{j\in\mathcal{N}_i} a_{ij}(\boldsymbol{q}_j - \boldsymbol{q}_i) + \boldsymbol{s}_i \\ =& -\boldsymbol{F}\boldsymbol{L}\sum_{j\in\mathcal{N}_i} a_{ij}(\tilde{\boldsymbol{q}}_j - \tilde{\boldsymbol{q}}_i) - \boldsymbol{F}\boldsymbol{L}\boldsymbol{F}\sum_{j\in\mathcal{N}_i} a_{ij}(\tilde{\boldsymbol{\eta}}_j - \tilde{\boldsymbol{\eta}}_i) + \boldsymbol{s}_i\end{aligned} \tag{4.18}$$

进一步，有

$$\dot{\tilde{\boldsymbol{q}}}_i = -\alpha\tilde{\boldsymbol{q}}_i - \boldsymbol{F}\boldsymbol{L}\sum_{j\in\mathcal{N}_i} a_{ij}(\tilde{\boldsymbol{q}}_j - \tilde{\boldsymbol{q}}_i) - \boldsymbol{F}\boldsymbol{L}\boldsymbol{F}\sum_{j\in\mathcal{N}_i} a_{ij}(\tilde{\boldsymbol{\eta}}_j - \tilde{\boldsymbol{\eta}}_i) + \boldsymbol{s}_i \tag{4.19}$$

式 (4.19) 可以进一步表示为

$$\dot{\tilde{\boldsymbol{q}}} = -(\alpha \boldsymbol{I} - \boldsymbol{\mathcal{H}} \otimes \boldsymbol{FL})\tilde{\boldsymbol{q}} + (\boldsymbol{\mathcal{H}} \otimes \boldsymbol{FLF})\tilde{\boldsymbol{\eta}} + \boldsymbol{s} \tag{4.20}$$

其中，$\boldsymbol{s} = \mathrm{col}(\boldsymbol{s}_1, \boldsymbol{s}_2, \cdots, \boldsymbol{s}_N)$。

定义 $\tilde{\boldsymbol{x}} = \mathrm{col}(\tilde{\boldsymbol{\eta}}, \tilde{\boldsymbol{q}})$，则式 (4.16) 和式(4.20) 可以表示为

$$\dot{\tilde{\boldsymbol{x}}} = \tilde{\boldsymbol{A}}\tilde{\boldsymbol{x}} + \tilde{\boldsymbol{B}}\boldsymbol{s} \tag{4.21}$$

其中

$$\begin{aligned} \tilde{\boldsymbol{A}} &= \begin{bmatrix} \boldsymbol{I}_N \otimes \boldsymbol{S} - \boldsymbol{\mathcal{H}} \otimes \boldsymbol{LF} & -\boldsymbol{\mathcal{H}} \otimes \boldsymbol{L} \\ \boldsymbol{\mathcal{H}} \otimes \boldsymbol{FLF} & -(\alpha \boldsymbol{I} - \boldsymbol{\mathcal{H}} \otimes \boldsymbol{FL}) \end{bmatrix} \\ \tilde{\boldsymbol{B}} &= \begin{bmatrix} \boldsymbol{0} \\ 1 \end{bmatrix} \end{aligned} \tag{4.22}$$

假设

$$\boldsymbol{L} = \nu \boldsymbol{Q}\boldsymbol{F}^{\mathrm{T}} \tag{4.23}$$

其中，$\nu \geqslant 1/\delta$ ，$\delta = \min\limits_{i=1,2,\cdots,N}\{\mathrm{Re}(\lambda_i(\boldsymbol{\mathcal{H}}))\}$；$\boldsymbol{Q} = \boldsymbol{Q}^{\mathrm{T}} > 0$ 是以下 Riccati 方程的唯一解[12, 13]：

$$\boldsymbol{SQ} + \boldsymbol{QS}^{\mathrm{T}} + \boldsymbol{I} - \boldsymbol{QF}^{\mathrm{T}}\boldsymbol{FQ} = \boldsymbol{0} \tag{4.24}$$

假设

$$(\boldsymbol{I}_N \otimes \boldsymbol{S} - \boldsymbol{\mathcal{H}} \otimes \boldsymbol{LF}) = (\boldsymbol{P}^{-1} \otimes \boldsymbol{I}_m)(\boldsymbol{I}_N \otimes \boldsymbol{S} - \boldsymbol{J}_{\mathcal{H}} \otimes \boldsymbol{LF})(\boldsymbol{P} \otimes \boldsymbol{I}_m) \tag{4.25}$$

其中，$\boldsymbol{J}_{\mathcal{H}}$ 是 $\boldsymbol{\mathcal{H}}$ 的 Jordan 标准型。

在假设 4.2 下，根据文献 [7] 的引理 1，可知矩阵 $-\boldsymbol{\mathcal{H}}$ 是 Hurwitz 矩阵。然后，根据文献 [14] 的引理 1，可知对于 $i = 1, 2, \cdots, N$，$\boldsymbol{S}^{\mathrm{T}} - \lambda_i(\boldsymbol{\mathcal{H}})\nu\boldsymbol{F}^{\mathrm{T}}\boldsymbol{FQ}$ 和 $\boldsymbol{S} - \lambda_i(\boldsymbol{\mathcal{H}})\nu\boldsymbol{QF}^{\mathrm{T}}\boldsymbol{F}$ 是 Hurwitz 矩阵。因此，根据式 (4.25)可得 $\boldsymbol{I}_N \otimes \boldsymbol{S} - \boldsymbol{\mathcal{H}} \otimes \boldsymbol{LF}$ 是 Hurwitz 矩阵。

另外，验证可得，若 α 是一个足够大的正实数，矩阵 $\tilde{\boldsymbol{A}}$ 是 Hurwitz 矩阵。因此，存在唯一的 $\tilde{\boldsymbol{P}} \in \mathbb{R}^{N(m+n) \times N(m+n)}$，$\tilde{\boldsymbol{P}} = \tilde{\boldsymbol{P}}^{\mathrm{T}} > \boldsymbol{0}$，使得

$$\tilde{\boldsymbol{A}}^{\mathrm{T}}\tilde{\boldsymbol{P}} + \tilde{\boldsymbol{P}}\tilde{\boldsymbol{A}} = -2\boldsymbol{I} \tag{4.26}$$

定义 $V_2 = \tilde{\boldsymbol{x}}^{\mathrm{T}}\tilde{\boldsymbol{P}}\tilde{\boldsymbol{x}}$，可得

$$\dot{V}_2 = -2\tilde{\boldsymbol{x}}^{\mathrm{T}}\tilde{\boldsymbol{x}} + 2\tilde{\boldsymbol{x}}^{\mathrm{T}}\tilde{\boldsymbol{P}}\tilde{\boldsymbol{B}}\boldsymbol{s} \tag{4.27}$$

定义 $V=V_1+\gamma V_2$，其中 γ 是一个正实数，则 V 关于时间的导数满足

$$
\begin{aligned}
\dot{V}=&\sum_{i=1}^{N}(-\boldsymbol{s}_i^{\mathrm{T}}\boldsymbol{K}_i\boldsymbol{s}_i-\boldsymbol{s}_i^{\mathrm{T}}\boldsymbol{D}_i\tilde{\boldsymbol{\eta}}_i)-2\gamma\tilde{\boldsymbol{x}}^{\mathrm{T}}\tilde{\boldsymbol{x}}+2\gamma\tilde{\boldsymbol{x}}^{\mathrm{T}}\tilde{\boldsymbol{P}}\tilde{\boldsymbol{B}}\boldsymbol{s}\\
\leqslant&\sum_{i=1}^{N}(-\boldsymbol{s}_i^{\mathrm{T}}\boldsymbol{K}_i\boldsymbol{s}_i+\boldsymbol{s}_i^{\mathrm{T}}\boldsymbol{s}_i+\tilde{\boldsymbol{\eta}}_i^{\mathrm{T}}\boldsymbol{D}_i^{\mathrm{T}}\boldsymbol{D}_i\tilde{\boldsymbol{\eta}}_i)-2\gamma\tilde{\boldsymbol{x}}^{\mathrm{T}}\tilde{\boldsymbol{x}}+\gamma\tilde{\boldsymbol{x}}^{\mathrm{T}}\tilde{\boldsymbol{x}}+\gamma\boldsymbol{s}^{\mathrm{T}}\tilde{\boldsymbol{B}}^{\mathrm{T}}\tilde{\boldsymbol{P}}^{\mathrm{T}}\tilde{\boldsymbol{P}}\tilde{\boldsymbol{B}}\boldsymbol{s}\\
\leqslant&\sum_{i=1}^{N}(-\boldsymbol{s}_i^{\mathrm{T}}\boldsymbol{K}_i\boldsymbol{s}_i+\boldsymbol{s}_i^{\mathrm{T}}\boldsymbol{s}_i+\tilde{\boldsymbol{\eta}}_i^{\mathrm{T}}\boldsymbol{D}_i^{\mathrm{T}}\boldsymbol{D}_i\tilde{\boldsymbol{\eta}}_i)-\gamma\tilde{\boldsymbol{x}}^{\mathrm{T}}\tilde{\boldsymbol{x}}+\gamma||\tilde{\boldsymbol{P}}||^2||\boldsymbol{s}||^2\\
=&\sum_{i=1}^{N}\big(-\boldsymbol{s}_i^{\mathrm{T}}\boldsymbol{K}_i\boldsymbol{s}_i+\boldsymbol{s}_i^{\mathrm{T}}\boldsymbol{s}_i+\tilde{\boldsymbol{\eta}}_i^{\mathrm{T}}\boldsymbol{D}_i^{\mathrm{T}}\boldsymbol{D}_i\tilde{\boldsymbol{\eta}}_i-\gamma\tilde{\boldsymbol{\eta}}_i^{\mathrm{T}}\tilde{\boldsymbol{\eta}}_i-\gamma\tilde{\boldsymbol{q}}_i^{\mathrm{T}}\tilde{\boldsymbol{q}}_i+\gamma||\tilde{\boldsymbol{P}}||^2\boldsymbol{s}_i^{\mathrm{T}}\boldsymbol{s}_i\big)\\
=&\sum_{i=1}^{N}\Big[(-\boldsymbol{s}_i^{\mathrm{T}}\boldsymbol{K}_i\boldsymbol{s}_i+\boldsymbol{s}_i^{\mathrm{T}}\boldsymbol{s}_i+\gamma||\tilde{\boldsymbol{P}}||^2\boldsymbol{s}_i^{\mathrm{T}}\boldsymbol{s}_i)+(-\gamma\tilde{\boldsymbol{\eta}}_i^{\mathrm{T}}\tilde{\boldsymbol{\eta}}_i+\tilde{\boldsymbol{\eta}}_i^{\mathrm{T}}\boldsymbol{D}_i^{\mathrm{T}}\boldsymbol{D}_i\tilde{\boldsymbol{\eta}}_i)-\gamma\tilde{\boldsymbol{q}}_i^{\mathrm{T}}\tilde{\boldsymbol{q}}_i\Big]\\
\leqslant&\sum_{i=1}^{N}\Big[-(\lambda_m\boldsymbol{K}_i-1-\gamma||\tilde{\boldsymbol{P}}||^2)||\boldsymbol{s}_i||^2-(\gamma-||\boldsymbol{D}_i||^2)||\tilde{\boldsymbol{\eta}}_i||^2-\gamma\tilde{\boldsymbol{q}}_i^{\mathrm{T}}\tilde{\boldsymbol{q}}_i\Big]
\end{aligned}
\tag{4.28}
$$

定义 $\gamma\geqslant||\boldsymbol{D}_i||^2+1$ 和 $\lambda_m(\boldsymbol{K}_i)\geqslant 2+\gamma||\tilde{\boldsymbol{P}}||^2$，可得

$$
\dot{V}\leqslant\sum_{i=1}^{N}(-||\boldsymbol{s}_i||^2-||\tilde{\boldsymbol{\eta}}_i||^2-\gamma||\tilde{\boldsymbol{q}}_i||^2)\leqslant 0 \tag{4.29}
$$

由于 $V(t)\geqslant 0$，不等式 (4.29) 意味着 $V(t)$ 有下界，因此 $\boldsymbol{s}_i$ 、$\tilde{\boldsymbol{\theta}}_i$ 、$\tilde{\boldsymbol{\eta}}_i$ 和 $\tilde{\boldsymbol{q}}_i$ 是有界的。在假设 4.1 下，$\boldsymbol{v}$ 是有界的，因此 $\boldsymbol{\eta}_i$ 和 $\boldsymbol{q}_i$ 是有界的。根据分布式动态补偿器 (4.5)，可知 $\dot{\boldsymbol{\eta}}_i$ 是有界的，因此 $\dot{\tilde{\boldsymbol{\eta}}}_i$ 是有界的。根据式 (4.19)，可知 $\dot{\tilde{\boldsymbol{q}}}_i$ 是有界的，进一步结合 $\dot{\boldsymbol{\eta}}_i$ 的有界性，可以推导出 $\dot{\boldsymbol{q}}_i$ 是有界的。根据式 (4.11)，可知 $\dot{\boldsymbol{s}}_i$ 是有界的。

根据不等式 (4.28)，可得

$$
\begin{aligned}
\ddot{V}=&\sum_{i=1}^{N}(-2\boldsymbol{s}_i^{\mathrm{T}}\boldsymbol{K}_i\dot{\boldsymbol{s}}_i-\dot{\boldsymbol{s}}_i^{\mathrm{T}}\boldsymbol{D}_i\tilde{\boldsymbol{\eta}}_i-\boldsymbol{s}_i^{\mathrm{T}}\boldsymbol{D}_i\dot{\tilde{\boldsymbol{\eta}}}_i)-4\gamma\tilde{\boldsymbol{x}}^{\mathrm{T}}\dot{\tilde{\boldsymbol{x}}}\\
&+2\gamma\dot{\tilde{\boldsymbol{x}}}^{\mathrm{T}}\tilde{\boldsymbol{P}}\tilde{\boldsymbol{B}}\boldsymbol{s}+2\gamma\tilde{\boldsymbol{x}}^{\mathrm{T}}\tilde{\boldsymbol{P}}\tilde{\boldsymbol{B}}\dot{\boldsymbol{s}}
\end{aligned}
\tag{4.30}
$$

因为 $\boldsymbol{s}_i$ 、$\dot{\boldsymbol{s}}_i$、$\tilde{\boldsymbol{\eta}}_i$ 、$\dot{\tilde{\boldsymbol{\eta}}}_i$ 、$\tilde{\boldsymbol{q}}_i$ 和 $\dot{\tilde{\boldsymbol{q}}}_i$ 都是有界的，所以 $\ddot{V}$ 也是有界的。因此，根据 Barbalat 引理[15]，可得 $\lim\limits_{t\to\infty}\dot{V}(t)=0$。那么，根据不等式 (4.29)，可知 $\lim\limits_{t\to\infty}\boldsymbol{s}_i(t)=\boldsymbol{0}$、$\lim\limits_{t\to\infty}\tilde{\boldsymbol{\eta}}_i(t)=\boldsymbol{0}$ 和 $\lim\limits_{t\to\infty}\tilde{\boldsymbol{q}}_i(t)=\boldsymbol{0}$。

由于 $\lim\limits_{t\to\infty}\tilde{\boldsymbol{\eta}}_i(t)=\boldsymbol{0}$，可得

$$\lim_{t\to\infty}(\boldsymbol{F}\boldsymbol{\eta}_i(t)-\boldsymbol{q}_0(t))=\boldsymbol{0} \tag{4.31}$$

注意到

$$\begin{aligned}\boldsymbol{q}_i-\boldsymbol{q}_0&=(\boldsymbol{q}_i-\boldsymbol{F}\boldsymbol{\eta}_i)+(\boldsymbol{F}\boldsymbol{\eta}_i-\boldsymbol{q}_0)\\&=\tilde{\boldsymbol{q}}_i+(\boldsymbol{F}\boldsymbol{\eta}_i-\boldsymbol{q}_0)\end{aligned} \tag{4.32}$$

根据式 (4.31)，可知 $\lim\limits_{t\to\infty}(\boldsymbol{q}_i(t)-\boldsymbol{q}_0(t))=\boldsymbol{0}$。根据式 (4.18) 验证可得

$$\lim_{t\to\infty}(\dot{\boldsymbol{q}}_i(t)-\boldsymbol{F}\dot{\boldsymbol{\eta}}_i(t))=\boldsymbol{0} \tag{4.33}$$

根据系统 (4.2) 和分布式动态补偿器 (4.5)，可得

$$\begin{aligned}\boldsymbol{F}\dot{\boldsymbol{\eta}}_i-\dot{\boldsymbol{q}}_0&=\boldsymbol{F}\boldsymbol{S}\boldsymbol{\eta}_i+\boldsymbol{F}\boldsymbol{L}\sum_{j\in\mathcal{N}_i}a_{ij}(\boldsymbol{q}_j-\boldsymbol{q}_i)-\boldsymbol{F}\boldsymbol{S}\boldsymbol{v}\\&=\boldsymbol{F}\boldsymbol{S}\tilde{\boldsymbol{\eta}}_i+\boldsymbol{F}\boldsymbol{L}\sum_{j\in\mathcal{N}_i}a_{ij}\big[(\tilde{\boldsymbol{q}}_j-\tilde{\boldsymbol{q}}_i)+(\tilde{\boldsymbol{\eta}}_j-\tilde{\boldsymbol{\eta}}_i)\big]\end{aligned} \tag{4.34}$$

因此，$\lim\limits_{t\to\infty}\big(\boldsymbol{F}\dot{\boldsymbol{\eta}}_i(t)-\dot{\boldsymbol{q}}_0(t)\big)=\boldsymbol{0}$。

注意到

$$\boldsymbol{p}_i-\dot{\boldsymbol{q}}_0=(\boldsymbol{p}_i-\boldsymbol{F}\dot{\boldsymbol{\eta}}_i)+(\boldsymbol{F}\dot{\boldsymbol{\eta}}_i-\dot{\boldsymbol{q}}_0) \tag{4.35}$$

根据式 (4.33) 和式(4.34)，可得 $\lim\limits_{t\to\infty}\big(\boldsymbol{p}_i(t)-\dot{\boldsymbol{q}}_0(t)\big)=\boldsymbol{0}$，$i=1,2,\cdots,N$。证毕。

4.5 仿真示例

4.5.1 Vol del Pol 振荡器一致性调控仿真示例

示例 4.1 考虑如下四个 Vol del Pol 振荡器：

$$\begin{cases}\dot{q}_i=p_i\\ \dot{p}_i=\theta_i(1-q_i^2)p_i-q_i+u_i+d_i\end{cases},\quad i=1,2,3,4 \tag{4.36}$$

其中，$p_i\in\mathbb{R}$ 是系统状态；$q_i\in\mathbb{R}$ 是系统输出；$\theta_i\in\mathbb{R}$ 是未知的系统参数；$u_i\in\mathbb{R}$ 是控制输入；$d_i\in\mathbb{R}$ 是扰动。

参考信号和扰动由下列领导者系统生成：

$$\begin{aligned}&\begin{bmatrix}\dot{v}_1\\ \dot{v}_2\end{bmatrix}=\begin{bmatrix}0 & 1\\ -1 & 0\end{bmatrix}\begin{bmatrix}v_1\\ v_2\end{bmatrix}\\ &d_1=2v_2,\ d_2=v_2,\ d_3=v_1+v_2,\ d_4=v_1-2v_2\\ &q_0=v_1\end{aligned} \tag{4.37}$$

验证可得假设 4.1 成立。图 4.1 展示了由五个智能体组成的系统网络拓扑图，验证可得其满足假设 4.2 。然后，设计分布式协同控制器 (4.9) 如下：

$$\begin{cases}u_i=-K_is_i-g_{i0}(q_i,p_i)-g_i(q_i,p_i)\hat{\theta}_i-\boldsymbol{D}_i\boldsymbol{\eta}_i+\ddot{q}_{ri}\\ \dot{\hat{\theta}}_i=-\varGamma_ig_i^{\mathrm{T}}(q_i,p_i)s_i\\ \dot{\boldsymbol{\eta}}_i=\boldsymbol{S}\boldsymbol{\eta}_i+\boldsymbol{L}\sum\limits_{j\in\mathcal{N}_i}a_{ij}(q_j-q_i)\end{cases},\quad i=1,2,3,4 \tag{4.38}$$

其中，$g_{i0}(q_i,p_i)=-q_i$；$g_i(q_i,p_i)=(1-q_i^2)p_i$；$\boldsymbol{\eta}_i=[\eta_{i1},\eta_{i2}]^{\mathrm{T}}\in\mathbb{R}^2$；$\boldsymbol{D}_1=[0,2]$，$\boldsymbol{D}_2=[0,1]$，$\boldsymbol{D}_3=[1,1]$，$\boldsymbol{D}_4=[1,-2]$；$\boldsymbol{F}=[1,0]$；$\alpha=30$，$\boldsymbol{L}=[6.7610,2.0711]^{\mathrm{T}}$；$K_i=30$；$\varGamma_i=1,i=1,2,3,4$。

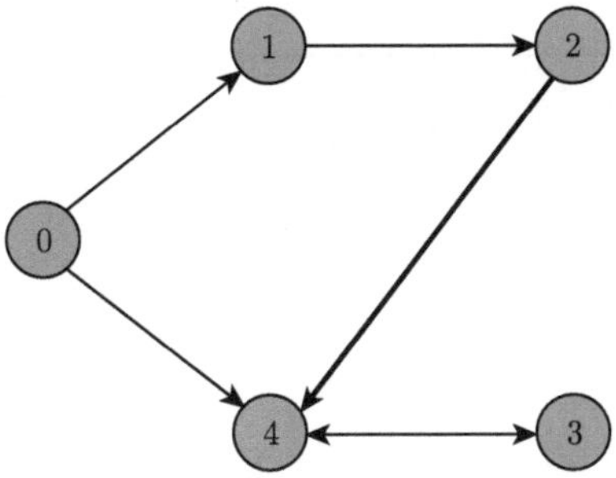

图 4.1 多智能体系统网络拓扑图（示例 4.1）

令 $\theta_1=4$、$\theta_2=1$、$\theta_3=2$ 和 $\theta_4=4.5$，它们对于控制器是未知的。领导者系统的初始条件设置为 $\boldsymbol{v}_0(0)=[1,-1]^{\mathrm{T}}$，其他所有初始条件都从区间 $[-2,\ 2]$ 中随机选择。

仿真结果如图 4.2 ~ 图 4.5 所示。由图 4.2 和图 4.3 可以看出，动态补偿器的状态渐近地趋向于领导者系统的状态。此外，第 $i(i=1,2,3,4)$ 个振荡器的跟踪误差如图 4.4 和图 4.5 所示。由图 4.4 和图 4.5 可以看出，第 $i(i=1,2,3,4)$ 个振荡器的跟踪误差渐近地趋向于零。因此，从上述仿真结果可得，本示例的领导-跟随一致性调控问题能够由所提出的自适应分布式协同控制器解决。

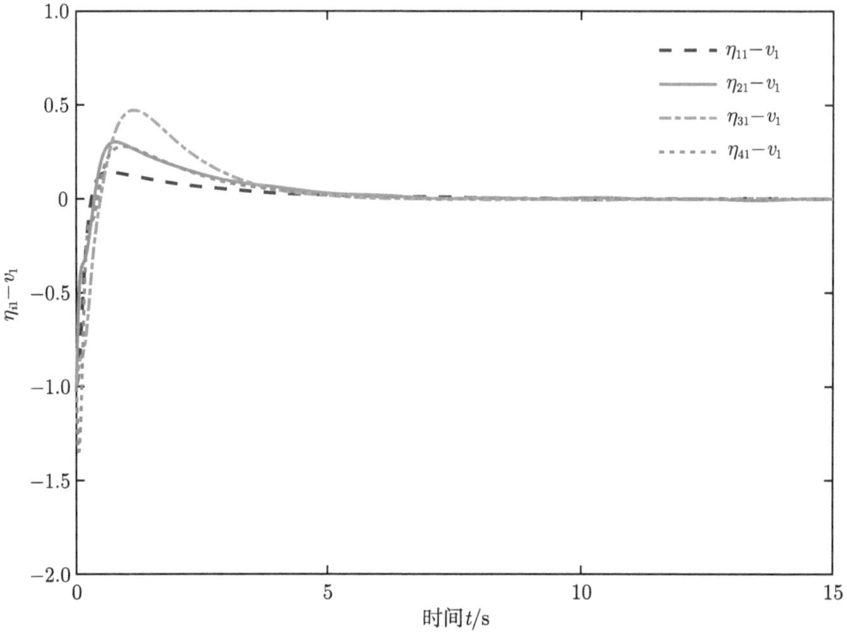

图 4.2　第 $i(i=1,2,3,4)$ 个振荡器的观测误差 $\eta_{i1}-v_1$（示例 4.1）

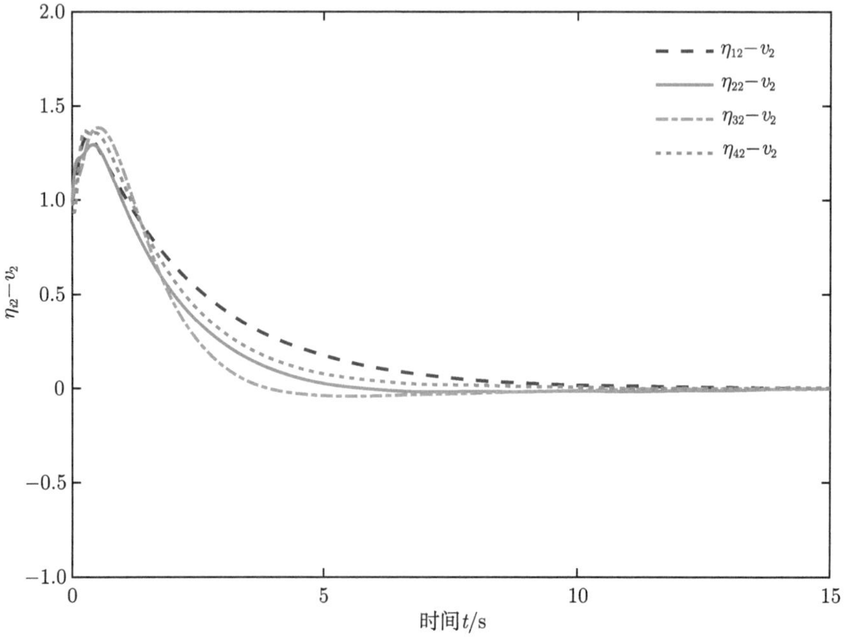

图 4.3　第 $i(i=1,2,3,4)$ 个振荡器的观测误差 $\eta_{i2}-v_2$（示例 4.1）

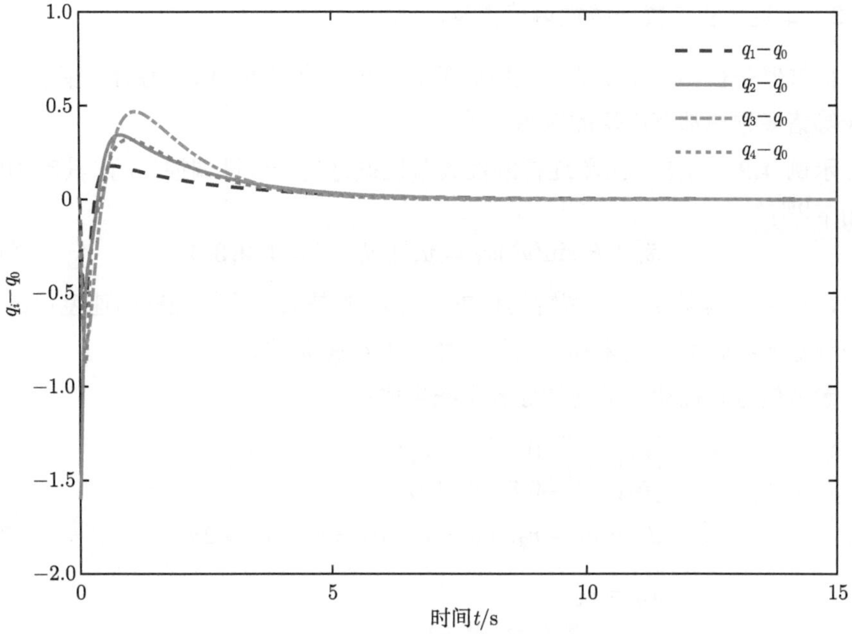

图 4.4 第 $i(i=1,2,3,4)$ 个振荡器的输出跟踪误差 q_i-q_0（示例 4.1）

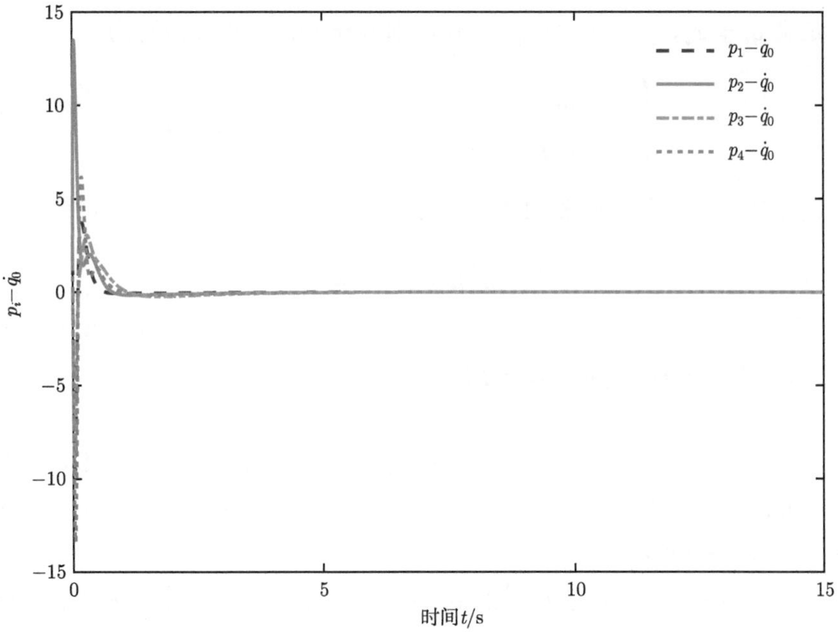

图 4.5 第 $i(i=1,2,3,4)$ 个振荡器的状态跟踪误差 $p_i-\dot{q}_0$（示例 4.1）

4.5.2 单连杆机械臂一致性调控仿真示例

机械臂是机器人系统的关键组成部分，在工业制造、医工融合、军事、航空航天等诸多领域都有广泛的应用[16,17]。

示例 4.2 考虑一组单连杆刚性关节机械臂的一致性调控问题，其动力学方程如下[18]：

$$\ddot{x}_i+\theta_i\sin(x_i)\dot{x}_i=u_i+d_i,\quad i=1,2,3,4 \tag{4.39}$$

其中，$x_i\in\mathbb{R}$ 是第 i 个机械臂的位置；$\dot{x}_i\in\mathbb{R}$ 是第 i 个机械臂的速度；$u_i\in\mathbb{R}$ 是控制输入；$\theta_i\in\mathbb{R}$ 是未知的系统参数；$d_i\in\mathbb{R}$ 是扰动。

参考信号和扰动由下列领导者系统生成：

$$\begin{aligned}&\begin{bmatrix}\dot{v}_1\\\dot{v}_2\end{bmatrix}=\begin{bmatrix}0&1\\-0.5&0\end{bmatrix}\begin{bmatrix}v_1\\v_2\end{bmatrix}\\&d_1=v_1-v_2,\ d_2=v_2,\ d_3=v_1,\ d_4=2v_2\\&x_0=v_1\end{aligned} \tag{4.40}$$

验证可得假设 4.1 成立。四个机械臂与领导者之间的网络拓扑图如图 4.1 所示，其满足假设 4.2。

定义 $q_i=x_i$、$p_i=\dot{x}_i$ 和 $q_0=x_0$，则方程 (4.39) 可以改写为

$$\begin{cases}\dot{q}_i=p_i\\\dot{p}_i=-\theta_i p_i\sin q_i+u_i+d_i\end{cases},\quad i=1,2,3,4 \tag{4.41}$$

设计分布式协同控制器 (4.9) 如下：

$$\begin{cases}u_i=-K_is_i-g_{i0}(q_i,p_i)-g_i(q_i,p_i)\hat{\theta}_i-\boldsymbol{D}_i\boldsymbol{\eta}_i+\ddot{q}_{ri}\\\dot{\hat{\theta}}_i=-\varGamma_ig_i^{\mathrm{T}}(q_i,p_i)s_i\\\dot{\boldsymbol{\eta}}_i=\boldsymbol{S}\boldsymbol{\eta}_i+\boldsymbol{L}\sum\limits_{j\in\mathcal{N}_i}a_{ij}(q_j-q_i)\end{cases},\quad i=1,2,3,4 \tag{4.42}$$

其中，$g_{i0}(q_i,p_i)=0$；$g_i(q_i,p_i)=-p_i\sin q_i$；$\boldsymbol{\eta}_i=[\eta_{i1},\eta_{i2}]^{\mathrm{T}}\in\mathbb{R}^2$；$\boldsymbol{D}_1=[1,-1]$，$\boldsymbol{D}_2=[0,1]$，$\boldsymbol{D}_3=[1,0]$，$\boldsymbol{D}_4=[0,-2]$；$\boldsymbol{F}=[1,0]$；$\alpha=20$；$\boldsymbol{L}=[14.9535,6.1803]^{\mathrm{T}}$；$K_i=30$；$\varGamma_i=0.8,i=1,2,3,4$。

令 $\theta_1=2.5$、$\theta_2=0.5$、$\theta_3=3$、$\theta_4=0.1$，它们对于控制器是未知的。领导者系统的初始条件设置为 $\boldsymbol{v}_0(0)=[0.5,-1]^{\mathrm{T}}$，其他所有初始条件都从区间 $[-1,2]$ 中随机选择。

仿真结果如图 4.6 ~ 图 4.9 所示。图 4.6 和图 4.7 描述了第 $i(i=1,2,3,4)$ 个

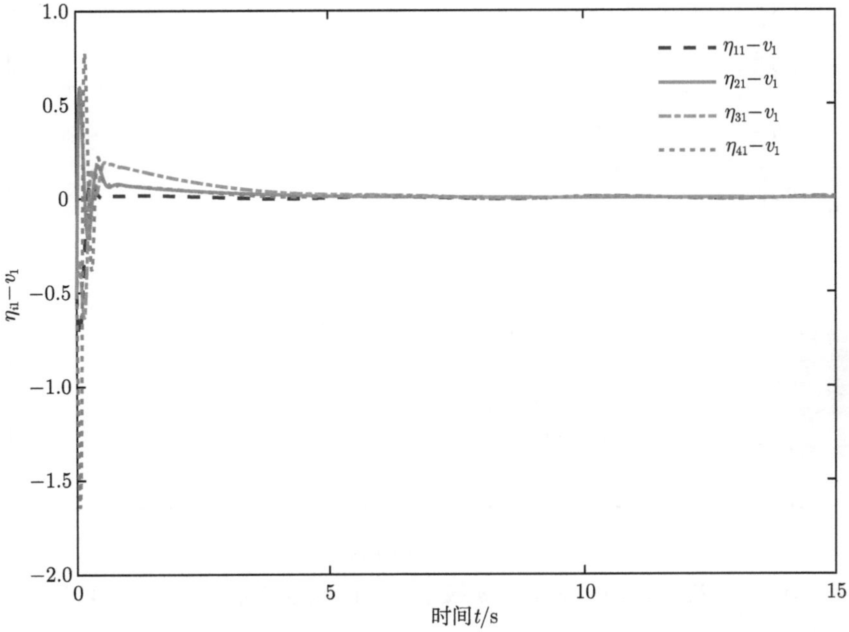

图 4.6　第 i $(i=1,2,3,4)$ 个机械臂的观测器误差 $\eta_{i1}-v_1$（示例 4.2）

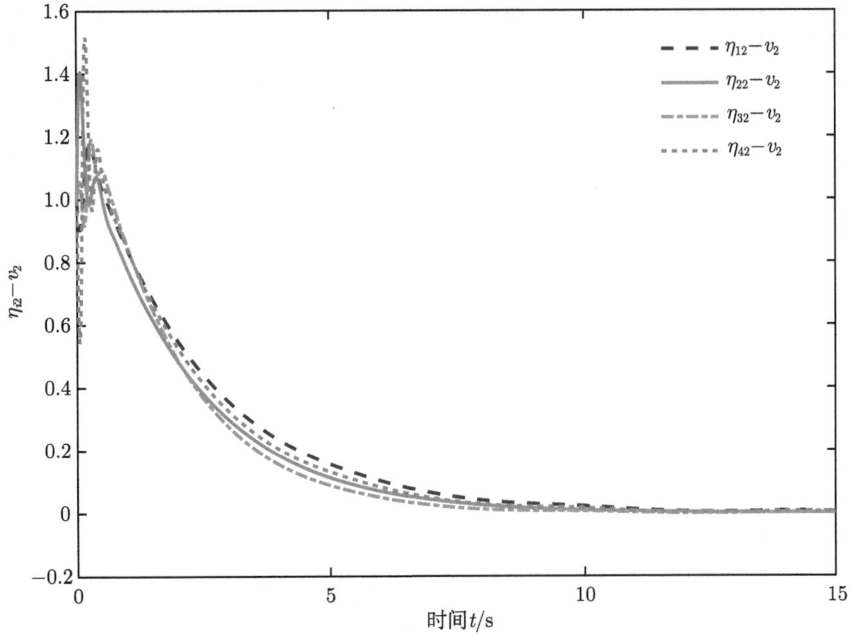

图 4.7　第 i $(i=1,2,3,4)$ 个机械臂的观测器误差 $\eta_{i2}-v_2$（示例 4.2）

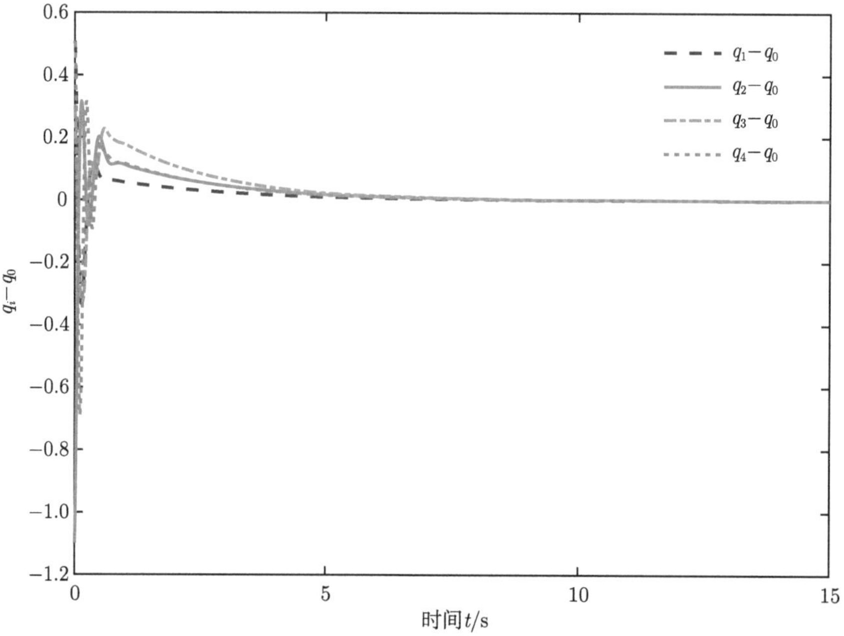

图 4.8　第 i ($i=1,2,3,4$) 个机械臂的位置跟踪误差 q_i-q_0（示例 4.2）

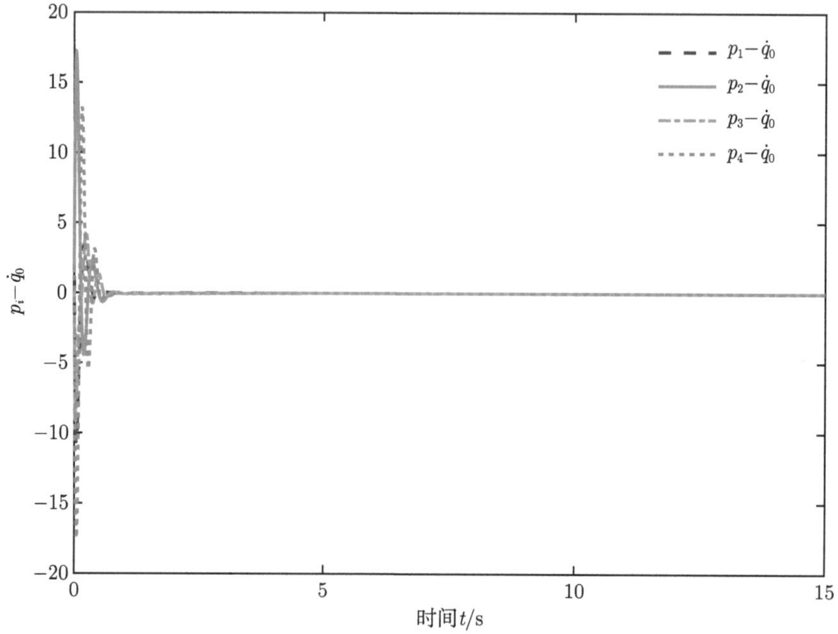

图 4.9　第 i ($i=1,2,3,4$) 个机械臂的速度跟踪误差 $p_i-\dot{q}_0$（示例 4.2）

机械臂的观测器误差，从图中可以看出动态补偿器的状态能够渐近地趋向于领导者系统的状态。图 4.8 和图 4.9 描述了第 $i(i = 1, 2, 3, 4)$ 个机械臂的位置跟踪误差和速度跟踪误差，从图中可以看出每个机械臂的位置跟踪误差与速度跟踪误差都渐近地趋向于零。因此，本示例中单连杆机器人刚性关节机械臂的领导-跟随一致性调控问题能够由所提出的自适应分布式协同控制器解决。

4.6 本章小结

本章基于自适应分布式控制方法研究了一类异构二阶非线性多智能体系统的一致性调控问题。特别地，考虑了外部扰动和系统不确定性的影响。首先，提出了一种基于相对输出的分布式观测器，该观测器仅依赖系统的相对输出信息，无须智能体之间的直接通信；然后，基于自适应控制方法，设计了一种新颖的分布式协同控制器；接着，基于 Barbalat 引理，证明了该分布式协同调控方法能够有效解决受不确定性和扰动影响的异构二阶非线性多智能体系统在静态有向网络中的一致性调控问题；最后，分别通过一组 Vol del Pol 振荡器和一组单连杆机器人刚性关节机械臂的一致性调控问题示例，验证了该方法在实际应用中的有效性。

参考文献

[1] Godsil C, Royle G F. Algebraic Graph Theory[M]. New York: Springer, 2001.

[2] Nikiforov V O. Adaptive non-linear tracking with complete compensation of unknown disturbances[J]. European Journal of Control, 1998, 4(2): 132-139.

[3] Chen C T. Linear System Theory and Design[M]. New York: Oxford University Press, 1999.

[4] Hu J P, Hong Y G. Leader-following coordination of multi-agent systems with coupling time delays[J]. Physica A: Statistical Mechanics and Its Applications, 2007, 374(2): 853-863.

[5] Liu W, Huang J. Leader-following consensus for uncertain second-order nonlinear multi-agent systems[J]. Control Theory and Technology, 2016, 14(4): 279-286.

[6] Su Y F, Huang J. Cooperative global output regulation of heterogeneous second-order nonlinear uncertain multi-agent systems[J]. Automatica, 2013, 49(11): 3345-3350.

[7] Su Y F, Huang J. Cooperative output regulation of linear multi-agent systems[J]. IEEE Transactions on Automatic Control, 2012, 57(4): 1062-1066.

[8] Cai H, Huang J. Leader-following consensus of multiple uncertain Euler-Lagrange systems under switching network topology[J]. International Journal of General Systems, 2014, 43(3-4): 294-304.

[9] Lu M B, Liu L. Leader-following consensus of uncertain Euler-Lagrange multi-agent systems with communication delays[C]. The 37th Chinese Control Conference, 2018: 7055-7060.

[10] Cai H, Huang J. The leader-following consensus for multiple uncertain Euler-Lagrange systems with an adaptive distributed observer[J]. IEEE Transactions on Automatic Control, 2015, 61(10): 3152-3157.

[11] Lu M B, Liu L. Synchronization of a class of nonlinear multi-agent systems[C]. The 3rd International Symposium on Autonomous Systems, 2019: 429-433.

[12] Lu M B, Liu L. Cooperative output regulation of linear multi-agent systems by a novel distributed dynamic compensator[J]. IEEE Transactions on Automatic Control, 2017, 62(12): 6481-6488.

[13] Lin Z L. Low Gain Feedback[M]. London: Springer, 1999.

[14] Tuna S E. LQR-based coupling gain for synchronization of linear systems[EB/OL]. https://arxiv.org/abs/0801.3390[2025-02-07].

[15] Slotine J J E, Li W P. Applied Nonlinear Control[M]. Englewood Cliffs: Prentice Hall, 1991.

[16] Blatnický M, Dižo J, Gerlici J, et al. Design of a robotic manipulator for handling products of automotive industry[J]. International Journal of Advanced Robotic Systems, 2020, 17(1): 1729881420906290.

[17] Kot T, Novák P. Application of virtual reality in teleoperation of the military mobile robotic system TAROS[J]. International Journal of Advanced Robotic Systems, 2018, 15(1): 1729881417751545.

[18] Huang J. Distributed Nash equilibrium seeking for a class of uncertain nonlinear systems subject to bounded disturbances[J]. IEEE Transactions on Automatic Control, 2024, 69(7): 4859-4866.

第 5 章 连续时间多智能体系统协同输出调控

5.1 引 言

本章研究连续时间线性异构多智能体系统协同输出调控问题，设计一种新颖的分布式状态观测器以估计外部系统状态，提出一种低增益方法来计算分布式前馈控制器的控制增益，并证明所提出的低增益分布式控制器能够有效解决协同输出调控问题。值得一提的是，本章所提出的分布式状态观测器无须构建通信网络来交换控制器的状态，从而显著降低了系统间的通信需求。然而，通信的减少使得闭环系统分析变得非常复杂。分布式状态观测器的动力学与异构多智能体系统的动力学紧密耦合，给控制器参数的设计和系统稳定性的分析带来了新的挑战。为了解决这些问题，本章利用小增益定理，建立基于分布式状态观测器的线性异构多智能体系统协同输出调控问题求解框架。在此框架下，结合小增益条件，提出一种低增益分布式前馈控制器设计方法，用来解决连续时间线性异构多智能体系统协同输出调控问题。

符号说明 复矩阵 $\boldsymbol{A}$ 的共轭转置记为 $\boldsymbol{A}^{\mathrm{H}}$，实矩阵 $\boldsymbol{B}$ 的转置记为 $\boldsymbol{B}^{\mathrm{T}}$，$\mathrm{Re}(z)$ 代表复数 z 的实部。对于任意的列向量 $\boldsymbol{x}_i$，$i=1,2,\cdots,m$，定义 $\mathrm{col}(\boldsymbol{x}_1,\boldsymbol{x}_2,\cdots,\boldsymbol{x}_m)=[\boldsymbol{x}_1^{\mathrm{T}},\boldsymbol{x}_2^{\mathrm{T}},\cdots,\boldsymbol{x}_m^{\mathrm{T}}]^{\mathrm{T}}$。$\otimes$ 代表矩阵的克罗内克积。对于 $a_i\in\mathbb{R}$，$i=1,2,\cdots,n$，$\boldsymbol{A}=\mathrm{diag}(a_1,a_2,\cdots,a_n)$ 表示一个对角线元素为 a_i 的对角矩阵。对于 $\boldsymbol{A}_i\in\mathbb{R}^{n_i\times n_i}$，$i=1,2,\cdots,n$，$\boldsymbol{A}=\mathrm{block\ diag}(\boldsymbol{A}_1,\boldsymbol{A}_2,\cdots,\boldsymbol{A}_n)$ 表示一个块对角矩阵，其块对角元素为 $\boldsymbol{A}_i$。对于 $\boldsymbol{A}\in\mathbb{C}^{n\times n}$，$\sigma(\boldsymbol{A})$ 表示 $\boldsymbol{A}$ 的谱。对于一个实对称矩阵 $\boldsymbol{P}$，$\lambda_m(\boldsymbol{P})$ 和 $\lambda_M(\boldsymbol{P})$ 分别代表 $\boldsymbol{P}$ 的最小特征值和最大特征值。

5.2 连续时间多智能体系统协同输出调控问题

考虑如下连续时间多智能体系统：

$$\begin{cases}\dot{\boldsymbol{x}}_i=\boldsymbol{A}_i\boldsymbol{x}_i+\boldsymbol{B}_i\boldsymbol{u}_i+\boldsymbol{E}_i\boldsymbol{v}\\ \boldsymbol{y}_i=\boldsymbol{C}_i\boldsymbol{x}_i\end{cases},\quad i=1,2,\cdots,N \tag{5.1}$$

其中，$\boldsymbol{x}_i \in \mathbb{R}^{n_i}$、$\boldsymbol{u}_i \in \mathbb{R}^{m_i}$ 和 $\boldsymbol{y}_i \in \mathbb{R}^p$ 分别是第 i 个子系统的状态、控制输入和测量输出；$\boldsymbol{A}_i \in \mathbb{R}^{n_i \times n_i}$、$\boldsymbol{B}_i \in \mathbb{R}^{n_i \times m}$、$\boldsymbol{C}_i \in \mathbb{R}^{p \times n_i}$ 和 $\boldsymbol{E}_i \in \mathbb{R}^{n_i \times q}$ 是第 i 个子系统的系统矩阵；信号 $\boldsymbol{v} \in \mathbb{R}^q$ 是参考跟踪输入信号和/或扰动，并假设其由如下外部系统产生：

$$\begin{cases} \dot{\boldsymbol{v}} = \boldsymbol{S}\boldsymbol{v} \\ \boldsymbol{y}_0 = \boldsymbol{F}\boldsymbol{v} \end{cases} \tag{5.2}$$

其中，$\boldsymbol{S} \in \mathbb{R}^{q \times q}$ 和 $\boldsymbol{F} \in \mathbb{R}^{p \times q}$ 是常值矩阵；$\boldsymbol{y}_0 \in \mathbb{R}^p$ 是外部系统的输出变量。不失一般性，假设系统矩阵对 $(\boldsymbol{A}_i, \boldsymbol{B}_i)$ 是可镇定的，其中 $i = 1, 2, \cdots, N$，并且 $(\boldsymbol{F}, \boldsymbol{S})$ 是可检测的。

连续时间多智能体系统 (5.1) 的调控输出定义如下：

$$\boldsymbol{e}_i = \boldsymbol{y}_i - \boldsymbol{y}_0, \quad i = 1, 2, \cdots, N \tag{5.3}$$

5.2.1 基础知识

由式 (5.1) 和式 (5.2) 组成的系统可以视为一个多智能体系统，其中外部系统 (5.2) 为领导者系统，N 个子系统 (5.1) 为跟随者系统。定义一个非负矩阵 $\boldsymbol{\mathcal{A}} = [a_{ij}] \in \mathbb{R}^{(N+1) \times (N+1)}$，$i, j = 0, 1, \cdots, N$，其中 $a_{ii} = 0$，$a_{ij} > 0$ 当且仅当智能体 i 可以测量到相对输出 $\boldsymbol{y}_j - \boldsymbol{y}_i$。定义 $\mathcal{G} = (\mathcal{V}, \mathcal{E})$ 为 $\boldsymbol{\mathcal{A}}$ 的有向图。定义节点集合 $\mathcal{V} = \{0, 1, 2, \cdots, N\}$，其中节点 0 代表外部系统 (5.2)，其他节点分别代表系统 (5.1) 中的 N 个子系统。定义节点集合 $(i, j) \in \mathcal{E}$ 当且仅当 $a_{ji} > 0$，并用 $\mathcal{N}_i$ 代表节点 i 相对于节点集合 $\mathcal{V}$ 的邻居节点集合。

5.2.2 问题描述

考虑具有如下形式的分布式动态状态反馈控制器：

$$\begin{cases} \boldsymbol{u}_i = \boldsymbol{k}_i(\boldsymbol{x}_i, \boldsymbol{\eta}_i) \\ \dot{\boldsymbol{\eta}}_i = \boldsymbol{g}_i(\boldsymbol{\eta}_i, \boldsymbol{y}_j - \boldsymbol{y}_i, j \in \mathcal{N}_i) \end{cases}, \quad i = 1, 2, \cdots, N \tag{5.4}$$

其中，$\boldsymbol{\eta}_i \in \mathbb{R}^{n_{\eta_i}}$ 是待估计外系统状态；$\boldsymbol{k}_i(\cdot)$ 和 $\boldsymbol{g}_i(\cdot)$ 是待设计函数。

接下来，给出连续时间多智能体系统协同输出调控问题描述。

问题 5.1 考虑连续时间多智能体系统 (5.1)和外部系统 (5.2)，其传感网络拓扑图为有向图 $\mathcal{G}$，设计一个形如式 (5.4) 的分布式控制器，使得闭环系统满足以下两个性质。

(1) 当 $\boldsymbol{v}=\boldsymbol{0}$ 时，闭环系统在原点处是渐近稳定的。

(2) 对于任意初始条件 $\boldsymbol{x}_i(0)$、$\boldsymbol{\eta}_i(0)$，$i=1,2,\cdots,N$，以及 $\boldsymbol{v}(0)$，都有 $\lim\limits_{t\to\infty}\boldsymbol{e}_i(t)=\boldsymbol{0}$，$i=1,2,\cdots,N$。

为了解决上述协同输出调控问题，给出如下一些假设。

假设 5.1 有向图 $\mathcal{G}$ 包含以节点 0 为根的有向生成树。

假设 5.2 对于每个连续时间多智能体系统 (5.1)，方程

$$\begin{cases}\boldsymbol{X}_i\boldsymbol{S}=\boldsymbol{A}_i\boldsymbol{X}_i+\boldsymbol{B}_i\boldsymbol{U}_i+\boldsymbol{E}_i\\ \boldsymbol{0}=\boldsymbol{C}_i\boldsymbol{X}_i-\boldsymbol{F}\end{cases}\tag{5.5}$$

有解 $(\boldsymbol{X}_i,\boldsymbol{U}_i)$。

注 5.1 假设 5.1 和假设 5.2 是线性协同输出调控问题可解的标准假设，详见文献 [1] 和文献 [2]。方程 (5.5) 称为调节器方程[3-6]，其可解性是协同输出调控问题可解的一个必要条件。若假设 5.1 成立，令 $\boldsymbol{\mathcal{L}}=[l_{ij}]_{i,j=1}^N$，其中 $l_{ij}=-a_{ij}$，$i\neq j$ 且 $l_{ii}=\sum\limits_{j=1}^N a_{ij}$、$\varDelta=\mathrm{diag}(a_{10},a_{20},\cdots,a_{N0})$、$\boldsymbol{H}=\boldsymbol{\mathcal{L}}+\varDelta$，$\boldsymbol{H}$ 的所有特征根都具有正实部[1,7]。

5.3 连续时间分布式协同调节器

5.3.1 基于相对输出的连续时间分布式观测器

设计如下参考信号生成器：

$$\dot{\boldsymbol{\eta}}_i=\boldsymbol{S}\boldsymbol{\eta}_i+\hat{\boldsymbol{K}}\boldsymbol{\xi}_i,\quad i=1,2,\cdots,N\tag{5.6}$$

其中，$\boldsymbol{\xi}_i=\sum\limits_{j\in\mathcal{N}_i}a_{ij}(\boldsymbol{y}_j-\boldsymbol{y}_i)$ 包含了智能体 i 与其邻居之间的相对输出信息；$\hat{\boldsymbol{K}}\in\mathbb{R}^{q\times p}$ 是待设计的常值矩阵。

注 5.2 文献 [1] 表明设计一个合适的参考信号生成器是分布式前馈方法的核心。若领导者的信息可以通过智能体之间的信息通信/测量进行估计，则确定性等价原理便可采用。

5.3.2 连续时间分布式动态反馈控制器

设计如下分布式动态状态反馈控制器：

$$\begin{cases}\boldsymbol{u}_i = \boldsymbol{K}_{i1}\boldsymbol{x}_i + \boldsymbol{K}_{i2}\boldsymbol{\eta}_i \\ \dot{\boldsymbol{\eta}}_i = \boldsymbol{S}\boldsymbol{\eta}_i + \hat{\boldsymbol{K}}\boldsymbol{\xi}_i\end{cases},\quad i = 1,2,\cdots,N \tag{5.7}$$

其中，$\boldsymbol{K}_{i1} \in \mathbb{R}^{m_i\times n_i}$ 和 $\boldsymbol{K}_{i2} \in \mathbb{R}^{m_i\times q}$ 是待设计的反馈控制增益矩阵。

在进行参数设计之前，定义如下矩阵：

$$\begin{aligned}
&\hat{\boldsymbol{A}} = \boldsymbol{I}_N \otimes \boldsymbol{S} - \boldsymbol{J} \otimes \hat{\boldsymbol{K}}\boldsymbol{F}\\
&\hat{\boldsymbol{B}} = -(\boldsymbol{T}\boldsymbol{H} \otimes \hat{\boldsymbol{K}})\boldsymbol{C}\\
&\bar{\boldsymbol{A}} = \text{block diag}(\bar{\boldsymbol{A}}_1, \bar{\boldsymbol{A}}_2, \cdots, \bar{\boldsymbol{A}}_N)\\
&\bar{\boldsymbol{B}} = \text{block diag}(\bar{\boldsymbol{B}}_1, \bar{\boldsymbol{B}}_2, \cdots, \bar{\boldsymbol{B}}_N)\\
&\boldsymbol{C} = \text{block diag}(\boldsymbol{C}_1, \boldsymbol{C}_2, \cdots, \boldsymbol{C}_N)\\
&\boldsymbol{E} = \text{block diag}(\boldsymbol{E}_1, \boldsymbol{E}_2, \cdots, \boldsymbol{E}_N)\\
&\boldsymbol{X} = \text{block diag}(\boldsymbol{X}_1, \boldsymbol{X}_2, \cdots, \boldsymbol{X}_N)\\
&\tilde{\boldsymbol{A}} = \begin{bmatrix}\hat{\boldsymbol{A}} & \boldsymbol{0}\\ \bar{\boldsymbol{B}}(\boldsymbol{T}^{-1} \otimes \boldsymbol{I}_q) & \bar{\boldsymbol{A}}\end{bmatrix}\\
&\tilde{\boldsymbol{B}} = \begin{bmatrix}\hat{\boldsymbol{B}}\\ \boldsymbol{0}_{\bar{n}\times\bar{n}}\end{bmatrix}\\
&\breve{\boldsymbol{B}} = \begin{bmatrix}-\boldsymbol{E}(\boldsymbol{T}^{-1} \otimes \boldsymbol{I}_q) & \boldsymbol{X}(\boldsymbol{H} \otimes \hat{\boldsymbol{K}})\boldsymbol{C}\end{bmatrix}
\end{aligned} \tag{5.8}$$

其中，$\bar{n} = \sum_{i=1}^{N} n_i$；$\bar{\boldsymbol{A}}_i = \boldsymbol{A}_i + \boldsymbol{B}_i\boldsymbol{K}_{i1}$，$\bar{\boldsymbol{B}}_i = \boldsymbol{B}_i\boldsymbol{K}_{i2}$，$i = 1,2,\cdots,N$；$\boldsymbol{T}$ 是一个非奇异矩阵，满足 $\boldsymbol{J} = \boldsymbol{T}\boldsymbol{H}\boldsymbol{T}^{-1}$，为矩阵 $\boldsymbol{H}$ 的 Jordan 矩阵；$\boldsymbol{X}_i$ 是调节器方程 (5.5) 的解；$\boldsymbol{I}_q$ 是单位矩阵。

5.4 连续时间分布式协同调控：小增益条件

定理 5.1

在假设 5.1 和假设 5.2 下，存在反馈控制增益矩阵 $\boldsymbol{K}_{i1}$ 和 $\boldsymbol{K}_{i2}$，其中 $i=1,2,\cdots,N$，并且 $\hat{\boldsymbol{K}}$ 使得 $\bar{\boldsymbol{A}}$ 和 $\tilde{\boldsymbol{A}}$ 是 Hurwitz 矩阵。若 $\gamma_1\gamma_2<1$，其中

$$\begin{cases}\gamma_1=2\|\hat{\boldsymbol{P}}\|\,\|\tilde{\boldsymbol{B}}\|\sqrt{\lambda_m^{-1}(\hat{\boldsymbol{P}})\lambda_M(\hat{\boldsymbol{P}})\varepsilon_1^{-1}}, & \forall\, 0<\varepsilon_1<1\\ \gamma_2=2\|\boldsymbol{P}_1\|\,\|\check{\boldsymbol{B}}\|\sqrt{\lambda_m^{-1}(\boldsymbol{P}_1)\lambda_M(\boldsymbol{P}_1)\varepsilon_2^{-1}}, & \forall\, 0<\varepsilon_2<1\end{cases} \tag{5.9}$$

$\hat{\boldsymbol{P}}$ 和 $\boldsymbol{P}_1$ 分别为 Lyapunov 方程 $\tilde{\boldsymbol{A}}^{\mathrm{H}}\hat{\boldsymbol{P}}+\hat{\boldsymbol{P}}\tilde{\boldsymbol{A}}=-\boldsymbol{I}$ 和 $\bar{\boldsymbol{A}}^{\mathrm{T}}\boldsymbol{P}_1+\boldsymbol{P}_1\bar{\boldsymbol{A}}=-\boldsymbol{I}$ 的解，则分布式动态状态反馈控制器 (5.7) 可解决连续时间多智能体系统 (5.1) 和外部系统 (5.2)的协同输出调控问题。

证明 对于所有的智能体 $i(i=1,2,\cdots,N)$，矩阵对 $(\boldsymbol{A}_i,\boldsymbol{B}_i)$ 是可镇定的，因此存在矩阵 $\boldsymbol{K}_{i1}$ 使得 $\boldsymbol{A}_i+\boldsymbol{B}_i\boldsymbol{K}_{i1}$ 是 Hurwitz 矩阵。令 $\boldsymbol{K}_{i2}=\boldsymbol{U}_i-\boldsymbol{K}_{i1}\boldsymbol{X}_i$，其中 $(\boldsymbol{X}_i,\boldsymbol{U}_i)$ 是调节器方程 (5.5) 的解。由系统 (5.1) 和控制器 (5.7) 组成的闭环系统可描述为

$$\begin{cases}\dot{\boldsymbol{x}}_i=(\boldsymbol{A}_i+\boldsymbol{B}_i\boldsymbol{K}_{i1})\boldsymbol{x}_i+\boldsymbol{B}_i\boldsymbol{K}_{i2}\boldsymbol{\eta}_i+\boldsymbol{E}_i\boldsymbol{v}\\ \dot{\boldsymbol{\eta}}_i=\boldsymbol{S}\boldsymbol{\eta}_i+\hat{\boldsymbol{K}}\boldsymbol{\xi}_i\\ \boldsymbol{e}_i=\boldsymbol{C}_i\boldsymbol{x}_i-\boldsymbol{F}\boldsymbol{v}\end{cases},\quad i=1,2,\cdots,N \tag{5.10}$$

首先，定义坐标变换如下：

$$\begin{cases}\bar{\boldsymbol{x}}_i=\boldsymbol{x}_i-\boldsymbol{X}_i\boldsymbol{v}\\ \tilde{\boldsymbol{\eta}}_i=\boldsymbol{\eta}_i-\boldsymbol{v}\\ \hat{\boldsymbol{x}}_i=\boldsymbol{x}_i-\boldsymbol{X}_i\boldsymbol{\eta}_i\end{cases},\quad i=1,2,\cdots,N \tag{5.11}$$

定义

$$\hat{\boldsymbol{e}}_i=\boldsymbol{y}_i-\hat{\boldsymbol{y}}_i,\quad i=1,2,\cdots,N \tag{5.12}$$

其中

$$\hat{\boldsymbol{y}}_i = \boldsymbol{F}\boldsymbol{\eta}_i \tag{5.13}$$

此时，可得

$$\boldsymbol{e}_i = \hat{\boldsymbol{e}}_i + \boldsymbol{F}\tilde{\boldsymbol{\eta}}_i, \quad i = 1, 2, \cdots, N \tag{5.14}$$

然后，在假设 5.2 下，根据式 (5.14) 可得

$$\begin{aligned}
\dot{\bar{\boldsymbol{x}}}_i &= \dot{\boldsymbol{x}}_i - \boldsymbol{X}_i\dot{\boldsymbol{v}} \\
&= (\boldsymbol{A}_i + \boldsymbol{B}_i\boldsymbol{K}_{i1})\boldsymbol{x}_i + \boldsymbol{B}_i\boldsymbol{K}_{i2}\boldsymbol{\eta}_i + \boldsymbol{E}_i\boldsymbol{v} - \boldsymbol{X}_i\boldsymbol{S}\boldsymbol{v} \\
&= (\boldsymbol{A}_i + \boldsymbol{B}_i\boldsymbol{K}_{i1})\bar{\boldsymbol{x}}_i + \boldsymbol{B}_i\boldsymbol{K}_{i2}\tilde{\boldsymbol{\eta}}_i
\end{aligned} \tag{5.15}$$

$$\begin{aligned}
\dot{\tilde{\boldsymbol{\eta}}}_i &= \dot{\boldsymbol{\eta}}_i - \dot{\boldsymbol{v}} \\
&= \boldsymbol{S}\boldsymbol{\eta}_i + \hat{\boldsymbol{K}}\sum_{j\in\mathcal{N}_i} a_{ij}(\boldsymbol{y}_j - \boldsymbol{y}_i) - \boldsymbol{S}\boldsymbol{v} \\
&= \boldsymbol{S}\tilde{\boldsymbol{\eta}}_i + \hat{\boldsymbol{K}}\boldsymbol{F}\sum_{j\in\mathcal{N}_i} a_{ij}(\tilde{\boldsymbol{\eta}}_j - \tilde{\boldsymbol{\eta}}_i) + \hat{\boldsymbol{K}}\sum_{j\in\mathcal{N}_i} a_{ij}(\hat{\boldsymbol{e}}_j - \hat{\boldsymbol{e}}_i) \\
&= \boldsymbol{S}\tilde{\boldsymbol{\eta}}_i + \hat{\boldsymbol{K}}\boldsymbol{F}\sum_{j\in\mathcal{N}_i} a_{ij}(\tilde{\boldsymbol{\eta}}_j - \tilde{\boldsymbol{\eta}}_i) + \hat{\boldsymbol{K}}\sum_{j\in\mathcal{N}_i} a_{ij}(\boldsymbol{C}_j\hat{\boldsymbol{x}}_j - \boldsymbol{C}_i\hat{\boldsymbol{x}}_i)
\end{aligned} \tag{5.16}$$

$$\begin{aligned}
\dot{\hat{\boldsymbol{x}}}_i &= \dot{\boldsymbol{x}}_i - \boldsymbol{X}_i\dot{\boldsymbol{\eta}}_i \\
&= (\boldsymbol{A}_i + \boldsymbol{B}_i\boldsymbol{K}_{i1})\boldsymbol{x}_i + \boldsymbol{B}_i\boldsymbol{K}_{i2}\boldsymbol{\eta}_i + \boldsymbol{E}_i\boldsymbol{v} - \boldsymbol{X}_i\left[\boldsymbol{S}\boldsymbol{\eta}_i + \hat{\boldsymbol{K}}\sum_{j\in\mathcal{N}_i} a_{ij}(\boldsymbol{y}_j - \boldsymbol{y}_i)\right] \\
&= (\boldsymbol{A}_i + \boldsymbol{B}_i\boldsymbol{K}_{i1})\hat{\boldsymbol{x}}_i - \boldsymbol{E}_i\tilde{\boldsymbol{\eta}}_i - \boldsymbol{X}_i\hat{\boldsymbol{K}}\sum_{j\in\mathcal{N}_i} a_{ij}(\boldsymbol{C}_j\bar{\boldsymbol{x}}_j - \boldsymbol{C}_i\bar{\boldsymbol{x}}_i)
\end{aligned} \tag{5.17}$$

其中，$\bar{\boldsymbol{x}}_0 = \boldsymbol{0}$；$\tilde{\boldsymbol{\eta}}_0 = \boldsymbol{0}$；$\hat{\boldsymbol{x}}_0 = \boldsymbol{0}$；$\hat{\boldsymbol{e}}_0 = \boldsymbol{0}$。

对于所有的智能体 $i(i = 1, 2, \cdots, N)$，通过上述坐标变换，其闭环系统可写为

$$\begin{cases}\dot{\tilde{\boldsymbol{\eta}}}_i = \boldsymbol{S}\tilde{\boldsymbol{\eta}}_i + \hat{\boldsymbol{K}}\boldsymbol{F}\sum\limits_{j\in\mathcal{N}_i} a_{ij}(\tilde{\boldsymbol{\eta}}_j - \tilde{\boldsymbol{\eta}}_i) + \hat{\boldsymbol{K}}\sum\limits_{j\in\mathcal{N}_i} a_{ij}(\boldsymbol{C}_j\hat{\boldsymbol{x}}_j - \boldsymbol{C}_i\hat{\boldsymbol{x}}_i) \\ \dot{\bar{\boldsymbol{x}}}_i = (\boldsymbol{A}_i + \boldsymbol{B}_i\boldsymbol{K}_{i1})\bar{\boldsymbol{x}}_i + \boldsymbol{B}_i\boldsymbol{K}_{i2}\tilde{\boldsymbol{\eta}}_i \\ \dot{\hat{\boldsymbol{x}}}_i = (\boldsymbol{A}_i + \boldsymbol{B}_i\boldsymbol{K}_{i1})\hat{\boldsymbol{x}}_i - \boldsymbol{E}_i\tilde{\boldsymbol{\eta}}_i - \boldsymbol{X}_i\hat{\boldsymbol{K}}\sum\limits_{j\in\mathcal{N}_i} a_{ij}(\boldsymbol{C}_j\bar{\boldsymbol{x}}_j - \boldsymbol{C}_i\bar{\boldsymbol{x}}_i)\end{cases} \tag{5.18}$$

定义 $\tilde{\boldsymbol{\eta}} = \text{col}(\tilde{\boldsymbol{\eta}}_1, \tilde{\boldsymbol{\eta}}_2, \cdots, \tilde{\boldsymbol{\eta}}_N)$、$\bar{\boldsymbol{x}} = \text{col}(\bar{\boldsymbol{x}}_1, \bar{\boldsymbol{x}}_2, \cdots, \bar{\boldsymbol{x}}_N)$ 和 $\hat{\boldsymbol{x}} = \text{col}(\hat{\boldsymbol{x}}_1, \hat{\boldsymbol{x}}_2, \cdots, \hat{\boldsymbol{x}}_N)$，闭环系统 (5.18) 可写为如下紧凑形式：

$$\begin{cases}\dot{\tilde{\boldsymbol{\eta}}} = (\boldsymbol{I}_N \otimes \boldsymbol{S} - \boldsymbol{H} \otimes \hat{\boldsymbol{K}}\boldsymbol{F})\tilde{\boldsymbol{\eta}} - (\boldsymbol{H} \otimes \hat{\boldsymbol{K}})\boldsymbol{C}\hat{\boldsymbol{x}} \\ \dot{\bar{\boldsymbol{x}}} = \bar{\boldsymbol{A}}\bar{\boldsymbol{x}} + \bar{\boldsymbol{B}}\tilde{\boldsymbol{\eta}} \\ \dot{\hat{\boldsymbol{x}}} = \bar{\boldsymbol{A}}\hat{\boldsymbol{x}} + \boldsymbol{X}(\boldsymbol{H} \otimes \hat{\boldsymbol{K}})\boldsymbol{C}\bar{\boldsymbol{x}} - \boldsymbol{E}\tilde{\boldsymbol{\eta}}\end{cases} \tag{5.19}$$

引入新的坐标变换 $\hat{\boldsymbol{\eta}} = (\boldsymbol{T} \otimes \boldsymbol{I}_q)\tilde{\boldsymbol{\eta}}$，闭环系统 (5.19) 可写为

$$\begin{cases}\dot{\hat{\boldsymbol{\eta}}} = \hat{\boldsymbol{A}}\hat{\boldsymbol{\eta}} + \hat{\boldsymbol{B}}\hat{\boldsymbol{x}} \\ \dot{\bar{\boldsymbol{x}}} = \bar{\boldsymbol{A}}\bar{\boldsymbol{x}} + \bar{\boldsymbol{B}}(\boldsymbol{T}^{-1} \otimes \boldsymbol{I}_q)\hat{\boldsymbol{\eta}} \\ \dot{\hat{\boldsymbol{x}}} = \bar{\boldsymbol{A}}\hat{\boldsymbol{x}} + \boldsymbol{X}(\boldsymbol{H} \otimes \hat{\boldsymbol{K}})\boldsymbol{C}\bar{\boldsymbol{x}} - \boldsymbol{E}(\boldsymbol{T}^{-1} \otimes \boldsymbol{I}_q)\hat{\boldsymbol{\eta}}\end{cases} \tag{5.20}$$

由于 $(\boldsymbol{F}, \boldsymbol{S})$ 是可检测的，代数 Riccati 方程

$$\boldsymbol{S}\boldsymbol{P}_0 + \boldsymbol{P}_0\boldsymbol{S}^{\mathrm{T}} + \boldsymbol{I}_q - \boldsymbol{P}_0\boldsymbol{F}^{\mathrm{T}}\boldsymbol{F}\boldsymbol{P}_0 = \boldsymbol{0} \tag{5.21}$$

存在唯一解 $\boldsymbol{P}_0 = \boldsymbol{P}_0^{\mathrm{T}} > \boldsymbol{0}$。

设计

$$\hat{\boldsymbol{K}} = \nu\boldsymbol{P}_0\boldsymbol{F}^{\mathrm{T}} \tag{5.22}$$

其中，$\nu \geqslant \dfrac{1}{\text{Re}(\lambda_1(\boldsymbol{H}))}$，$\lambda_1(\boldsymbol{H})$ 是矩阵 $\boldsymbol{H}$ 中具有最小实部的特征根。在假设 5.1 下，由文献 [8] 的引理 1 可知，对于所有的 $i = 1, 2, \cdots, N$，$\boldsymbol{S}^{\mathrm{T}} - \lambda_i(H)\nu\boldsymbol{F}^{\mathrm{T}}\boldsymbol{F}\boldsymbol{P}_0$ 是 Hurwitz 矩阵。因此，$\hat{\boldsymbol{A}}$ 是 Hurwitz 矩阵。

定义 $\check{\boldsymbol{x}} = \text{col}(\hat{\boldsymbol{\eta}}, \bar{\boldsymbol{x}})$，闭环系统 (5.20) 可进一步转换为如下形式：

$$\begin{cases}\dot{\check{\boldsymbol{x}}} = \tilde{\boldsymbol{A}}\check{\boldsymbol{x}} + \tilde{\boldsymbol{B}}\hat{\boldsymbol{x}} \\ \dot{\hat{\boldsymbol{x}}} = \bar{\boldsymbol{A}}\hat{\boldsymbol{x}} + \check{\boldsymbol{B}}\check{\boldsymbol{x}}\end{cases} \tag{5.23}$$

因为 $\hat{\boldsymbol{A}}$ 和 $\bar{\boldsymbol{A}}$ 是 Hurwitz 矩阵，所以 $\tilde{\boldsymbol{A}}$ 是 Hurwitz 矩阵。因此，存在一个唯一的正定矩阵 $\hat{\boldsymbol{P}}=\hat{\boldsymbol{P}}^{\mathrm{H}}$ 使得方程 $\tilde{\boldsymbol{A}}^{\mathrm{H}}\hat{\boldsymbol{P}}+\hat{\boldsymbol{P}}\tilde{\boldsymbol{A}}=-\boldsymbol{I}$ 成立。

令 $V_{\check{x}}=\check{\boldsymbol{x}}^{\mathrm{H}}\hat{\boldsymbol{P}}\check{\boldsymbol{x}}$，由杨氏不等式 $2ab\leqslant\dfrac{1}{2}a^2+2b^2$ 可得，沿着子系统 (5.23) 的状态轨迹 $\check{\boldsymbol{x}}$，Lyapunov 函数 $V_{\check{x}}$ 关于时间的导数满足

$$
\begin{aligned}
\dot{V}_{\check{x}}&=-\check{\boldsymbol{x}}^{\mathrm{H}}\check{\boldsymbol{x}}+2\check{\boldsymbol{x}}^{\mathrm{H}}\hat{\boldsymbol{P}}\tilde{\boldsymbol{B}}\hat{\boldsymbol{x}}\\
&\leqslant-\check{\boldsymbol{x}}^{\mathrm{H}}\check{\boldsymbol{x}}+\frac{1}{2}\check{\boldsymbol{x}}^{\mathrm{H}}\check{\boldsymbol{x}}+2\hat{\boldsymbol{x}}^{\mathrm{H}}\tilde{\boldsymbol{B}}^{\mathrm{H}}\hat{\boldsymbol{P}}\hat{\boldsymbol{P}}\tilde{\boldsymbol{B}}\hat{\boldsymbol{x}}\\
&\leqslant-\frac{1}{2}||\check{\boldsymbol{x}}||^2+2||\hat{\boldsymbol{P}}||^2||\tilde{\boldsymbol{B}}||^2||\hat{\boldsymbol{x}}||^2
\end{aligned}
\tag{5.24}
$$

由定理 A.3 可知，在闭环系统 (5.23) 中，关于 $\check{\boldsymbol{x}}$ 的子系统是输入到状态稳定的，其中 $\check{\boldsymbol{x}}$ 为状态，$\hat{\boldsymbol{x}}$ 为输入。该子系统的增益函数为 $\varrho_1(s)=\gamma_1 s$，其中 γ_1 定义于式 (5.9) 中。

由于 $\bar{\boldsymbol{A}}$ 是 Hurwitz 矩阵，存在一个唯一的正定矩阵 $\boldsymbol{P}_1=\boldsymbol{P}_1^{\mathrm{T}}$ 使得方程 $\bar{\boldsymbol{A}}^{\mathrm{T}}\boldsymbol{P}_1+\boldsymbol{P}_1\bar{\boldsymbol{A}}=-\boldsymbol{I}$ 成立。

令 $V_{\hat{x}}=\hat{\boldsymbol{x}}^{\mathrm{H}}\boldsymbol{P}_1\hat{\boldsymbol{x}}$，再次由杨氏不等式 $2ab\leqslant\dfrac{1}{2}a^2+2b^2$ 可知，沿着子系统 (5.23) 的状态轨迹 $\hat{\boldsymbol{x}}$，Lyapunov 函数 $V_{\hat{x}}$ 关于时间的导数满足

$$
\begin{aligned}
\dot{V}_{\hat{x}}&=-\hat{\boldsymbol{x}}^{\mathrm{H}}\hat{\boldsymbol{x}}+2\hat{\boldsymbol{x}}^{\mathrm{H}}\boldsymbol{P}_1\check{\boldsymbol{B}}\check{\boldsymbol{x}}\\
&\leqslant-\hat{\boldsymbol{x}}^{\mathrm{H}}\hat{\boldsymbol{x}}+\frac{1}{2}\hat{\boldsymbol{x}}^{\mathrm{H}}\hat{\boldsymbol{x}}+2\check{\boldsymbol{x}}^{\mathrm{H}}\check{\boldsymbol{B}}^{\mathrm{H}}\boldsymbol{P}_1\boldsymbol{P}_1\check{\boldsymbol{B}}\check{\boldsymbol{x}}\\
&\leqslant-\frac{1}{2}||\hat{\boldsymbol{x}}||^2+2||\boldsymbol{P}_1||^2||\check{\boldsymbol{B}}||^2||\check{\boldsymbol{x}}||^2
\end{aligned}
\tag{5.25}
$$

因此，由定理 A.3 可知，在闭环系统 (5.23) 中，关于 $\hat{\boldsymbol{x}}$ 的子系统也是输入到状态稳定的，其中 $\hat{\boldsymbol{x}}$ 为状态，$\check{\boldsymbol{x}}$ 为输入。该子系统的增益函数为 $\varrho_2(s)=\gamma_2 s$，其中 γ_2 定义于式 (5.9)中。若反馈控制增益矩阵 $\boldsymbol{K}_{i1}$ 和 $\hat{\boldsymbol{K}}$ 满足 $\gamma_1\gamma_2<1$，由定理 A.4 可得 $\lim\limits_{t\to\infty}\check{\boldsymbol{x}}(t)=\boldsymbol{0}$ 和 $\lim\limits_{t\to\infty}\hat{\boldsymbol{x}}(t)=\boldsymbol{0}$。因此，对于所有的智能体 $i(i=1,2,\cdots,N)$，都有 $\lim\limits_{t\to\infty}\boldsymbol{e}_i(t)=\lim\limits_{t\to\infty}(\boldsymbol{C}_i\boldsymbol{x}_i(t)-\boldsymbol{F}\boldsymbol{v}(t))=\lim\limits_{t\to\infty}\boldsymbol{C}_i\bar{\boldsymbol{x}}_i(t)=\boldsymbol{0}$。证毕。

注 5.3　若小增益条件 $\gamma_1\gamma_2<1$ 满足，则可得到 $\lim\limits_{t\to\infty}\tilde{\boldsymbol{\eta}}(t)=\boldsymbol{0}$。此时，对于所有的智能体 $i(i=1,2,\cdots,N)$，都有 $\lim\limits_{t\to\infty}(\boldsymbol{\eta}_i(t)-\boldsymbol{v}(t))=\boldsymbol{0}$。这意味着当小增益条件成立时，参考信号生成器 (5.6) 可以视为外部系统 (5.2) 的分布式观测器。

注 5.4　定理 5.1 为基于相对输出测量反馈的分布式调节器求解线性异构多智能体系统协同输出调控问题建立了一个广义的框架，其从理论上为分布式

控制器的设计提供了一个可验证的小增益条件，对控制器的参数设计具有很好的指导意义。例如，在一些相对较弱的条件下，可以实现低增益分布式控制器的参数设计（将在 5.5 节详述）。此外，定理 5.1 也可以提供更深层次的思考，从而激发一些其他的设计方法。

5.5 连续时间分布式协同调控：低增益设计

本节在定理 5.1 提出的问题求解框架基础上，利用低增益方法进行控制器参数设计，并证明该低增益分布式前馈控制器可以解决协同输出调控问题。为了设计低增益控制器参数，首先对外部系统矩阵给出如下假设。

假设 5.3 矩阵 $\boldsymbol{S}$ 的所有特征值都在虚轴上。

注 5.5 假设 5.3 意味着外部系统 (5.2) 不会出现生成指数发散信号的情况，该假设常见于线性协同输出调控问题研究中，如文献 [9]。事实上，在假设 5.3 下，外部系统 (5.2) 仍可以产生多类信号，如阶跃信号、正弦信号和多项式形式的无界信号。

为了设计反馈控制增益矩阵 $\hat{\boldsymbol{K}}$，进一步给出如下引理。

引理 5.1

考虑如下系统：

$$\dot{\boldsymbol{\xi}} = (\boldsymbol{I}_N \otimes \boldsymbol{S} - \boldsymbol{J} \otimes \hat{\boldsymbol{K}}\boldsymbol{F})^{\mathrm{T}}\boldsymbol{\xi} \tag{5.26}$$

其中，$\boldsymbol{\xi} = \mathrm{col}(\boldsymbol{\xi}_1, \boldsymbol{\xi}_2, \cdots, \boldsymbol{\xi}_N)$，$\boldsymbol{\xi}_i \in \mathbb{C}^q$。在假设 5.1 和假设 5.3 下，存在一个矩阵 $\hat{\boldsymbol{K}} = \hat{\boldsymbol{K}}(\mu)$ 及一个 Lyapunov 函数 V_ξ，使得对于正定函数 $\psi(\mu)$，沿着动态系统 (5.26) 的状态轨迹，Lyapunov 函数 V_ξ 满足

$$\dot{V}_\xi \leqslant -\psi(\mu)||\boldsymbol{\xi}||^2 \tag{5.27}$$

其中，μ 是正实数。

证明 由于 $(\boldsymbol{F}, \boldsymbol{S})$ 是可检测的并且满足假设 5.3，对于任意正实数 μ，含参代数 Riccati 方程

$$\boldsymbol{S}\boldsymbol{P}(\mu) + \boldsymbol{P}(\mu)\boldsymbol{S}^{\mathrm{T}} + \mu\boldsymbol{P}(\mu) - \boldsymbol{P}(\mu)\boldsymbol{F}^{\mathrm{T}}\boldsymbol{F}\boldsymbol{P}(\mu) = \boldsymbol{0} \tag{5.28}$$

存在唯一解 $\boldsymbol{P}(\mu) = \boldsymbol{P}(\mu)^{\mathrm{T}} > \boldsymbol{0}$。

根据文献 [10] 的定理 1 和定理 3，可得 $\lim\limits_{\mu\to 0^+}\dfrac{||\boldsymbol{P}(\mu)||}{\mu}<\infty$。事实上，还可以进一步得到，存在正实数 b_1 和 b_2 使得对于 $0<\mu<1$，不等式

$$b_1\mu \leqslant \lambda_i(\boldsymbol{P}(\mu)) \leqslant b_2\mu \tag{5.29}$$

成立。

在假设 5.1 下，对于所有的 $i(i=1,2,\cdots,N)$，$\lambda_i(\boldsymbol{H})$ 都具有正实部。

设计

$$\hat{\boldsymbol{K}}=\nu\boldsymbol{P}(\mu)\boldsymbol{F}^{\mathrm{T}} \tag{5.30}$$

其中，$\nu\geqslant\dfrac{1}{\mathrm{Re}(\lambda_1(\boldsymbol{H}))}$。

为了方便描述，本节对于所有的 $i(i=1,2,\cdots,N)$，采用 $\boldsymbol{P}$ 和 λ_i 分别表示 $\boldsymbol{P}(\mu)$ 和 $\lambda_i(\boldsymbol{H})$。

已知矩阵 $\boldsymbol{J}$ 是矩阵 $\boldsymbol{H}$ 的 Jordan 标准型，假设 $\boldsymbol{J}=\text{block diag}(\boldsymbol{J}_1,\boldsymbol{J}_2,\cdots,\boldsymbol{J}_l)$，其中 $\boldsymbol{J}_i$ 的维数为 n_{si}，满足 $\sum\limits_{i=1}^{l}n_{si}=N$，且 $\boldsymbol{J}_i$ 具有如下形式：

$$\boldsymbol{J}_i=\begin{bmatrix}\lambda_i & & & \\ 1 & \lambda_i & & \\ & \ddots & \ddots & \\ & & 1 & \lambda_i\end{bmatrix}_{n_{si}\times n_{si}} \tag{5.31}$$

此时，$\boldsymbol{I}_N\otimes\boldsymbol{S}-\boldsymbol{J}\otimes\hat{\boldsymbol{K}}\boldsymbol{F}$ 是一个分块下三角矩阵，其第 i 个分块矩阵的形式为

$$\begin{bmatrix}\boldsymbol{S}-\lambda_i\hat{\boldsymbol{K}}\boldsymbol{F} & & & \\ -\hat{\boldsymbol{K}}\boldsymbol{F} & \boldsymbol{S}-\lambda_i\hat{\boldsymbol{K}}\boldsymbol{F} & & \\ & \ddots & \ddots & \\ & & -\hat{\boldsymbol{K}}\boldsymbol{F} & \boldsymbol{S}-\lambda_i\hat{\boldsymbol{K}}\boldsymbol{F}\end{bmatrix}_{(n_{si}q)\times(n_{si}q)} \tag{5.32}$$

在动态系统 (5.26) 中，子系统 $\boldsymbol{\xi}_i$ 的动态方程可写为

$$\dot{\boldsymbol{\xi}}_i=(\boldsymbol{S}^{\mathrm{T}}-\lambda_i\nu\boldsymbol{F}^{\mathrm{T}}\boldsymbol{F}\boldsymbol{P})\boldsymbol{\xi}_i \tag{5.33}$$

或

$$\dot{\boldsymbol{\xi}}_i=(\boldsymbol{S}^{\mathrm{T}}-\lambda_i\nu\boldsymbol{F}^{\mathrm{T}}\boldsymbol{F}\boldsymbol{P})\boldsymbol{\xi}_i-\nu\boldsymbol{F}^{\mathrm{T}}\boldsymbol{F}\boldsymbol{P}\boldsymbol{\xi}_{i+1} \tag{5.34}$$

令 $V_{\xi_i} = \boldsymbol{\xi}_i^{\mathrm{H}} \boldsymbol{P} \boldsymbol{\xi}_i$ 且 $0 < \mu < 1$。根据式 (5.28) ~ 式 (5.30)，对于动态系统 (5.33) 和动态系统 (5.34)，其 Lyapunov 函数 V_{ξ_i} 的分析可分为如下两种情况。

情况 1　沿着动态系统 (5.33) 的状态轨迹，Lyapunov 函数 V_{ξ_i} 关于时间的导数满足

$$\begin{aligned}
\dot{V}_{\xi_i} &= \boldsymbol{\xi}_i^{\mathrm{H}}((\boldsymbol{S}^{\mathrm{T}} - \lambda_i \nu \boldsymbol{F}^{\mathrm{T}} \boldsymbol{F} \boldsymbol{P})^{\mathrm{H}} \boldsymbol{P} + \boldsymbol{P}(\boldsymbol{S}^{\mathrm{T}} - \lambda_i \nu \boldsymbol{F}^{\mathrm{T}} \boldsymbol{F} \boldsymbol{P}))\boldsymbol{\xi}_i \\
&= \boldsymbol{\xi}_i^{\mathrm{H}}(\boldsymbol{S}\boldsymbol{P} + \boldsymbol{P}\boldsymbol{S}^{\mathrm{T}} - 2\mathrm{Re}(\lambda_i)\nu \boldsymbol{P}\boldsymbol{F}^{\mathrm{T}}\boldsymbol{F}\boldsymbol{P})\boldsymbol{\xi}_i \\
&= -\mu \boldsymbol{\xi}_i^{\mathrm{H}} \boldsymbol{P} \boldsymbol{\xi}_i - (2\mathrm{Re}(\lambda_i)\nu - 1)\boldsymbol{\xi}_i^{\mathrm{H}} \boldsymbol{P}\boldsymbol{F}^{\mathrm{T}}\boldsymbol{F}\boldsymbol{P}\boldsymbol{\xi}_i \\
&\leqslant -b_1 \mu^2 ||\boldsymbol{\xi}_i||^2
\end{aligned} \tag{5.35}$$

情况 2　沿着动态系统 (5.34) 的状态轨迹，Lyapunov 函数 V_{ξ_i} 关于时间的导数满足

$$\begin{aligned}
\dot{V}_{\xi_i} &= \boldsymbol{\xi}_i^{\mathrm{H}}[(\boldsymbol{S}^{\mathrm{T}} - \lambda_i \nu \boldsymbol{F}^{\mathrm{T}} \boldsymbol{F} \boldsymbol{P})^{\mathrm{H}} \boldsymbol{P} + \boldsymbol{P}(\boldsymbol{S}^{\mathrm{T}} - \lambda_i \nu \boldsymbol{F}^{\mathrm{T}} \boldsymbol{F} \boldsymbol{P})]\boldsymbol{\xi}_i - 2\nu \boldsymbol{\xi}_i^{\mathrm{H}} \boldsymbol{P}\boldsymbol{F}^{\mathrm{T}}\boldsymbol{F}\boldsymbol{P}\boldsymbol{\xi}_{i+1} \\
&\leqslant \boldsymbol{\xi}_i^{\mathrm{H}}(\boldsymbol{S}\boldsymbol{P} + \boldsymbol{P}\boldsymbol{S}^{\mathrm{T}} - 2\mathrm{Re}(\lambda_i)\nu \boldsymbol{P}\boldsymbol{F}^{\mathrm{T}}\boldsymbol{F}\boldsymbol{P})\boldsymbol{\xi}_i + \boldsymbol{\xi}_i^{\mathrm{H}} \boldsymbol{P}\boldsymbol{F}^{\mathrm{T}}\boldsymbol{F}\boldsymbol{P}\boldsymbol{\xi}_i + \nu^2 \boldsymbol{\xi}_{i+1}^{\mathrm{H}} \boldsymbol{P}\boldsymbol{F}^{\mathrm{T}}\boldsymbol{F}\boldsymbol{P}\boldsymbol{\xi}_{i+1} \\
&= -\mu \boldsymbol{\xi}_i^{\mathrm{H}} \boldsymbol{P} \boldsymbol{\xi}_i - 2(\mathrm{Re}(\lambda_i)\nu - 1)\boldsymbol{\xi}_i^{\mathrm{H}} \boldsymbol{P}\boldsymbol{F}^{\mathrm{T}}\boldsymbol{F}\boldsymbol{P}\boldsymbol{\xi}_i + \nu^2 \boldsymbol{\xi}_{i+1}^{\mathrm{H}} \boldsymbol{P}\boldsymbol{F}^{\mathrm{T}}\boldsymbol{F}\boldsymbol{P}\boldsymbol{\xi}_{i+1} \\
&\leqslant -b_1 \mu^2 ||\boldsymbol{\xi}_i||^2 + \nu^2 b_2^2 \mu^2 ||\boldsymbol{F}||^2 ||\boldsymbol{\xi}_{i+1}||^2
\end{aligned} \tag{5.36}$$

令 $\boldsymbol{Q} = \mathrm{diag}\left(1, 1+c, \cdots, \sum_{k=0}^{n_{s1}-1} c^k, \cdots, 1, 1+c, \cdots, \sum_{k=0}^{n_{sl}-1} c^k\right)$，其中 $c = \dfrac{\nu^2 b_2^2 ||\boldsymbol{F}||^2}{b_1}$。

定义 $V_\xi = \boldsymbol{\xi}^{\mathrm{H}}(\boldsymbol{Q} \otimes \boldsymbol{P})\boldsymbol{\xi}$，根据式 (5.35) 和式 (5.36)，沿着动态系统 (5.26) 的状态轨迹，Lyapunov 函数 V_ξ 关于时间的导数满足

$$\dot{V}_\xi \leqslant -b_1 \mu^2 ||\boldsymbol{\xi}||^2 \tag{5.37}$$

令 $\psi(\mu) = b_1 \mu^2$，可知不等式 (5.27) 成立。证毕。

接下来，假设 $\boldsymbol{E}_i = \boldsymbol{0}$，利用引理 5.1，可得如下基于低增益分布式前馈控制的协同输出调控问题可解性定理。

定理 5.2

若假设 5.1 ～ 假设 5.3 成立，对于智能体 $i(i=1,2,\cdots,N)$，令 $\boldsymbol{K}_{i1}$ 满足 $\boldsymbol{A}_i+\boldsymbol{B}_i\boldsymbol{K}_{i1}$ 是 Hurwitz 矩阵的条件，$\boldsymbol{K}_{i2}=\boldsymbol{U}_i-\boldsymbol{K}_{i1}\boldsymbol{X}_i$，$\hat{\boldsymbol{K}}$ 定义于式 (5.30) 中，其中 $0<\mu\leqslant\mu_m$，μ_m 为正实数。此时，分布式动态状态反馈控制器 (5.7) 可解决连续时间多智能体系统 (5.1) 和 (5.2)的协同输出调控问题。

证明 在假设 5.1 和假设 5.2 成立的情况下，可得到闭环系统 (5.20)。需要指出的是，很难直接证明该闭环系统矩阵是 Hurwitz 矩阵。在本定理中，利用 Lyapunov 方法来证明闭环系统的稳定性。在构造 Lyapunov 函数之前，定义坐标变换 $\bar{\boldsymbol{\eta}}=\boldsymbol{T}_1\hat{\boldsymbol{\eta}}$，其中 $\boldsymbol{T}_1$ 是非奇异常值矩阵，使得 $\hat{\boldsymbol{A}}^{\mathrm{T}}=\boldsymbol{T}_1\hat{\boldsymbol{A}}\boldsymbol{T}_1^{-1}$。此时，闭环系统 (5.20) 可写为如下形式：

$$\begin{cases}\dot{\bar{\boldsymbol{\eta}}}=\hat{\boldsymbol{A}}^{\mathrm{T}}\bar{\boldsymbol{\eta}}+\boldsymbol{T}_1\hat{\boldsymbol{B}}\hat{\boldsymbol{x}}\\ \dot{\bar{\boldsymbol{x}}}=\bar{\boldsymbol{A}}\bar{\boldsymbol{x}}+\bar{\boldsymbol{B}}(\boldsymbol{T}^{-1}\otimes\boldsymbol{I}_q)\boldsymbol{T}_1^{-1}\bar{\boldsymbol{\eta}}\\ \dot{\hat{\boldsymbol{x}}}=\bar{\boldsymbol{A}}\hat{\boldsymbol{x}}+\boldsymbol{X}(\boldsymbol{H}\otimes\hat{\boldsymbol{K}})\boldsymbol{C}\bar{\boldsymbol{x}}\end{cases}\tag{5.38}$$

接下来，分别构造三个子系统的 Lyapunov 函数。

(1) 定义 $V_{\bar{\eta}}=\bar{\boldsymbol{\eta}}^{\mathrm{H}}(\boldsymbol{Q}\otimes\boldsymbol{P})\bar{\boldsymbol{\eta}}$。若假设 5.1 和假设 5.3 成立，由引理 5.1 可知，对于 $0<\mu<1$，沿着动态系统 (5.38) 中关于 $\bar{\boldsymbol{\eta}}$ 的子系统状态轨迹，Lyapunov 函数 $V_{\bar{\eta}}$ 关于时间的导数满足

$$\begin{aligned}\dot{V}_{\bar{\eta}}\leqslant&-b_1\mu^2||\bar{\boldsymbol{\eta}}||^2-2\bar{\boldsymbol{\eta}}^{\mathrm{H}}(\boldsymbol{Q}\otimes\boldsymbol{P})\boldsymbol{T}_1(\boldsymbol{T}\boldsymbol{H}\otimes\hat{\boldsymbol{K}})\boldsymbol{C}\hat{\boldsymbol{x}}\\ \leqslant&-b_1\mu^2||\bar{\boldsymbol{\eta}}||^2+\frac{1}{c_1}||\boldsymbol{Q}\otimes\boldsymbol{P}||^2||\bar{\boldsymbol{\eta}}||^2+c_1||\boldsymbol{T}_1||^2||\boldsymbol{T}\boldsymbol{H}\otimes\hat{\boldsymbol{K}}||^2||\boldsymbol{C}||^2||\hat{\boldsymbol{x}}||^2\\ \leqslant&-b_1\mu^2||\bar{\boldsymbol{\eta}}||^2+\frac{1}{c_1}||\boldsymbol{Q}||^2||\boldsymbol{P}(\mu)||^2||\bar{\boldsymbol{\eta}}||^2\\ &+c_1\nu^2||\boldsymbol{T}_1||^2||\boldsymbol{T}\boldsymbol{H}||^2||\boldsymbol{F}||^2||\boldsymbol{C}||^2||\boldsymbol{P}(\mu)||^2||\hat{\boldsymbol{x}}||^2\\ \leqslant&-b_1\mu^2||\bar{\boldsymbol{\eta}}||^2+\frac{1}{c_1}b_2^2\mu^2||\boldsymbol{Q}||^2||\bar{\boldsymbol{\eta}}||^2\\ &+c_1\nu^2b_2^2\mu^2||\boldsymbol{T}_1||^2||\boldsymbol{T}\boldsymbol{H}||^2||\boldsymbol{F}||^2||\boldsymbol{C}||^2||\hat{\boldsymbol{x}}||^2\\ =&-\frac{1}{2}b_1\mu^2||\bar{\boldsymbol{\eta}}||^2+c_1\nu^2b_2^2\mu^2||\boldsymbol{T}_1||^2||\boldsymbol{T}\boldsymbol{H}||^2||\boldsymbol{F}||^2||\boldsymbol{C}||^2||\hat{\boldsymbol{x}}||^2\end{aligned}\tag{5.39}$$

其中，$c_1 = \dfrac{2}{b_1} b_2^2 ||\boldsymbol{Q}||^2$。

(2) 因为矩阵 $\boldsymbol{K}_{i1}$ 满足 $\boldsymbol{A}_i + \boldsymbol{B}_i \boldsymbol{K}_{i1}$ 是 Hurwitz 矩阵的条件，所以 $\bar{\boldsymbol{A}}$ 也是 Hurwitz 矩阵。因此，存在一个正定矩阵 $\boldsymbol{P}_1 = \boldsymbol{P}_1^{\mathrm{T}}$ 使得方程 $\bar{\boldsymbol{A}}^{\mathrm{T}} \boldsymbol{P}_1 + \boldsymbol{P}_1 \bar{\boldsymbol{A}} = -\boldsymbol{I}$ 成立。

令 $V_{\bar{x}} = \bar{\boldsymbol{x}}^{\mathrm{H}} \boldsymbol{P}_1 \bar{\boldsymbol{x}}$。沿着动态系统 (5.38) 中关于 $\bar{\boldsymbol{x}}$ 的子系统状态轨迹，Lyapunov 函数 $V_{\bar{x}}$ 关于时间的导数满足

$$
\begin{aligned}
\dot{V}_{\bar{x}} &= -||\bar{\boldsymbol{x}}||^2 + 2\bar{\boldsymbol{x}}^{\mathrm{H}} \boldsymbol{P}_1 \bar{\boldsymbol{B}} (\boldsymbol{T}^{-1} \otimes \boldsymbol{I}_q) \boldsymbol{T}_1^{-1} \bar{\boldsymbol{\eta}} \\
&\leqslant -||\bar{\boldsymbol{x}}||^2 + \frac{1}{2}||\bar{\boldsymbol{x}}||^2 + 2||\boldsymbol{P}_1 \bar{\boldsymbol{B}} (\boldsymbol{T}^{-1} \otimes \boldsymbol{I}_q) \boldsymbol{T}_1^{-1}||^2 \, ||\bar{\boldsymbol{\eta}}||^2 \\
&= -\frac{1}{2}||\bar{\boldsymbol{x}}||^2 + 2||\boldsymbol{P}_1 \bar{\boldsymbol{B}} (\boldsymbol{T}^{-1} \otimes \boldsymbol{I}_q) \boldsymbol{T}_1^{-1}||^2 \, ||\bar{\boldsymbol{\eta}}||^2
\end{aligned} \tag{5.40}
$$

(3) 定义 $\check{\boldsymbol{x}} = \mathrm{col}(\bar{\boldsymbol{\eta}}, \bar{\boldsymbol{x}})$，令 $V_{\check{x}} = \kappa_1 V_{\bar{\eta}} + \mu^2 V_{\bar{x}}$，其中 κ_1 为待定正实数。选择 $0 < \mu < 1$，由式 (5.29)可得

$$
\begin{aligned}
V_{\check{x}} &= \kappa_1 [\bar{\boldsymbol{\eta}}^{\mathrm{H}} (\boldsymbol{Q} \otimes \boldsymbol{P}) \bar{\boldsymbol{\eta}}] + \mu^2 (\bar{\boldsymbol{x}}^{\mathrm{H}} \boldsymbol{P}_1 \bar{\boldsymbol{x}}) \\
&\geqslant \kappa_1 \lambda_m(\boldsymbol{Q}) \lambda_m(\boldsymbol{P}) ||\bar{\boldsymbol{\eta}}||^2 + \mu^2 \lambda_m(\boldsymbol{P}_1) ||\bar{\boldsymbol{x}}||^2 \\
&\geqslant a_1 \mu^2 ||\check{\boldsymbol{x}}||^2
\end{aligned} \tag{5.41}
$$

$$
\begin{aligned}
V_{\check{x}} &= \kappa_1 [\bar{\boldsymbol{\eta}}^{\mathrm{H}} (\boldsymbol{Q} \otimes \boldsymbol{P}) \bar{\boldsymbol{\eta}}] + \mu^2 (\bar{\boldsymbol{x}}^{\mathrm{H}} \boldsymbol{P}_1 \bar{\boldsymbol{x}}) \\
&\leqslant \kappa_1 \lambda_M(\boldsymbol{Q}) \lambda_M(\boldsymbol{P}) ||\bar{\boldsymbol{\eta}}||^2 + \mu^2 \lambda_M(\boldsymbol{P}_1) ||\bar{\boldsymbol{x}}||^2 \\
&\leqslant (\kappa_1 b_2 \lambda_M(\boldsymbol{Q}) + \lambda_M(\boldsymbol{P}_1)) \mu ||\check{\boldsymbol{x}}||^2
\end{aligned} \tag{5.42}
$$

以及

$$
\begin{aligned}
\dot{V}_{\check{x}} \leqslant & -\left[\frac{1}{2}\kappa_1 b_1 - 2||\boldsymbol{P}_1 \bar{\boldsymbol{B}} (\boldsymbol{T}^{-1} \otimes \boldsymbol{I}_q) \boldsymbol{T}_1^{-1}||^2\right] \mu^2 ||\bar{\boldsymbol{\eta}}||^2 \\
& -\frac{1}{2}\mu^2 ||\bar{\boldsymbol{x}}||^2 + \kappa_1 c_1 \nu^2 b_2^2 \mu^2 ||\boldsymbol{T}_1||^2 ||\boldsymbol{T}\boldsymbol{H}||^2 ||\boldsymbol{F}||^2 ||\boldsymbol{C}||^2 ||\hat{\boldsymbol{x}}||^2
\end{aligned} \tag{5.43}
$$

其中，$a_1 = \min\{\kappa_1 b_1 \lambda_m(\boldsymbol{Q}), \lambda_m(\boldsymbol{P}_1)\}$。

令 κ_1 满足

$$
\kappa_1 \geqslant \frac{8}{b_1} ||\boldsymbol{P}_1 \bar{\boldsymbol{B}} (\boldsymbol{T}^{-1} \otimes \boldsymbol{I}_q) \boldsymbol{T}_1^{-1}||^2 \tag{5.44}
$$

可得

$$\begin{aligned}\dot{V}_{\check{x}} &\leqslant -\frac{1}{4}\kappa_1 b_1\mu^2||\bar{\boldsymbol{\eta}}||^2 - \frac{1}{2}\mu^2||\bar{\boldsymbol{x}}||^2 + \kappa_1 c_1\nu^2 b_2^2\mu^2||\boldsymbol{T}_1||^2||\boldsymbol{TH}||^2||\boldsymbol{F}||^2||\boldsymbol{C}||^2||\hat{\boldsymbol{x}}||^2 \\ &\leqslant -\frac{1}{2}a_2\mu^2||\check{\boldsymbol{x}}||^2 + \kappa_1 c_1\nu^2 b_2^2\mu^2||\boldsymbol{T}_1||^2||\boldsymbol{TH}||^2||\boldsymbol{F}||^2||\boldsymbol{C}||^2||\hat{\boldsymbol{x}}||^2\end{aligned} \tag{5.45}$$

其中，$a_2 = \min\left\{\frac{1}{2}\kappa_1 b_1, 1\right\}$。

因此，由定理 A.3 可知，$\check{\boldsymbol{x}}$ 子系统是输入到状态稳定的，其中 $\check{\boldsymbol{x}}$ 作为状态，$\hat{\boldsymbol{x}}$ 作为输入，线性增益函数为

$$\gamma_1 s = \sqrt{\frac{2(\kappa_1 b_2\lambda_M(\boldsymbol{Q}) + \lambda_M(\boldsymbol{P}_1))\kappa_1 c_1}{a_1 a_2\varepsilon_1\mu}}\nu b_2||\boldsymbol{T}_1||\,||\boldsymbol{TH}||\,||\boldsymbol{F}||\,||\boldsymbol{C}||s, \quad \forall\, 0<\varepsilon_1<1 \tag{5.46}$$

(4) 令 $V_{\hat{x}} = \hat{\boldsymbol{x}}^{\mathrm{H}}\boldsymbol{P}_1\hat{\boldsymbol{x}}$。沿着动态系统 (5.38) 中关于 $\hat{\boldsymbol{x}}$ 的子系统状态轨迹，Lyapunov 函数 $V_{\hat{x}}$ 关于时间的导数满足

$$\begin{aligned}\dot{V}_{\hat{x}} &= -||\hat{\boldsymbol{x}}||^2 + 2\hat{\boldsymbol{x}}^{\mathrm{H}}\boldsymbol{P}_1\boldsymbol{X}(\boldsymbol{H}\otimes\hat{\boldsymbol{K}})\boldsymbol{C}\bar{\boldsymbol{x}} \\ &\leqslant -||\hat{\boldsymbol{x}}||^2 + \frac{1}{2}||\hat{\boldsymbol{x}}||^2 + 2||\boldsymbol{P}_1\boldsymbol{X}||^2||\boldsymbol{H}\otimes\hat{\boldsymbol{K}}||^2||\boldsymbol{C}||^2||\bar{\boldsymbol{x}}||^2 \\ &\leqslant -\frac{1}{2}||\hat{\boldsymbol{x}}||^2 + 2\nu^2 b_2^2\mu^2||\boldsymbol{C}||^2\;||\boldsymbol{H}||^2||\boldsymbol{F}||^2||\boldsymbol{P}_1\boldsymbol{X}||^2||\bar{\boldsymbol{x}}||^2\end{aligned} \tag{5.47}$$

因此，由定理 A.3 可知，$\hat{\boldsymbol{x}}$ 子系统是输入到状态稳定的，其中 $\hat{\boldsymbol{x}}$ 作为状态，$\check{\boldsymbol{x}}$ 作为输入，线性增益函数为

$$\gamma_2 s = \sqrt{\frac{4\lambda_M(\boldsymbol{P}_1)\mu^2}{\lambda_m(\boldsymbol{P}_1)\varepsilon_2}}\nu b_2||\boldsymbol{C}||\,||\boldsymbol{H}||\,||\boldsymbol{F}||\,||\boldsymbol{P}_1\boldsymbol{X}||s, \quad \forall\, 0<\varepsilon_2<1 \tag{5.48}$$

由式 (5.46) 和式 (5.48) 可得，存在一个足够小的正实数 $0<\mu_m<1$ 使得对于 $0<\mu<\mu_m$，不等式

$$\gamma_1\gamma_2 < 1 \tag{5.49}$$

成立。

最后，结合式 (5.49) 和定理 5.1 可知，分布式动态状态反馈控制器 (5.7) 可解决协同输出调控问题。证毕。

注 5.6 在协同输出调控的分布式前馈方法现有结果中，例如，文献 [1]、文献 [2]、文献 [11] 和文献 [12]，参考信号生成器通常采用以下形式：

$$\dot{\boldsymbol{\eta}}_i = \boldsymbol{S}\boldsymbol{\eta}_i + \boldsymbol{f}_i(\boldsymbol{\eta}_j - \boldsymbol{\eta}_i, j \in \mathcal{N}_i), \quad i = 1, 2, \cdots, N \tag{5.50}$$

其中，$\boldsymbol{\eta}_0 = \boldsymbol{v}$；$\boldsymbol{f}_i$ 为全局定义且光滑的函数。由式 (5.50) 可知，各个智能体的参考信号生成器的相对状态信息，即 $\boldsymbol{\eta}_j - \boldsymbol{\eta}_i$ 需要通过通信网进行交换获得；相反，替代相对状态信息 $\boldsymbol{\eta}_j - \boldsymbol{\eta}_i$，本章提出的参考信号生成器 (5.6) 仅依赖相对输出信息 $\boldsymbol{y}_j - \boldsymbol{y}_i$。

然而，这种不依赖通信网络（而是传感网络）的方法给控制器设计带来了巨大的挑战。事实上，对于智能体 $i(i = 1, 2, \cdots, N)$，定义 $\tilde{\boldsymbol{\eta}}_i = \boldsymbol{\eta}_i - \boldsymbol{v}$，式 (5.50) 可写为

$$\dot{\tilde{\boldsymbol{\eta}}}_i = \boldsymbol{S}\tilde{\boldsymbol{\eta}}_i + \boldsymbol{f}_i(\tilde{\boldsymbol{\eta}}_j - \tilde{\boldsymbol{\eta}}_i, j \in \mathcal{N}_i) \tag{5.51}$$

因此，由式 (5.51) 可知，分离原理可以用于该闭环系统的稳定性分析；相反，式 (5.16) 表明，通过一些坐标变换之后，智能体 $i(i = 1, 2, \cdots, N)$ 的参考信号生成器 (5.6) 可写为

$$\dot{\tilde{\boldsymbol{\eta}}}_i = \boldsymbol{S}\tilde{\boldsymbol{\eta}}_i + \boldsymbol{f}_i(\tilde{\boldsymbol{\eta}}_j - \tilde{\boldsymbol{\eta}}_i, j \in \mathcal{N}_i) + \boldsymbol{h}_i(\hat{\boldsymbol{x}}_i, \hat{\boldsymbol{x}}_j, j \in \mathcal{N}_i) \tag{5.52}$$

显然，上述关于 $\tilde{\boldsymbol{\eta}}_i$ 的动态方程中有一个额外的扰动项 $\boldsymbol{h}_i(\cdot)$。对于此类系统 (5.52)，分离原理不再适用，这导致分布式控制器的设计和闭环系统的稳定性分析变得更加困难。

注 5.7 文献 [13] 研究了一类非线性系统的无领导者输出调控问题，提出了为所有子系统定义一个类似于参考信号生成器 (5.6) 的参考模型这一思想。然而，除非 $\boldsymbol{\eta}_i(0)$ 和 $\boldsymbol{v}(0)$ 满足某些等式，否则参考模型的状态 $\boldsymbol{\eta}_i(i = 1, 2, \cdots, N)$ 不会收敛到外部系统的状态。本章所提出的方法与文献 [13] 的不同点表现在如下三个方面。首先，文献 [13] 采用了内模方法，而本章采用了前馈方法。如果系统输出的维度大于系统输入的维度，由于传输零点条件不再满足，文献 [13] 的结果将不再适用于一般的线性多智能体系统。其次，文献 [13] 要求矩阵 $\boldsymbol{S}$ 的所有特征值都是单的且具有零实部，这意味着它无法处理同步信号无界的情况。最后，本章的结果是在领导-跟随框架下得到的，它可以抑制一大类外部干扰，如阶跃干扰、各种频率的正弦干扰及其组合的干扰信号。

注 5.8 在现有的输出调控工作中，文献 [14] 在不需要交换控制器状态的情况下，也进行了参考信号生成器的设计。然而，本章工作与文献 [14] 在三个

方面存在不同点。首先，参考信号生成器的作用和维度不同。本章提出的参考信号生成器用于估计外部系统的状态，它与外部系统具有相同的维度。而文献 [14] 所设计的参考信号生成器用来估计多智能体系统的相对状态。其次，为了处理多智能体系统的异构性，文献 [14] 还需设计另外两个额外的动态补偿器，这使得控制器的维数比所提出的控制器 (5.7) 要高很多，特别是对于相对度或系统矩阵差异很大的多智能体系统。最后，本章所提出的方法放松了系统必须是单输入单输出或最小相位的前提条件。

5.6 仿真示例

5.6.1 数值仿真示例

示例 5.1 考虑形如式 (5.1) 的多智能体系统，其矩阵参数如下：

$$
\begin{aligned}
&\boldsymbol{A}_1=\begin{bmatrix}0&1\\0&0\end{bmatrix},\quad \boldsymbol{B}_1=\begin{bmatrix}0\\1\end{bmatrix},\quad \boldsymbol{E}_1=\begin{bmatrix}0&0\\1&-0.5\end{bmatrix}\\
&\boldsymbol{A}_2=\begin{bmatrix}0&1\\-1&0\end{bmatrix},\quad \boldsymbol{B}_2=\begin{bmatrix}1\\1\end{bmatrix},\quad \boldsymbol{E}_2=\begin{bmatrix}-1&0.5\\-1&0.5\end{bmatrix}\\
&\boldsymbol{A}_3=\begin{bmatrix}0&-1\\1&0\end{bmatrix},\quad \boldsymbol{B}_3=\begin{bmatrix}0\\1\end{bmatrix},\quad \boldsymbol{E}_3=\begin{bmatrix}0&2\\-1&0\end{bmatrix}\\
&\boldsymbol{A}_4=\begin{bmatrix}0&-1\\0&0\end{bmatrix},\quad \boldsymbol{B}_4=\begin{bmatrix}0\\1\end{bmatrix},\quad \boldsymbol{E}_4=\begin{bmatrix}0&2\\-1&1\end{bmatrix}\\
&\boldsymbol{A}_5=\begin{bmatrix}0&1&0\\0&0&-1\\0&0&0\end{bmatrix},\quad \boldsymbol{B}_5=\begin{bmatrix}0\\0\\1\end{bmatrix},\quad \boldsymbol{E}_5=\begin{bmatrix}0&0\\-1&0\\0&0\end{bmatrix}\\
&\boldsymbol{A}_6=\begin{bmatrix}0&1&0\\0&0&-1\\0&0&0\end{bmatrix},\quad \boldsymbol{B}_6=\begin{bmatrix}0\\0\\1\end{bmatrix},\quad \boldsymbol{E}_6=\begin{bmatrix}0&0\\-1&0\\0&1\end{bmatrix}\\
&A_7=0,\quad B_7=1,\quad \boldsymbol{E}_7=\begin{bmatrix}0&0\end{bmatrix}
\end{aligned}
\tag{5.53}
$$

$$A_8 = 0, \quad B_8 = 1, \quad \boldsymbol{E}_8 = \begin{bmatrix} 0 & 0.5 \end{bmatrix}$$

$$A_9 = 0, \quad B_9 = 1, \quad \boldsymbol{E}_9 = \begin{bmatrix} -0.5 & 0 \end{bmatrix}$$

$$\boldsymbol{C}_i = \begin{bmatrix} 1 & 0 \end{bmatrix}, \quad i = 1,2,3,4$$

$$\boldsymbol{C}_i = \begin{bmatrix} 1 & 0 & 0 \end{bmatrix}, \quad i = 5,6$$

$$\boldsymbol{C}_i = 1, \quad i = 7,8,9$$

外部系统描述如下：

$$\begin{aligned} \begin{bmatrix} \dot{v}_1 \\ \dot{v}_2 \end{bmatrix} &= \begin{bmatrix} 0 & 1 \\ -1 & 0 \end{bmatrix} \begin{bmatrix} v_1 \\ v_2 \end{bmatrix} \\ y_0 &= \begin{bmatrix} 1 & 0 \end{bmatrix} \begin{bmatrix} v_1 \\ v_2 \end{bmatrix} \end{aligned} \tag{5.54}$$

多智能体系统网络拓扑图如图 5.1 所示，容易验证假设 5.1 成立。接着，求解调节器方程，得到

$$\begin{aligned} &\boldsymbol{X}_i = \begin{bmatrix} 1 & 0 \\ 0 & 1 \end{bmatrix}, \quad i = 1,2,3,4 \\ &\boldsymbol{X}_i = \begin{bmatrix} 1 & 0 \\ 0 & 1 \\ 0 & 0 \end{bmatrix}, \quad i = 5,6 \\ &\boldsymbol{X}_i = \begin{bmatrix} 1 & 0 \end{bmatrix}, \quad i = 7,8,9 \\ &\boldsymbol{U}_1 = \begin{bmatrix} -2 & 0.5 \end{bmatrix}, \quad \boldsymbol{U}_2 = \begin{bmatrix} 1 & -0.5 \end{bmatrix}, \quad \boldsymbol{U}_3 = \begin{bmatrix} -1 & 0 \end{bmatrix} \\ &\boldsymbol{U}_4 = \begin{bmatrix} 0 & -1 \end{bmatrix}, \quad \boldsymbol{U}_5 = \begin{bmatrix} 0 & 0 \end{bmatrix}, \quad \boldsymbol{U}_6 = \begin{bmatrix} 0 & -1 \end{bmatrix} \\ &\boldsymbol{U}_7 = \begin{bmatrix} 0 & 1 \end{bmatrix}, \quad \boldsymbol{U}_8 = \begin{bmatrix} 0 & 0.5 \end{bmatrix}, \quad \boldsymbol{U}_9 = \begin{bmatrix} 0.5 & 1 \end{bmatrix} \end{aligned} \tag{5.55}$$

设计分布式动态状态反馈控制器 (5.7) 的参数如下：

$$\boldsymbol{K}_{11} = \begin{bmatrix} -8 & -4 \end{bmatrix}, \quad \boldsymbol{K}_{21} = \begin{bmatrix} -5.5 & 1.5 \end{bmatrix}, \quad \boldsymbol{K}_{31} = \begin{bmatrix} 7 & -4 \end{bmatrix}$$

$$
\begin{aligned}
&\boldsymbol{K}_{41}=\begin{bmatrix}8 & -4\end{bmatrix},\quad \boldsymbol{K}_{51}=\begin{bmatrix}8 & 12 & -5\end{bmatrix},\quad \boldsymbol{K}_{61}=\begin{bmatrix}8 & 12 & -5\end{bmatrix}\\
&K_{71}=-4,\quad K_{81}=-5,\quad K_{91}=-6\\
&\boldsymbol{K}_{12}=\begin{bmatrix}6 & 4.5\end{bmatrix},\quad \boldsymbol{K}_{22}=\begin{bmatrix}6.5 & -2\end{bmatrix},\quad \boldsymbol{K}_{32}=\begin{bmatrix}-8 & 4\end{bmatrix}\\
&\boldsymbol{K}_{42}=\begin{bmatrix}-8 & 3\end{bmatrix},\quad \boldsymbol{K}_{52}=\begin{bmatrix}-8 & -12\end{bmatrix},\quad \boldsymbol{K}_{62}=\begin{bmatrix}-8 & -13\end{bmatrix}\\
&\boldsymbol{K}_{72}=\begin{bmatrix}4 & 1\end{bmatrix},\quad \boldsymbol{K}_{82}=\begin{bmatrix}5 & 0.5\end{bmatrix},\quad \boldsymbol{K}_{92}=\begin{bmatrix}6.5 & 1\end{bmatrix}\\
&\hat{\boldsymbol{K}}=\begin{bmatrix}0.2821 & 0.0198\end{bmatrix}^{\mathrm{T}}
\end{aligned}
\tag{5.56}
$$

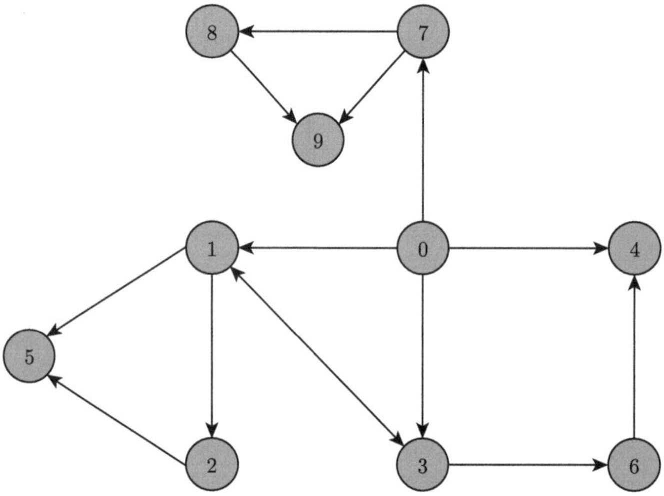

图 5.1　多智能体系统网络拓扑图（示例 5.1）

在本次仿真中，任意选择初始状态 $\boldsymbol{v}(0)=[-1,1]^{\mathrm{T}}$、$\boldsymbol{x}_1(0)=[2,1]^{\mathrm{T}}$、$\boldsymbol{x}_2(0)=[-2,-1]^{\mathrm{T}}$、$\boldsymbol{x}_3(0)=[1,-2]^{\mathrm{T}}$、$\boldsymbol{x}_4(0)=[3,-2]^{\mathrm{T}}$、$\boldsymbol{x}_5(0)=[1,2,-1]^{\mathrm{T}}$、$\boldsymbol{x}_6(0)=[-2,3,1]^{\mathrm{T}}$、$x_7(0)=1$、$x_8(0)=-1$、$x_9(0)=0.5$，所有其他初始状态都选择为零。

仿真结果如图 5.2 ~ 图 5.4 所示。由图 5.3 可看出，第 $i(i=1,2,\cdots,9)$ 个系统的跟踪误差渐近趋于零。仿真结果表明，所提出的分布式动态反馈控制方法可解决连续时间协同输出调控问题。

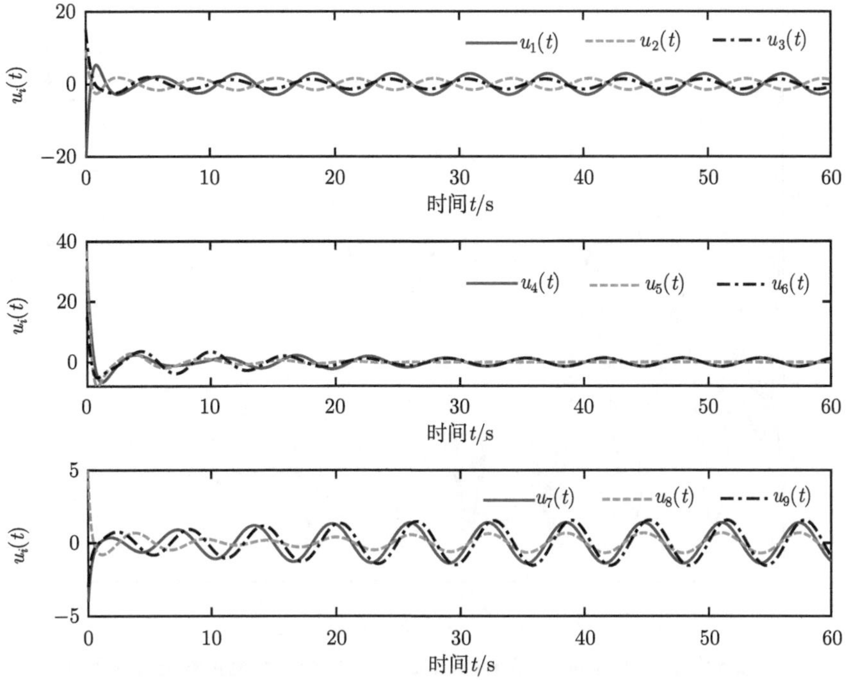

图 5.2　第 $i(i=1,2,\cdots,9)$ 个系统的控制输入 $u_i(t)$（示例 5.1）

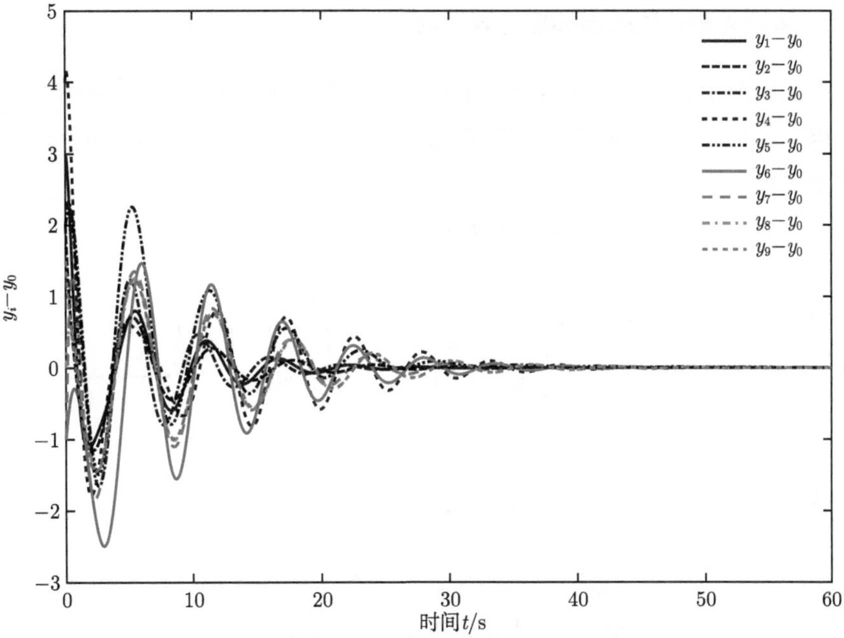

图 5.3　第 $i(i=1,2,\cdots,9)$ 个系统的跟踪误差 y_i-y_0（示例 5.1）

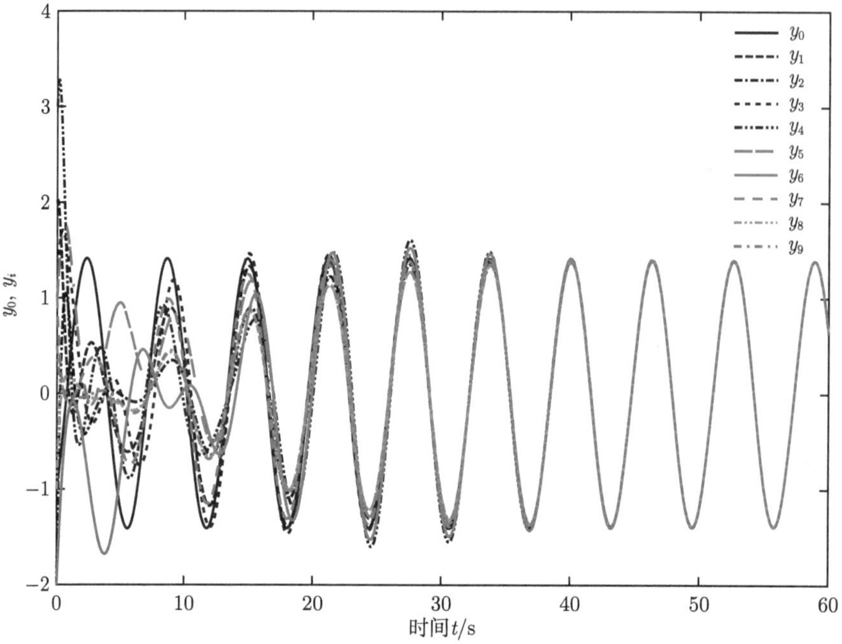

图 5.4 领导者系统输出 y_0 与第 $i(i=1,2,\cdots,9)$ 个系统测量输出 y_i（示例 5.1）

5.6.2 多无人车协同输出调控仿真示例

无人地面车是一种无人驾驶的车辆，主要用于执行各种地面作业任务，其广泛应用于军事、工业、农业、救援等领域。本节将进行无人地面车的协同输出调控应用仿真。

示例 5.2 考虑以下无人地面车系统[15]：

$$\left\{\begin{aligned}&\begin{bmatrix}\dot{\boldsymbol{p}}_i\\ \dot{\boldsymbol{q}}_i\end{bmatrix}=\begin{bmatrix}\mathbf{0} & \boldsymbol{I}_2\\ \mathbf{0} & -\dfrac{b_i}{m_i}\boldsymbol{I}_2\end{bmatrix}\begin{bmatrix}\boldsymbol{p}_i\\ \boldsymbol{q}_i\end{bmatrix}+\begin{bmatrix}\mathbf{0}\\ \dfrac{1}{m_i}\boldsymbol{I}_2\end{bmatrix}\begin{bmatrix}\boldsymbol{u}_{i1}\\ \boldsymbol{u}_{i2}\end{bmatrix}+\frac{1}{m_i}\boldsymbol{d}_i\\ &\begin{bmatrix}\boldsymbol{y}_{i1}\\ \boldsymbol{y}_{i2}\end{bmatrix}=\begin{bmatrix}1&0&0&0\\0&1&0&0\end{bmatrix}\begin{bmatrix}\boldsymbol{p}_i\\ \boldsymbol{q}_i\end{bmatrix}\end{aligned}\right.,\quad i=1,2,3,4 \tag{5.57}$$

其中，$\boldsymbol{p}_i$ 是第 i 辆无人地面车的位置；$\boldsymbol{q}_i$ 是第 i 辆无人地面车的速度；$\boldsymbol{I}_2$ 是单位矩阵；$\boldsymbol{u}_{i1}$ 和 $\boldsymbol{u}_{i2}$ 分别是 X 轴方向和 Y 轴方向输入至第 i 辆无人地面车的力；$\boldsymbol{d}_i$ 是第 i 辆车因地形不平整所受的外部阻力；$\boldsymbol{y}_{i1}$ 和 $\boldsymbol{y}_{i2}$ 分别是第 i 辆无人地面

车在 X 轴方向和 Y 轴方向的位置输出，其物理意义为第 i 辆无人地面车的位置；b_i 和 m_i 分别是第 i 辆无人地面车的平移摩擦系数和质量。

外部系统描述如下：

$$\dot{\boldsymbol{v}} = \begin{bmatrix} \dot{v}_1 \\ \dot{v}_2 \end{bmatrix} = \begin{bmatrix} 0 & 1 \\ -1 & 0 \end{bmatrix} \begin{bmatrix} v_1 \\ v_2 \end{bmatrix} \tag{5.58}$$

$$\boldsymbol{y}_0 = \begin{bmatrix} y_{01} \\ y_{02} \end{bmatrix} = \begin{bmatrix} 1 & 0 \\ 0 & 1 \end{bmatrix} \begin{bmatrix} v_1 \\ v_2 \end{bmatrix} \tag{5.59}$$

定义如下变量与参数：

$$\begin{aligned} &\boldsymbol{x}_i = \begin{bmatrix} \boldsymbol{p}_i \\ \boldsymbol{q}_i \end{bmatrix}, \quad \boldsymbol{u}_i = \begin{bmatrix} \boldsymbol{u}_{i1} \\ \boldsymbol{u}_{i2} \end{bmatrix} \\ &\boldsymbol{d}_i = \begin{bmatrix} \boldsymbol{0} \\ \boldsymbol{I}_2 \end{bmatrix} \boldsymbol{v}, \quad \boldsymbol{y}_i = \begin{bmatrix} \boldsymbol{y}_{i1} \\ \boldsymbol{y}_{i2} \end{bmatrix} \\ &\boldsymbol{A}_i = \begin{bmatrix} \boldsymbol{0} & \boldsymbol{I}_2 \\ \boldsymbol{0} & -\dfrac{b_i}{m_i}\boldsymbol{I}_2 \end{bmatrix}, \quad \boldsymbol{B}_i = \begin{bmatrix} \boldsymbol{0} \\ \dfrac{1}{m_i}\boldsymbol{I}_2 \end{bmatrix} \\ &\boldsymbol{E}_i = \begin{bmatrix} \boldsymbol{0} \\ \dfrac{1}{m_i}\boldsymbol{I}_2 \end{bmatrix}, \quad \boldsymbol{C}_i = \begin{bmatrix} \boldsymbol{I}_2 & \boldsymbol{0} \end{bmatrix} \end{aligned} \tag{5.60}$$

则系统 (5.57) 可表示为

$$\begin{cases} \dot{\boldsymbol{x}}_i = \boldsymbol{A}_i\boldsymbol{x}_i + \boldsymbol{B}_i\boldsymbol{u}_i + \boldsymbol{E}_i\boldsymbol{v} \\ \boldsymbol{y}_i = \boldsymbol{C}_i\boldsymbol{x}_i \end{cases}, \quad i = 1,2,3,4 \tag{5.61}$$

多无人车系统网络拓扑图如图 5.5 所示，容易验证假设 5.1 成立。

本次仿真系统参数为 $m_1 = 0.5$、$m_2 = 0.5$、$m_3 = 1$、$m_4 = 1$、$b_1 = 0.5$、$b_2 = 1$、$b_3 = 2$、$b_4 = 1$。通过求解调节器方程，得到

$$\begin{aligned} &\boldsymbol{X}_i = \begin{bmatrix} 1 & 0 & 0 & -1 \\ 0 & 1 & 1 & 0 \end{bmatrix}^{\mathrm{T}}, \quad i = 1,2,3,4 \\ &\boldsymbol{U}_1 = \begin{bmatrix} -1.5 & 0.5 \\ -0.5 & -1.5 \end{bmatrix}, \quad \boldsymbol{U}_2 = \begin{bmatrix} -1.5 & 1 \\ -1 & -1.5 \end{bmatrix} \end{aligned} \tag{5.62}$$

$$\boldsymbol{U}_3 = \begin{bmatrix} -2 & 2 \\ -2 & -2 \end{bmatrix}, \quad \boldsymbol{U}_4 = \begin{bmatrix} -2 & 1 \\ -1 & -2 \end{bmatrix}$$

此时，设计分布式动态状态反馈控制器 (5.7) 的参数如下：

$$\begin{aligned} &\boldsymbol{K}_{11} = \begin{bmatrix} -4 & 0 & -1.5 & 0 \\ 0 & -1 & 0 & -1 \end{bmatrix}, \quad \boldsymbol{K}_{21} = \begin{bmatrix} -4 & 0 & -1 & 0 \\ 0 & -1 & 0 & -0.5 \end{bmatrix} \\ &\boldsymbol{K}_{31} = \begin{bmatrix} -8 & 0 & -2 & 0 \\ 0 & -2 & 0 & -1 \end{bmatrix}, \quad \boldsymbol{K}_{41} = \begin{bmatrix} -8 & 0 & -3 & 0 \\ 0 & -2 & 0 & -2 \end{bmatrix} \\ &\boldsymbol{K}_{12} = \boldsymbol{K}_{22} = \begin{bmatrix} 2.5 & 2 \\ -1.5 & -0.5 \end{bmatrix}, \quad \boldsymbol{K}_{32} = \boldsymbol{K}_{42} = \begin{bmatrix} 6 & 4 \\ -3 & 0 \end{bmatrix} \\ &\hat{\boldsymbol{K}} = \begin{bmatrix} 0.2 & 0 \\ 0 & 0.2 \end{bmatrix} \end{aligned} \tag{5.63}$$

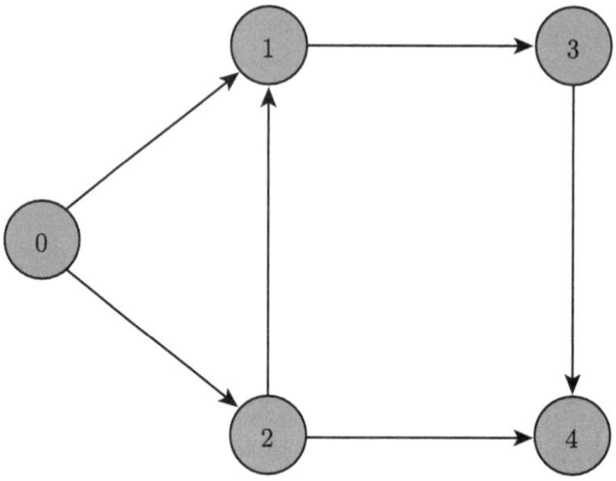

图 5.5　多无人车系统网络拓扑图（示例 5.2）

在本次仿真中，任意选择初始状态 $\boldsymbol{v}(0) = [1,0]^{\mathrm{T}}$、$\boldsymbol{x}_1(0) = [2,1,1,1]^{\mathrm{T}}$、$\boldsymbol{x}_2(0) = [-2,-1,1,1]^{\mathrm{T}}$、$\boldsymbol{x}_3(0) = [0,0,1,1]^{\mathrm{T}}$、$\boldsymbol{x}_4(0) = [-5,-6,1,1]^{\mathrm{T}}$，所有其他初始状态都选择为零。

仿真结果如图 5.6 ~ 图 5.10 所示。由图 5.7 和图 5.8 可看出，第 $i(i = 1,2,3,4)$ 个无人车在 X 轴方向和 Y 轴方向的跟踪误差都渐近趋于零。仿真结果表明，所提出的分布式动态反馈控制方法可解决多无人车系统协同输出调控问题。

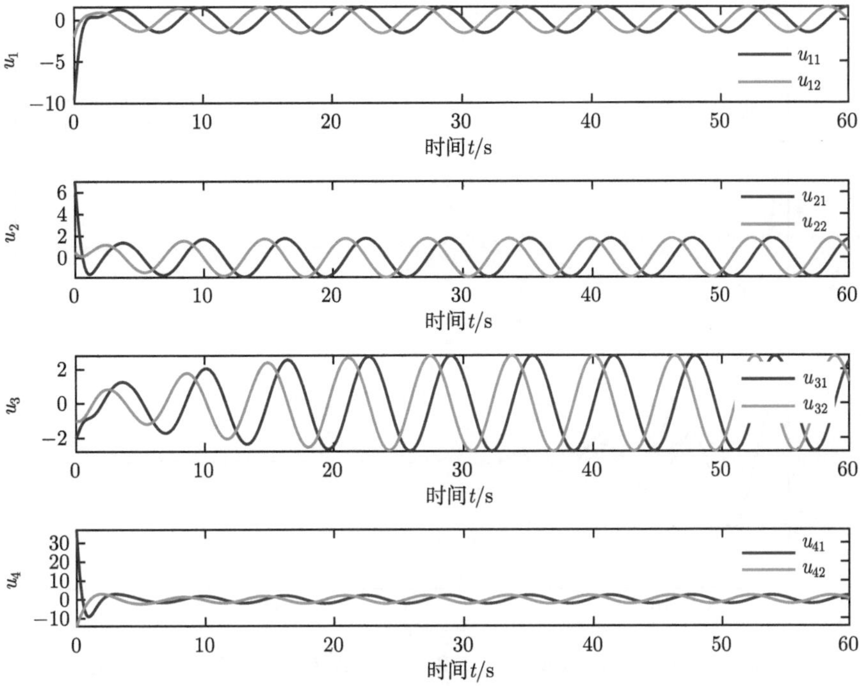

图 5.6 第 $i(i=1,2,3,4)$ 个无人车的控制输入 u_{i1} 和 u_{i2}（示例 5.2）

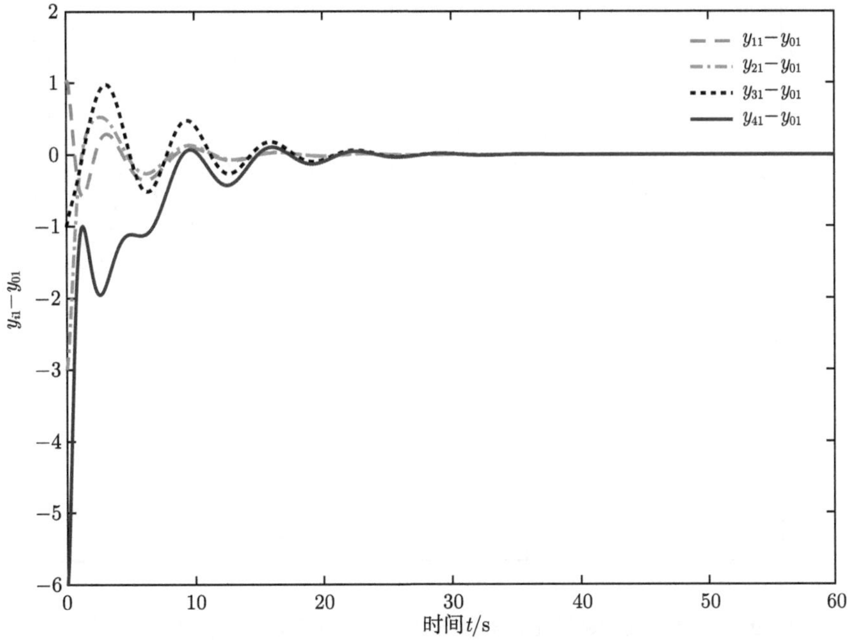

图 5.7 X 轴方向的第 $i(i=1,2,3,4)$ 个无人车跟踪误差 $y_{i1}-y_{01}$（示例 5.2）

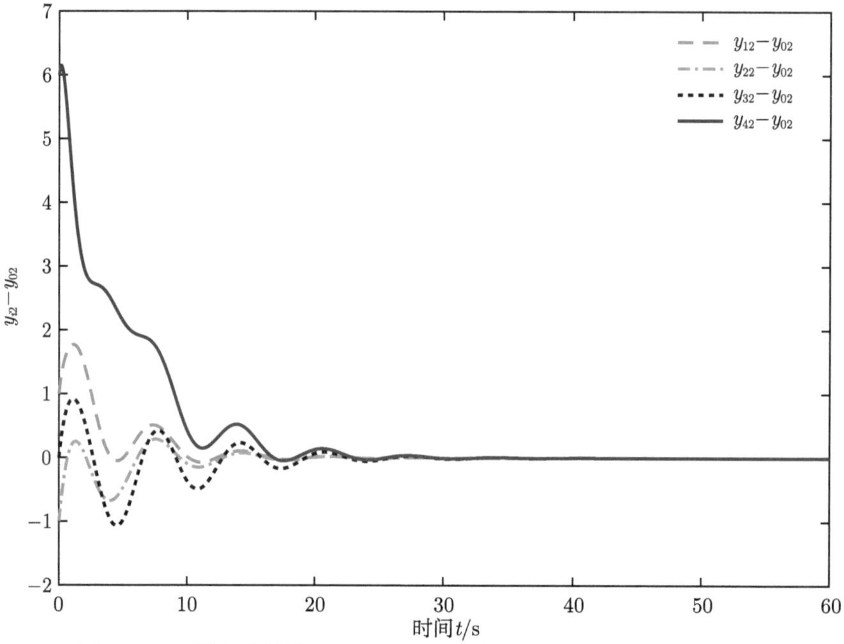

图 5.8　Y 轴方向的第 $i(i=1,2,3,4)$ 个无人车跟踪误差 $y_{i2}-y_{02}$（示例 5.2）

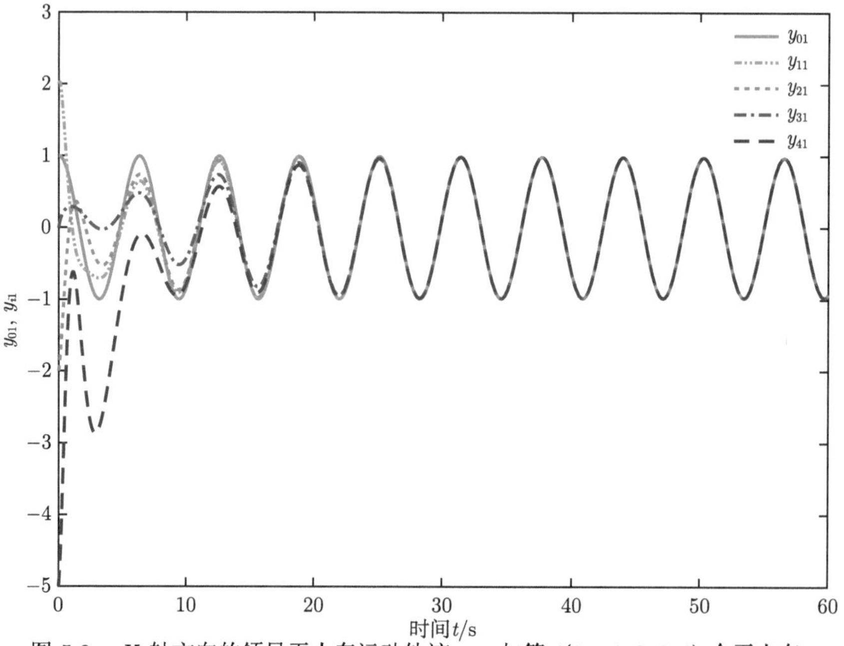

图 5.9　X 轴方向的领导无人车运动轨迹 y_{01} 与第 $i(i=1,2,3,4)$ 个无人车运动轨迹 y_{i1}（示例 5.2）

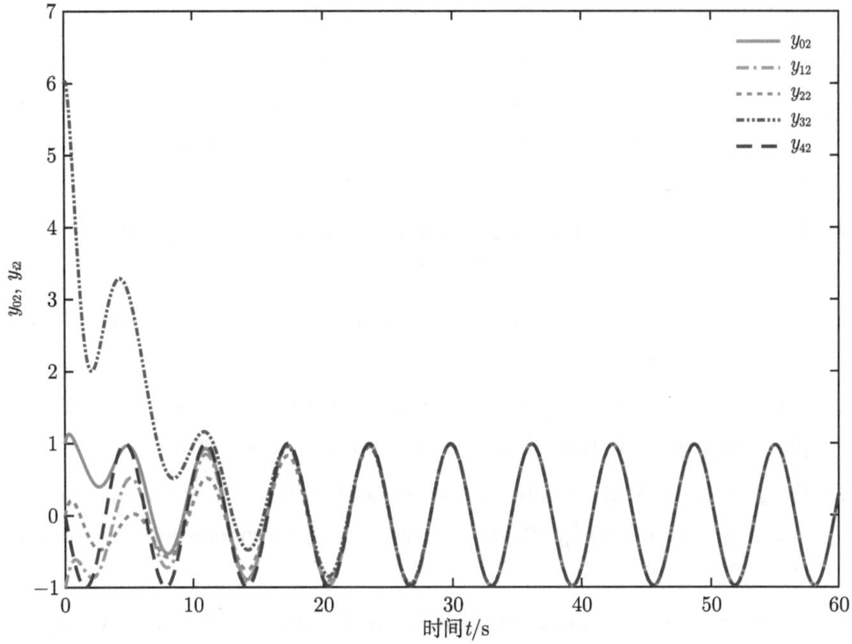

图 5.10 Y 轴方向的领导无人车运动轨迹 y_{02} 与第 $i(i=1,2,3,4)$ 个无人车运动轨迹 y_{i2}（示例 5.2）

5.7 本章小结

本章研究了连续时间线性异构多智能体系统协同输出调控问题求解的分布式前馈方法。为此，提出了一种新颖的分布式动态补偿器，其不依赖控制器之间状态信息的交换。该方法不仅可以在很大程度上减少通信负担，还使得控制器的部署更加容易。特别地，在多智能体间无通信网络，只有测量传感网络的情况下该方法具有明显优势。但通信的减少，使得分离原理不适用于整个闭环系统的稳定性分析。为解决这一技术难点，本章基于小增益定理，建立了传感网络下分布式前馈方法求解连续时间线性异构多智能体系统协同输出调控问题的求解框架。然后，通过低增益方法进一步设计控制增益，并证明了所提出的低增益分布式控制器满足小增益条件，从而能够解决协同输出调控问题。

参考文献

[1] Su Y F, Huang J. Cooperative output regulation of linear multi-agent systems[J]. IEEE Transactions on Automatic Control, 2011, 57(4): 1062-1066.

[2] Su Y F, Huang J. Cooperative output regulation of linear multi-agent systems by output feedback[J]. Systems & Control Letters, 2012, 61(12): 1248-1253.

[3] Davison E. The robust control of a servomechanism problem for linear time-invariant multivariable systems[J]. IEEE Transactions on Automatic Control, 1976, 21(1): 25-34.

[4] Francis B A. The linear multivariable regulator problem[J]. SIAM Journal on Control and Optimization, 1977, 15(3): 486-505.

[5] Francis B A, Wonham W M. The internal model principle of control theory[J]. Automatica, 1976, 12(5): 457-465.

[6] Huang J. Nonlinear Output Regulation: Theory and Applications[M]. Philadelphia: Society for Industrial and Applied Mathematics, 2004.

[7] Hu J P, Hong Y G. Leader-following coordination of multi-agent systems with coupling time delays[J]. Physica A: Statistical Mechanics and its Applications, 2007, 374(2): 853-863.

[8] Tuna S E. LQR-based coupling gain for synchronization of linear systems[EB/OL]. https://arxiv.org/abs/0801.3390[2025-02-07].

[9] Su Y F, Huang J. Cooperative output regulation with application to multi-agent consensus under switching network[J]. IEEE Transactions on Systems, Man, and Cybernetics, Part B (Cybernetics), 2012, 42(3): 864-875.

[10] Zhou B, Duan G R, Lin Z L. A parametric Lyapunov equation approach to the design of low gain feedback[J]. IEEE Transactions on Automatic Control, 2008, 53(6): 1548-1554.

[11] Cai H, Hu G Q, Lewis F L, et al. A distributed feedforward approach to cooperative control of ac microgrids[J]. IEEE Transactions on Power Systems, 2015, 31(5): 4057-4067.

[12] Dong Y, Huang J. Leader-following connectivity preservation rendezvous of multiple double integrator systems based on position measurement only[J]. IEEE Transactions on Automatic Control, 2014, 59(9): 2598-2603.

[13] Zhu L J, Chen Z Y, Middleton R H. A general framework for robust output synchronization of heterogeneous nonlinear networked systems[J]. IEEE Transactions on Automatic Control, 2015, 61(8): 2092-2107.

[14] Grip H F, Saberi A, Stoorvogel A A. Synchronization in networks of minimum-phase, non-introspective agents without exchange of controller states: Homogeneous, heterogeneous, and nonlinear[J]. Automatica, 2015, 54: 246-255.

[15] An L W, Yang G H. Distributed optimal coordination for heterogeneous linear multiagent systems[J]. IEEE Transactions on Automatic Control, 2021, 67(12): 6850-6857.

第 6 章　离散时间多智能体系统协同输出调控

6.1 引　　言

本章通过分布式前馈方法研究离散时间线性异构多智能体系统的协同输出调控问题，提出一种新的基于传感测量反馈的离散时间分布式观测器，此观测器只需要传感网络中相邻智能体的相对测量输出信息，无须专门构建通信网络。因此，本章提出的分布式观测器设计方法可以减少实际应用中的通信负担并更有利于控制器的实际部署。与现有方法形成鲜明对比的是，本章提出的离散时间分布式观测器取决于多智能体系统的相对测量输出，观测器增益设计与多智能体系统的控制增益设计相耦合，因此无法使用分离原理。与已有的分开设计这些增益的方法不同，本章同时进行离散时间分布式观测器设计和协同输出调控分析。为此，利用小增益定理分别提出基于小增益条件的方法和基于低增益的方法。通过这两种方法，本章证明所提出的离散时间分布式观测器的有效性，并且证明其可以解决离散时间线性异构多智能体系统的协同输出调控问题。

符号说明　将复矩阵 $\boldsymbol{M}$ 的共轭转置记为 $\boldsymbol{M}^{\mathrm{H}}$，将实矩阵 $\boldsymbol{N}$ 的转置记为 $\boldsymbol{N}^{\mathrm{T}}$。对于复数 z，$\mathrm{Re}(z)$ 表示 z 的实部。对于任何列向量 $\boldsymbol{x}_i$，$i=1,2,\cdots,m$，记 $\mathrm{col}(\boldsymbol{x}_1,\boldsymbol{x}_2,\cdots,\boldsymbol{x}_m)=[\boldsymbol{x}_1^{\mathrm{T}},\boldsymbol{x}_2^{\mathrm{T}},\cdots,\boldsymbol{x}_m^{\mathrm{T}}]^{\mathrm{T}}$。$\otimes$ 表示矩阵的克罗内克积。对于对称实矩阵 $\boldsymbol{P}$，$\lambda_m(\boldsymbol{P})$ 和 $\lambda_M(\boldsymbol{P})$ 分别表示 $\boldsymbol{P}$ 的最小特征值和最大特征值。Id 表示单位函数。$\gamma_1\circ\gamma_2$ 表示两个函数 γ_1 和 γ_2 的复合。对于 Hurwitz 矩阵 $\boldsymbol{M}$，$\lambda_1(-\boldsymbol{M})$ 表示 $-\boldsymbol{M}$ 具有最小正实部的特征值。$\boldsymbol{L}_\infty^n$ 表示所有有界函数 $\boldsymbol{z}:\mathbb{Z}^+\to\mathbb{R}^n$ 的集合，其中 $\sup\limits_{\tau\geqslant 0}||\boldsymbol{z}(\tau)||$ 为最大范数。$\sigma(\boldsymbol{M})$ 和 $\rho(\boldsymbol{M})$ 分别表示矩阵 $\boldsymbol{M}$ 的谱和谱半径。

6.2 离散时间多智能体系统协同输出调控问题

考虑以下离散时间多智能体系统：

$$\begin{cases} \boldsymbol{x}_i(k+1) = \boldsymbol{A}_i\boldsymbol{x}_i(k) + \boldsymbol{B}_i\boldsymbol{u}_i(k) + \boldsymbol{E}_i\boldsymbol{v}(k) \\ \boldsymbol{y}_i(k) = \boldsymbol{C}_i\boldsymbol{x}_i(k) \end{cases}, \quad i = 1, 2, \cdots, N \tag{6.1}$$

其中，$\boldsymbol{x}_i \in \mathbb{R}^{n_i}$、$\boldsymbol{u}_i \in \mathbb{R}^{m_i}$ 和 $\boldsymbol{y}_i \in \mathbb{R}^p$ 分别是第 i 个子系统的状态、控制输入和测量输出；信号 $\boldsymbol{v}(k) \in \mathbb{R}^q$ 是待跟踪的参考输入信号和/或待抑制的扰动，并由以下外部系统产生：

$$\begin{cases} \boldsymbol{v}(k+1) = \boldsymbol{S}\boldsymbol{v}(k) \\ \boldsymbol{y}_0(k) = \boldsymbol{F}\boldsymbol{v}(k) \end{cases} \tag{6.2}$$

其中，$\boldsymbol{y}_0(k) \in \mathbb{R}^p$ 是被跟踪的参考信号；矩阵对 $(\boldsymbol{A}_i, \boldsymbol{B}_i)$ 是可镇定的；矩阵对 $(\boldsymbol{F}, \boldsymbol{S})$ 是可检测的。

系统 (6.1) 的调控输出定义如下：

$$\boldsymbol{e}_i(k) = \boldsymbol{y}_i(k) - \boldsymbol{y}_0(k), \quad i = 1, 2, \cdots, N \tag{6.3}$$

6.2.1 基础知识

系统 (6.1) 和系统 (6.2) 构成一个多智能体系统，其中系统 (6.2) 是领导者系统，而系统 (6.1) 的第 i 个子系统是第 i 个跟随者系统。定义一个非负矩阵 $\boldsymbol{\mathcal{A}} = [a_{ij}] \in \mathbb{R}^{(N+1)\times(N+1)}$，$i, j = 0, 1, \cdots, N$，其中 $a_{ii} = 0$；当且仅当智能体 i 可以测量到相对输出 $\boldsymbol{y}_j - \boldsymbol{y}_i$ 时，$a_{ij} > 0$，$i = 1, 2, \cdots, N$, $j = 0, 1, \cdots, N$。定义 $\mathcal{G} = (\mathcal{V}, \mathcal{E})$ 为矩阵 $\boldsymbol{\mathcal{A}}$ 的有向图。定义节点集合 $\mathcal{V} = \{0, 1, \cdots, N\}$，其中节点 0 代表外部系统 (6.2)，其他节点分别代表系统 (6.1) 中的 N 个子系统。定义节点集合 $(i, j) \in \mathcal{E}$ 当且仅当 $a_{ji} > 0$，并用 $\mathcal{N}_i$ 代表节点 i 相对于节点集合 $\mathcal{V}$ 的邻居节点集合。

6.2.2 问题描述

问题 6.1 考虑由系统 (6.1) 和系统 (6.2) 组成的多智能体系统以及有向图 $\mathcal{G}$，设计一个分布式控制器形式如下：

$$\begin{cases} \boldsymbol{u}_i(k) = \boldsymbol{k}_i(\boldsymbol{x}_i(k), \boldsymbol{\eta}_i(k)) \\ \boldsymbol{\eta}_i(k+1) = \boldsymbol{g}_i(\boldsymbol{\eta}_i(k), \boldsymbol{y}_j(k) - \boldsymbol{y}_i(k), j \in \mathcal{N}_i) \end{cases}, \quad i = 1, 2, \cdots, N \tag{6.4}$$

其中，$\mathcal{N}_i$ 是有向图 $\mathcal{G}$ 中节点 i 的邻居节点集合。对于任意初始条件 $\boldsymbol{x}_i(0)$、$\boldsymbol{\eta}_i(0)(i = 1, 2, \cdots, N)$，以及 $\boldsymbol{v}(0)$，闭环系统满足以下两个性质。

(1) 当 $\boldsymbol{v}=\mathbf{0}$ 时，闭环系统在原点处是渐近稳定的。

(2) 调控输出满足 $\lim\limits_{k\to\infty}\boldsymbol{e}_i(k)=\mathbf{0}$，$i=1,2,\cdots,N$。

注 6.1 在现有考虑类似问题的相关工作[1-4] 中，控制定律中往往使用相对观测状态信息 $\boldsymbol{\eta}_j(k)-\boldsymbol{\eta}_i(k)$，然而在一些实际情况中可能难以建立通信网络。在实际工程中，机器人通常配备有相机可以获得系统的相对输出信息，由此可以建立传感网络。因此，利用相对传感测量输出解决协同调控问题的实际需求是本章要解决问题 6.1 的主要动机。

为了解决这个问题，给出以下两个标准假设。

假设 6.1 有向图 $\mathcal{G}$ 包含以节点 0 为根的有向生成树。

假设 6.2 对于 $i=1,2,\cdots,N$，调节器方程

$$\begin{cases}\boldsymbol{X}_i\boldsymbol{S}=\boldsymbol{A}_i\boldsymbol{X}_i+\boldsymbol{B}_i\boldsymbol{U}_i+\boldsymbol{E}_i\\ \mathbf{0}=\boldsymbol{C}_i\boldsymbol{X}_i-\boldsymbol{F}\end{cases} \tag{6.5}$$

有解 $(\boldsymbol{X}_i,\boldsymbol{U}_i)$。

注 6.2 假设 6.2 是解决输出调控问题的必要条件[5-7]。

6.3 离散时间分布式协同调节器

6.3.1 基于相对输出的离散时间分布式观测器

本节采用分布式观测器方法来解决问题 6.1。这种方法的关键是设计系统 (6.2) 的分布式观测器，更准确地说是设计一类离散时间分布式参考信号生成器，其形式如下：

$$\boldsymbol{\eta}_i(k+1)=\boldsymbol{S}\boldsymbol{\eta}_i(k)+d_i\hat{\boldsymbol{K}}\sum_{j\in\mathcal{N}_i}a_{ij}(\boldsymbol{y}_j(k)-\boldsymbol{y}_i(k)) \tag{6.6}$$

其中，$\boldsymbol{\eta}_i\in\mathbb{R}^q$ 是参考信号生成器状态；常数 $d_i=dc_i$，d 和 c_i 是正的常数；$\hat{\boldsymbol{K}}\in\mathbb{R}^{q\times p}$ 是一个待设计的常数矩阵。

注 6.3 文献 [1] ~ [4] 设计了几类离散时间分布观测器来解决协同输出调控问题。这些现有观测器的一般形式如下：

$$\boldsymbol{\eta}_i(k+1)=\boldsymbol{f}_i(\boldsymbol{\eta}_i(k),\boldsymbol{\eta}_j(k)-\boldsymbol{\eta}_i(k),j\in\mathcal{N}_i) \tag{6.7}$$

通过式 (6.7) 可以看出，这些分布式观测器需要关于内部状态 $\boldsymbol{\eta}_j(k)-\boldsymbol{\eta}_i(k)$ 的通信。然而，在一些实际应用中，建立通信网络可能是不可取的或难以实现的，只能通过传感网络来测量相对输出 $\boldsymbol{y}_j(k)-\boldsymbol{y}_i(k)$。因此，本节提出了分布式参考信号生成器 (6.6) 来恢复外部系统 (6.2) 的状态。与现有工作形成鲜明对比的是，系统 (6.1) 和分布式观测器 (6.6) 的动态相互耦合使得分离原理失效。因此，本章考虑的观测器增益的设计和闭环系统的稳定性分析更具挑战性。

6.3.2 离散时间分布式动态反馈控制器

接下来，根据小增益定理[8]，参考信号生成器 (6.6) 的增益矩阵将分别通过小增益条件和低增益方法设计。后续将证明参考信号生成器 (6.6) 可以视为外部系统 (6.2) 的一个观测器。由于参考信号生成器 (6.6) 的动态依赖传感网络获得的相对输出，参考信号生成器 (6.6) 也称为基于传感测量反馈的离散时间分布式观测器。

基于所提出的离散时间分布式观测器，形如式 (6.4) 的分布式控制器构造如下：

$$\begin{cases}\boldsymbol{u}_i(k)=\boldsymbol{K}_{i1}x_i(k)+\boldsymbol{K}_{i2}\boldsymbol{\eta}_i(k)\\ \boldsymbol{\eta}_i(k+1)=\boldsymbol{S}\boldsymbol{\eta}_i(k)+d_i\hat{\boldsymbol{K}}\sum\limits_{j\in\mathcal{N}_i}a_{ij}[\boldsymbol{y}_j(k)-\boldsymbol{y}_i(k)]\end{cases},\quad i=1,2,\cdots,N \tag{6.8}$$

其中，$\boldsymbol{K}_{i1}\in\mathbb{R}^{m_i\times n_i}$ 和 $\boldsymbol{K}_{i2}\in\mathbb{R}^{m_i\times q}$ 是待设计的某些常数矩阵。

6.4 离散时间分布式协同调控：小增益条件

本节将证明离散时间分布式观测器 (6.6) 的增益矩阵可以通过小增益条件来设计。为了便于分析，进行以下假设。

假设 6.3 矩阵 $\boldsymbol{S}$ 不是舒尔（Schur）矩阵。

注 6.4 假设 6.3 不失一般性，用来排除系统 (6.2) 生成的所有信号渐近地收敛于零。

为了设计控制增益，定义修改后的含参代数 Riccati 方程如下：

$$\boldsymbol{S}\boldsymbol{P}_0\boldsymbol{S}^{\mathrm{T}}-\boldsymbol{P}_0-(1-\delta^2)\boldsymbol{S}\boldsymbol{P}_0\boldsymbol{F}^{\mathrm{T}}(\boldsymbol{F}\boldsymbol{P}_0\boldsymbol{F}^{\mathrm{T}})^{-1}\boldsymbol{F}\boldsymbol{P}_0\boldsymbol{S}^{\mathrm{T}}+\boldsymbol{Q}_0=\boldsymbol{0} \tag{6.9}$$

其中，矩阵 $\boldsymbol{Q}_0>\boldsymbol{0}$；$\delta\in[0,1)$。给定矩阵 $\boldsymbol{Q}_0>\boldsymbol{0}$，有

$$J_{\boldsymbol{Q}_0}=\{\delta\in[0,1)|\ \exists\boldsymbol{P}_0\ \text{满足式 (6.9)}\}\ \text{且}\ \delta_{\boldsymbol{Q}_0}=\sup J_{\boldsymbol{Q}_0} \tag{6.10}$$

由于 $(\boldsymbol{F},\boldsymbol{S})$ 是可检测的，根据文献 [9] 中的定理 2，对于任何 $\boldsymbol{Q}_0>\boldsymbol{0}$ 和 $\delta\in[0,\delta_{\boldsymbol{Q}_0})$，方程 (6.9) 存在唯一解 $\boldsymbol{P}_0=\boldsymbol{P}_0^{\mathrm{T}}>\boldsymbol{0}$。

定义矩阵 $\boldsymbol{H}=\boldsymbol{\mathcal{L}}+\boldsymbol{\Delta}$，其中 $\boldsymbol{\Delta}=\mathrm{diag}(a_{10},a_{20},\cdots,a_{N0})$。令

$$\begin{cases}\boldsymbol{H}_c=\mathrm{diag}(c_1,c_2,\cdots,c_N)\boldsymbol{H}\\ \hat{r}=1\Bigg/\sqrt{\rho\left(\boldsymbol{Q}_0^{-\frac{1}{2}}\boldsymbol{S}\boldsymbol{P}_0\boldsymbol{F}^{\mathrm{T}}(\boldsymbol{F}\boldsymbol{P}_0\boldsymbol{F}^{\mathrm{T}})^{-1}\boldsymbol{F}\boldsymbol{P}_0\boldsymbol{S}^{\mathrm{T}}\boldsymbol{Q}_0^{-\frac{1}{2}}\right)}\\ R=\sqrt{\hat{r}^2+\delta^2},\ \boldsymbol{\Lambda}_{\mu c}=\boldsymbol{I}_N-\mu\boldsymbol{H}_c,\ \boldsymbol{\mathcal{F}}_\mu=\{\mu\in\mathbb{R}|\ \rho(\boldsymbol{\Lambda}_{\mu c})<R\}\end{cases}\tag{6.11}$$

其中，c_i 的定义见式 (6.6) 。

为了便于分析，进一步定义一些矩阵。令

$$\begin{aligned}&\boldsymbol{H}_d=d\boldsymbol{H}_c\\&\bar{\boldsymbol{A}}=\text{block diag}(\bar{\boldsymbol{A}}_1,\bar{\boldsymbol{A}}_2,\cdots,\bar{\boldsymbol{A}}_N)\\&\bar{\boldsymbol{B}}=\text{block diag}(\bar{\boldsymbol{B}}_1,\bar{\boldsymbol{B}}_2,\cdots,\bar{\boldsymbol{B}}_N)\\&\check{\boldsymbol{B}}=\left[-\boldsymbol{E}\boldsymbol{X}(\boldsymbol{H}_d\otimes\hat{\boldsymbol{K}})\boldsymbol{C}\right]\\&\tilde{\boldsymbol{A}}=\begin{bmatrix}\boldsymbol{I}_N\otimes\boldsymbol{S}-\boldsymbol{H}_d\otimes\hat{\boldsymbol{K}}\boldsymbol{F}&\boldsymbol{0}\\\check{\boldsymbol{B}}&\bar{\boldsymbol{A}}\end{bmatrix}\\&\tilde{\boldsymbol{B}}=\begin{bmatrix}-(\boldsymbol{H}_d\otimes\hat{\boldsymbol{K}})\boldsymbol{C}\\\boldsymbol{0}_{\bar{n}\times\bar{n}}\end{bmatrix}\end{aligned}\tag{6.12}$$

其中

$$\begin{aligned}&\bar{\boldsymbol{A}}_i=\boldsymbol{A}_i+\boldsymbol{B}_i\boldsymbol{K}_{i1}\\&\bar{\boldsymbol{B}}_i=\boldsymbol{B}_i\boldsymbol{K}_{i2}\\&\boldsymbol{C}=\text{block diag}(\boldsymbol{C}_1,\boldsymbol{C}_2,\cdots,\boldsymbol{C}_N)\\&\boldsymbol{E}=\text{block diag}(\boldsymbol{E}_1,\boldsymbol{E}_2,\cdots,\boldsymbol{E}_N)\\&\boldsymbol{X}=\text{block diag}(\boldsymbol{X}_1,\boldsymbol{X}_2,\cdots,\boldsymbol{X}_N)\\&\bar{n}=\sum_{i=1}^{N}n_i\end{aligned}\tag{6.13}$$

根据文献 [10] 的第 5 章，存在常数 $\bar{c}_1 > 0$ 和 $\bar{c}_2 > 0$，使得

$$\begin{aligned} ||\tilde{\boldsymbol{A}}^k|| &\leqslant \bar{c}_1\sigma_1^k \\ ||\bar{\boldsymbol{A}}^k|| &\leqslant \bar{c}_2\sigma_2^k \end{aligned} \tag{6.14}$$

其中，$\sigma_1 = \rho(\tilde{\boldsymbol{A}})$；$\sigma_2 = \rho(\bar{\boldsymbol{A}})$。

考虑系统 (6.1) 和离散时间分布式观测器 (6.6) 组成的系统，定义增益如下：

$$\gamma_0 = \frac{\bar{c}_1\bar{c}_2||\tilde{\boldsymbol{B}}||\,||\check{\boldsymbol{B}}||}{(1-\sigma_1)(1-\sigma_2)} \tag{6.15}$$

接下来，给出下列定理，证明基于小增益定理可以设计控制增益参数来解决离散时间协同输出调控问题。

定理 6.1

在假设 6.1 ~ 假设 6.3下，如果存在 $c_i > 0$ 使得 $\gamma_c = \min\limits_{\mu\in\mathbb{R}} \rho(\boldsymbol{\Lambda}_{\mu c}) < \delta_{\boldsymbol{Q}_0}$，令矩阵 $\boldsymbol{K}_{i1}$ 满足 $\boldsymbol{A}_i + \boldsymbol{B}_i\boldsymbol{K}_{i1}$ 是 Schur 矩阵的条件，矩阵 $\boldsymbol{K}_{i2} = \boldsymbol{U}_i - \boldsymbol{K}_{i1}\boldsymbol{X}_i$，$i = 1, 2, \cdots, N$，$d = \mu$，$\mu \in \boldsymbol{\mathcal{F}}_\mu$，并令矩阵 $\hat{\boldsymbol{K}} = \boldsymbol{S}\boldsymbol{P}_0\boldsymbol{F}^{\mathrm{T}}(\boldsymbol{F}\boldsymbol{P}_0\boldsymbol{F}^{\mathrm{T}})^{-1}$，其中 $\boldsymbol{P}_0$ 是方程 (6.9) 在 $[\gamma_c, \delta_{\boldsymbol{Q}_0})$ 范围内的解，那么只要增益 $\gamma_0 < 1$，分布式控制器 (6.8) 就可以解决离散时间多智能体系统 (6.1) 和 (6.2) 的协同输出调控问题。

证明 由系统 (6.1) 和控制器 (6.8) 组成的闭环系统可以写成如下形式：

$$\begin{cases} \boldsymbol{x}_i(k+1) = (\boldsymbol{A}_i + \boldsymbol{B}_i\boldsymbol{K}_{i1})\boldsymbol{x}_i(k) + \boldsymbol{B}_i\boldsymbol{K}_{i2}\boldsymbol{\eta}_i(k) + \boldsymbol{E}_i\boldsymbol{v}(k) \\ \boldsymbol{\eta}_i(k+1) = \boldsymbol{S}\boldsymbol{\eta}_i(k) + d_i\hat{\boldsymbol{K}}\sum\limits_{j\in\mathcal{N}_i} a_{ij}(\boldsymbol{y}_j(k) - \boldsymbol{y}_i(k)) \\ \boldsymbol{e}_i(k) = \boldsymbol{C}_i\boldsymbol{x}_i(k) - \boldsymbol{F}\boldsymbol{v}(k) \end{cases}, \quad i = 1, 2, \cdots, N \tag{6.16}$$

定义坐标变换如下：

$$\begin{cases} \bar{\boldsymbol{x}}_i(k) = \boldsymbol{x}_i(k) - \boldsymbol{X}_i\boldsymbol{v}(k) \\ \tilde{\boldsymbol{\eta}}_i(k) = \boldsymbol{\eta}_i(k) - \boldsymbol{v}(k) \\ \hat{\boldsymbol{x}}_i(k) = \boldsymbol{x}_i(k) - \boldsymbol{X}_i\boldsymbol{\eta}_i(k) \end{cases}, \quad i = 1, 2, \cdots, N \tag{6.17}$$

那么在假设 6.2 下，可得

$$\begin{aligned}\bar{\boldsymbol{x}}_i(k+1) &= \boldsymbol{A}_i\boldsymbol{x}_i(k)+\boldsymbol{B}_i\boldsymbol{u}_i(k)+\boldsymbol{E}_i\boldsymbol{v}(k)-\boldsymbol{X}_i\boldsymbol{S}\boldsymbol{v}(k)\\ &=(\boldsymbol{A}_i+\boldsymbol{B}_i\boldsymbol{K}_{i1})\bar{\boldsymbol{x}}_i(k)+\boldsymbol{B}_i\boldsymbol{K}_{i2}\tilde{\boldsymbol{\eta}}_i(k)\\ &\quad+(\boldsymbol{A}_i\boldsymbol{X}_i+\boldsymbol{B}_i\boldsymbol{K}_{i1}\boldsymbol{X}_i+\boldsymbol{B}_i\boldsymbol{K}_{i2}+\boldsymbol{E}_i-\boldsymbol{X}_i\boldsymbol{S})\boldsymbol{v}(k)\\ &=(\boldsymbol{A}_i+\boldsymbol{B}_i\boldsymbol{K}_{i1})\bar{\boldsymbol{x}}_i(k)+\boldsymbol{B}_i\boldsymbol{K}_{i2}\tilde{\boldsymbol{\eta}}_i(k)\end{aligned}\tag{6.18}$$

定义 $\bar{\boldsymbol{x}}_0=\mathbf{0}$、$\tilde{\boldsymbol{\eta}}_0=\mathbf{0}$、$\hat{\boldsymbol{x}}_0=\mathbf{0}$，并且注意到

$$\boldsymbol{e}_i(k)=\boldsymbol{C}_i\hat{\boldsymbol{x}}_i(k)+\boldsymbol{F}\tilde{\boldsymbol{\eta}}_i(k)=\boldsymbol{C}_i\bar{\boldsymbol{x}}_i(k),\quad i=1,2,\cdots,N\tag{6.19}$$

可得

$$\begin{aligned}\tilde{\boldsymbol{\eta}}_i(k+1)&=\boldsymbol{\eta}_i(k+1)-\boldsymbol{v}(k+1)\\ &=\boldsymbol{S}\tilde{\boldsymbol{\eta}}_i(k)+d_i\hat{\boldsymbol{K}}\sum_{j\in\mathcal{N}_i}a_{ij}(\boldsymbol{e}_j(k)-\boldsymbol{e}_i(k))\\ &=\boldsymbol{S}\tilde{\boldsymbol{\eta}}_i(k)+d_i\hat{\boldsymbol{K}}\boldsymbol{F}\sum_{j\in\mathcal{N}_i}a_{ij}(\tilde{\boldsymbol{\eta}}_j(k)-\tilde{\boldsymbol{\eta}}_i(k))\\ &\quad+d_i\hat{\boldsymbol{K}}\sum_{j\in\mathcal{N}_i}a_{ij}(\boldsymbol{C}_j\hat{\boldsymbol{x}}_j(k)-\boldsymbol{C}_i\hat{\boldsymbol{x}}_i(k))\end{aligned}\tag{6.20}$$

以及

$$\begin{aligned}\hat{\boldsymbol{x}}_i(k+1)&=\boldsymbol{x}_i(k+1)-\boldsymbol{X}_i\boldsymbol{\eta}_i(k+1)\\ &=(\boldsymbol{A}_i+\boldsymbol{B}_i\boldsymbol{K}_{i1})\hat{\boldsymbol{x}}_i(k)-\boldsymbol{E}_i\tilde{\boldsymbol{\eta}}_i(k)\\ &\quad-d_iX_i\hat{\boldsymbol{K}}\sum_{j\in\mathcal{N}_i}a_{ij}(\boldsymbol{C}_j\bar{\boldsymbol{x}}_j(k)-\boldsymbol{C}_i\bar{\boldsymbol{x}}_i(k))\end{aligned}\tag{6.21}$$

综上所述，闭环系统可以转换为以下形式：

$$\begin{cases}\tilde{\boldsymbol{\eta}}_i(k+1) = \boldsymbol{S}\tilde{\boldsymbol{\eta}}_i(k) + d_i\hat{\boldsymbol{K}}\boldsymbol{F}\sum\limits_{j\in\mathcal{N}_i} a_{ij}(\tilde{\boldsymbol{\eta}}_j(k) - \tilde{\boldsymbol{\eta}}_i(k)) \\ \qquad\qquad +d_i\hat{\boldsymbol{K}}\sum\limits_{j\in\mathcal{N}_i} a_{ij}(\boldsymbol{C}_j\hat{\boldsymbol{x}}_j(k) - \boldsymbol{C}_i\hat{\boldsymbol{x}}_i(k)) \\ \bar{\boldsymbol{x}}_i(k+1) = (\boldsymbol{A}_i + \boldsymbol{B}_i\boldsymbol{K}_{i1})\bar{\boldsymbol{x}}_i(k) + \boldsymbol{B}_i\boldsymbol{K}_{i2}\tilde{\boldsymbol{\eta}}_i(k) \\ \hat{\boldsymbol{x}}_i(k+1) = (\boldsymbol{A}_i + \boldsymbol{B}_i\boldsymbol{K}_{i1})\hat{\boldsymbol{x}}_i(k) - \boldsymbol{E}_i\tilde{\boldsymbol{\eta}}_i(k) \\ \qquad\qquad -d_i\boldsymbol{X}_i\hat{\boldsymbol{K}}\sum\limits_{j\in\mathcal{N}_i} a_{ij}(\boldsymbol{C}_j\bar{\boldsymbol{x}}_j(k) - \boldsymbol{C}_i\bar{\boldsymbol{x}}_i(k))\end{cases}, \quad i = 1,2,\cdots,N \tag{6.22}$$

定义向量 $\tilde{\boldsymbol{\eta}}(k) = \mathrm{col}(\tilde{\boldsymbol{\eta}}_1(k), \tilde{\boldsymbol{\eta}}_2(k), \cdots, \tilde{\boldsymbol{\eta}}_N(k))$、$\bar{\boldsymbol{x}}(k) = \mathrm{col}(\bar{\boldsymbol{x}}_1(k), \bar{\boldsymbol{x}}_2(k), \cdots, \bar{\boldsymbol{x}}_N(k))$ 和 $\hat{\boldsymbol{x}}(k) = \mathrm{col}(\hat{\boldsymbol{x}}_1(k), \hat{\boldsymbol{x}}_2(k), \cdots, \hat{\boldsymbol{x}}_N(k))$。可得系统 (6.22) 的紧凑形式如下：

$$\begin{cases}\tilde{\boldsymbol{\eta}}(k+1) = (\boldsymbol{I}_N \otimes \boldsymbol{S} - \boldsymbol{H}_d \otimes \hat{\boldsymbol{K}}\boldsymbol{F})\tilde{\boldsymbol{\eta}}(k) - (\boldsymbol{H}_d \otimes \hat{\boldsymbol{K}})\boldsymbol{C}\hat{\boldsymbol{x}}(k) \\ \bar{\boldsymbol{x}}(k+1) = \bar{\boldsymbol{A}}\bar{\boldsymbol{x}}(k) + \bar{\boldsymbol{B}}\tilde{\boldsymbol{\eta}}(k) \\ \hat{\boldsymbol{x}}(k+1) = \bar{\boldsymbol{A}}\hat{\boldsymbol{x}}(k) + \boldsymbol{X}(\boldsymbol{H}_d \otimes \hat{\boldsymbol{K}})\boldsymbol{C}\bar{\boldsymbol{x}}(k) - \boldsymbol{E}\tilde{\boldsymbol{\eta}}(k)\end{cases} \tag{6.23}$$

记向量 $\tilde{\boldsymbol{x}}(k) = \mathrm{col}(\tilde{\boldsymbol{\eta}}(k), \bar{\boldsymbol{x}}(k))$。系统 (6.23) 可以进一步写成以下形式：

$$\begin{cases}\tilde{\boldsymbol{x}}(k+1) = \tilde{\boldsymbol{A}}\tilde{\boldsymbol{x}}(k) + \tilde{\boldsymbol{B}}\hat{\boldsymbol{x}}(k) \\ \hat{\boldsymbol{x}}(k+1) = \bar{\boldsymbol{A}}\hat{\boldsymbol{x}}(k) + \check{\boldsymbol{B}}\tilde{\boldsymbol{x}}(k)\end{cases} \tag{6.24}$$

根据假设 6.1 和文献 [11] 中的定理 1，对于所有的 $\lambda \in \sigma(\boldsymbol{H}_c)$，有

$$\begin{aligned}&(\boldsymbol{S}^{\mathrm{T}} - d\lambda\boldsymbol{F}^{\mathrm{T}}\hat{\boldsymbol{K}}^{\mathrm{T}})^{\mathrm{H}}\boldsymbol{P}_0(\boldsymbol{S}^{\mathrm{T}} - d\lambda\boldsymbol{F}^{\mathrm{T}}\hat{\boldsymbol{K}}^{\mathrm{T}}) - \boldsymbol{P}_0 \\ &= \boldsymbol{S}\boldsymbol{P}_0\boldsymbol{S}^{\mathrm{T}} - \boldsymbol{P}_0 + (|1 - d\lambda|^2 - 1)\boldsymbol{S}\boldsymbol{P}_0\boldsymbol{F}^{\mathrm{T}}(\boldsymbol{F}\boldsymbol{P}_0\boldsymbol{F}^{\mathrm{T}})^{-1}\boldsymbol{F}\boldsymbol{P}_0\boldsymbol{S}^{\mathrm{T}} \\ &= -\boldsymbol{Q}_0 + (|1 - d\lambda|^2 - \delta^2)\boldsymbol{S}\boldsymbol{P}_0\boldsymbol{F}^{\mathrm{T}}(\boldsymbol{F}\boldsymbol{P}_0\boldsymbol{F}^{\mathrm{T}})^{-1}\boldsymbol{F}\boldsymbol{P}_0\boldsymbol{S}^{\mathrm{T}} \\ &\leqslant -\boldsymbol{Q}_0 + (\hat{r}^2 - \epsilon^2)\boldsymbol{S}\boldsymbol{P}_0\boldsymbol{F}^{\mathrm{T}}(\boldsymbol{F}\boldsymbol{P}_0\boldsymbol{F}^{\mathrm{T}})^{-1}\boldsymbol{F}\boldsymbol{P}_0\boldsymbol{S}^{\mathrm{T}} \\ &\leqslant -\boldsymbol{Q}_0 + \frac{\hat{r}^2 - \epsilon^2}{\hat{r}^2}\boldsymbol{Q}_0 \\ &= -\frac{\epsilon^2}{\hat{r}^2}\boldsymbol{Q}_0\end{aligned} \tag{6.25}$$

其中，ϵ 是非常小的正数。这意味着矩阵 $\boldsymbol{S}^{\mathrm{T}} - d\lambda \boldsymbol{F}^{\mathrm{T}} \hat{\boldsymbol{K}}^{\mathrm{T}}$ 为 Schur 矩阵，其中 $\lambda \in \sigma(\boldsymbol{H}_c)$。因此，矩阵 $\boldsymbol{I}_N \otimes \boldsymbol{S} - \boldsymbol{H}_d \otimes \hat{\boldsymbol{K}} \boldsymbol{F}$ 也是 Schur 矩阵，由此可得 $\tilde{\boldsymbol{A}}$ 是 Schur 矩阵。因此，不等式 (6.14) 成立，其中 $0 \leqslant \sigma_1 < 1$。对于所有 $\hat{\boldsymbol{x}} \in \boldsymbol{L}_{\infty}^{\bar{n}}$ 和 $\tilde{\boldsymbol{x}}(0) = \boldsymbol{\zeta}_1 \in \mathbb{R}^{\bar{n}+Nq}$，系统 (6.24) 中 $\tilde{\boldsymbol{x}}$ 子系统的解满足对于所有 $k \in \mathbb{Z}^+$，有式 (6.26) 成立：

$$||\tilde{\boldsymbol{x}}(k, \boldsymbol{\zeta}_1, \hat{\boldsymbol{x}})|| \leqslant \beta_1(||\boldsymbol{\zeta}_1||, k) + \gamma_1 \left(\sup_{0 \leqslant \tau \leqslant k} ||\hat{\boldsymbol{x}}(\tau)|| \right) \tag{6.26}$$

其中，$\beta_1(s,k) = \bar{c}_1 \sigma_1^k s$，$s$ 为任意变量；$\gamma_1(s) = \dfrac{\bar{c}_1 ||\tilde{\boldsymbol{B}}|| s}{1 - \sigma_1}$。

同样，由于矩阵 $\bar{\boldsymbol{A}}$ 是 Schur 的，不等式 (6.14) 成立，其中 $0 \leqslant \sigma_2 < 1$。对于所有 $\tilde{x} \in \boldsymbol{L}_{\infty}^{\bar{n}+Nq}$ 和 $\hat{\boldsymbol{x}}(0) = \boldsymbol{\zeta}_2 \in \mathbb{R}^{\bar{n}}$，系统 (6.24) 中的 $\hat{\boldsymbol{x}}$ 子系统的解满足对于所有 $k \in \mathbb{Z}^+$，有式 (6.27) 成立：

$$||\hat{\boldsymbol{x}}(k, \boldsymbol{\zeta}_2, \tilde{\boldsymbol{x}})|| \leqslant \beta_2(||\boldsymbol{\zeta}_2||, k) + \gamma_2 \left(\sup_{0 \leqslant \tau \leqslant k} ||\tilde{\boldsymbol{x}}(\tau)|| \right) \tag{6.27}$$

其中，$\beta_2(s,k) = \bar{c}_2 \sigma_2^k s$；$\gamma_2(s) = \dfrac{\bar{c}_2 ||\check{\boldsymbol{B}}|| s}{1 - \sigma_2}$。

那么，通过 $\gamma_0 < 1$ 可以保证闭环系统渐近稳定性的小增益条件 $\gamma_1(s) \circ \gamma_2(s) < s$ 对于所有 $s > 0$ 成立。

利用小增益定理[8]，可以得出

$$\begin{aligned} &\lim_{k \to \infty} \tilde{\boldsymbol{x}}(k) = \boldsymbol{0} \\ &\lim_{k \to \infty} \hat{\boldsymbol{x}}(k) = \boldsymbol{0} \end{aligned} \tag{6.28}$$

因此，可得

$$\lim_{k \to \infty} \boldsymbol{e}_i(k) = \lim_{k \to \infty} (\boldsymbol{C}_i x_i(k) - \boldsymbol{F} \boldsymbol{v}(k)) = \lim_{k \to \infty} \boldsymbol{C}_i \bar{\boldsymbol{x}}_i(k) = \boldsymbol{0}, \quad i = 1, 2, \cdots, N \tag{6.29}$$

证毕。

注 6.5 定理 6.1 中的参数 c_i 和 μ 可以通过解一个优化问题来获得。文献 [11] 和文献 [12] 已经研究过这一优化问题，然而它并不总是有解的。现有的研究结果提供了一些可解性条件。例如，令 d_i 表示有向图 $\mathcal{G}$ 度矩阵的第 $i+1$

个对角线元素。① 若矩阵 $\boldsymbol{S}$ 在单位圆内没有特征值并且假设 6.1 在无环图下成立，则优化问题有解，其中 $c_i \in \mathcal{B}_i = \{c_i > 0 \,|\, c_i d_i \leqslant 1\}$，$\delta \in [\rho(\boldsymbol{I}_N - \boldsymbol{H}_c), 1)$，$\mu \in \left(\dfrac{1-R}{1-\rho(\boldsymbol{I}_N - \boldsymbol{H}_c)}, 1\right]$。② 若假设 6.1 成立并且矩阵 $\boldsymbol{S}$ 的所有特征值都在单位圆上，则优化问题有解，其中 $c_i = d_i^{-1}$，$\delta \in [0, \delta_{Q_0})$，$\mu \in (1-R, 1]$。

注 6.6 定理 6.1 证明了在小增益条件下，离散时间分布式观测器 (6.6) 的存在性，它可以看成文献 [13] 中连续时间分布式观测器的离散版本。如定理 6.1 所示，因为离散时间系统的稳定区域位于单位圆内，离散时间分布式观测器的增益参数设计要复杂得多，它取决于矩阵 $\boldsymbol{H}_d$ 和矩阵 $\boldsymbol{S}$ 的谱半径，以及小增益条件。

6.5 离散时间分布式协同调控：低增益设计

本节通过设计基于低增益的方法来解决离散时间线性异构多智能体系统的协同输出调控问题。通过 Lyapunov 分析，证明可以通过设计低增益参数来保证离散时间分布式观测器的存在性。同时证明所提出的分布式控制方法可以实现协同输出调控。

在给出离散时间分布式观测器增益参数设计方法之前，首先考虑如下一类离散时间线性系统的稳定性：

$$\boldsymbol{\xi}(k+1) = (\boldsymbol{I}_N \otimes \boldsymbol{A} - \boldsymbol{\mathcal{H}} \otimes \boldsymbol{B}\boldsymbol{\mathcal{K}})\boldsymbol{\xi}(k) \tag{6.30}$$

其中，向量 $\boldsymbol{\xi} = \mathrm{col}(\boldsymbol{\xi}_1, \boldsymbol{\xi}_2, \cdots, \boldsymbol{\xi}_N)$，$\boldsymbol{\xi}_i \in \mathbb{C}^n$；矩阵对 $(\boldsymbol{A}, \boldsymbol{B})$ 是可控的；矩阵 $\boldsymbol{\mathcal{K}}$ 是某个常数矩阵；矩阵 $\boldsymbol{\mathcal{H}}$ 的所有特征值都具有正实部。

引理 6.1

考虑系统 (6.30)，并假设矩阵 $\boldsymbol{A}$ 的所有特征值都在单位圆上。令

$$\boldsymbol{\mathcal{K}} = \nu(\boldsymbol{I} + \boldsymbol{B}^{\mathrm{T}}\boldsymbol{P}(\mu)\boldsymbol{B})^{-1}\boldsymbol{B}^{\mathrm{T}}\boldsymbol{P}(\mu)\boldsymbol{A} \tag{6.31}$$

其中，$\nu \geqslant \max\left\{\dfrac{3}{2\mathrm{Re}\left(\lambda_1(\boldsymbol{\mathcal{H}})\right)}, 1\right\}$；$0 < \mu < 1$；$\boldsymbol{P}(\mu) = \boldsymbol{P}(\mu)^{\mathrm{T}} > 0$ 是含参代数 Riccati 方程

$$(1-\mu)\boldsymbol{P}(\mu) = \boldsymbol{A}^{\mathrm{T}}\boldsymbol{P}(\mu)\boldsymbol{A} - \boldsymbol{A}^{\mathrm{T}}\boldsymbol{P}(\mu)\boldsymbol{B}(\boldsymbol{I} + \boldsymbol{B}^{\mathrm{T}}\boldsymbol{P}(\mu)\boldsymbol{B})^{-1}\boldsymbol{B}^{\mathrm{T}}\boldsymbol{P}(\mu)\boldsymbol{A} \tag{6.32}$$

的唯一解。那么，存在 $\mu_0 \in (0,1)$，以及一个 Lyapunov 函数 $V(\boldsymbol{\xi}(k))$，

使得对于 $\mu \in (0, \mu_0]$，沿着动态系统 (6.30) 的状态轨迹，Lyapunov 函数 $V(\boldsymbol{\xi}(k))$ 关于时间的差分满足

$$\Delta V(\boldsymbol{\xi}(k)) \leqslant -\frac{1}{2}\mu V(\boldsymbol{\xi}(k)) \tag{6.33}$$

证明　由于矩阵对 $(\boldsymbol{A}, \boldsymbol{B})$ 是可镇定的，且矩阵 $\boldsymbol{A}$ 的所有特征值都在单位圆上，对于 $0 < \mu < 1$，方程 (6.32) 存在唯一解 $\boldsymbol{P}(\mu) = \boldsymbol{P}(\mu)^{\mathrm{T}} > 0$，并且满足 $\lim\limits_{\mu \to 0^+} \dfrac{||\boldsymbol{P}(\mu)||}{\mu} < \infty$（详见文献 [14] 和文献 [15]）。

不失一般性，假设矩阵 $\boldsymbol{\mathcal{H}}$ 采用 Jordan 标准型，即

$$\boldsymbol{\mathcal{H}} = \text{block diag}(\boldsymbol{\mathcal{H}}_1, \boldsymbol{\mathcal{H}}_2, \cdots, \boldsymbol{\mathcal{H}}_l) \tag{6.34}$$

矩阵 $\boldsymbol{\mathcal{H}}_i$ 如下所示：

$$\begin{bmatrix} \lambda_i & 1 & & \\ & \lambda_i & \ddots & \\ & & \ddots & 1 \\ & & & \lambda_i \end{bmatrix}_{n_{pi} \times n_{pi}} \tag{6.35}$$

其中，$\sum\limits_{i=1}^{l} n_{pi} = N$；$\lambda_i$ 是矩阵 $\boldsymbol{\mathcal{H}}$ 的特征值。由此可知，矩阵 $\boldsymbol{I}_N \otimes \boldsymbol{A} - \boldsymbol{\mathcal{H}} \otimes \boldsymbol{B}\boldsymbol{\mathcal{K}}$ 是分块上三角形矩阵，其中第 i 个分块矩阵如下：

$$\begin{bmatrix} \boldsymbol{A} - \lambda_i \boldsymbol{B}\boldsymbol{\mathcal{K}} & -\boldsymbol{B}\boldsymbol{\mathcal{K}} & & \\ & \boldsymbol{A} - \lambda_i \boldsymbol{B}\boldsymbol{\mathcal{K}} & \ddots & \\ & & \ddots & -\boldsymbol{B}\boldsymbol{\mathcal{K}} \\ & & & \boldsymbol{A} - \lambda_i \boldsymbol{B}\boldsymbol{\mathcal{K}} \end{bmatrix}_{(n_{pi}n) \times (n_{pi}n)} \tag{6.36}$$

因此，根据式(6.31) 和式(6.36)，动态系统 (6.30) 的子系统形式如下：

$$\boldsymbol{\xi}_i(k+1) = [\boldsymbol{A} - \lambda_i \nu \boldsymbol{B}(\boldsymbol{I} + \boldsymbol{B}^{\mathrm{T}}\boldsymbol{P}(\mu)\boldsymbol{B})^{-1}\boldsymbol{B}^{\mathrm{T}}\boldsymbol{P}(\mu)\boldsymbol{A}]\boldsymbol{\xi}_i(k) \tag{6.37}$$

或

$$\begin{aligned} \boldsymbol{\xi}_i(k+1) = &[\boldsymbol{A} - \lambda_i \nu \boldsymbol{B}(\boldsymbol{I} + \boldsymbol{B}^{\mathrm{T}}\boldsymbol{P}(\mu)\boldsymbol{B})^{-1}\boldsymbol{B}^{\mathrm{T}}\boldsymbol{P}(\mu)\boldsymbol{A}]\boldsymbol{\xi}_i(k) \\ &- \nu \boldsymbol{B}(\boldsymbol{I} + \boldsymbol{B}^{\mathrm{T}}\boldsymbol{P}(\mu)\boldsymbol{B})^{-1}\boldsymbol{B}^{\mathrm{T}}\boldsymbol{P}(\mu)\boldsymbol{A}\boldsymbol{\xi}_{i+1}(k) \end{aligned} \tag{6.38}$$

定义 $\boldsymbol{R}=(\boldsymbol{I}+\boldsymbol{B}^{\mathrm{T}}\boldsymbol{P}(\mu)\boldsymbol{B})^{-1}$ 和 $V_i(\boldsymbol{\xi}_i(k))=\boldsymbol{\xi}_i^{\mathrm{H}}(k)\boldsymbol{P}(\mu)\boldsymbol{\xi}_i(k)$。然后，分别考虑系统 (6.37) 和系统 (6.38) 对应的 Lyapunov 函数 $V_i(\boldsymbol{\xi}_i(k))$ 关于时间的差分。

(1) 根据式 (6.32)，沿着系统 (6.37)的状态轨迹，Lyapunov 函数 $V_i(\boldsymbol{\xi}_i(k))$ 关于时间的差分满足

$$\begin{aligned}
&\Delta V_i(\boldsymbol{\xi}_i(k))\\
&=V_i(\boldsymbol{\xi}_i(k+1))-V_i(\boldsymbol{\xi}_i(k))\\
&=\boldsymbol{\xi}_i^{\mathrm{H}}(k)(\boldsymbol{A}^{\mathrm{T}}\boldsymbol{P}(\mu)\boldsymbol{A}-\lambda_i\boldsymbol{A}^{\mathrm{T}}\boldsymbol{P}(\mu)\boldsymbol{B}\boldsymbol{\mathcal{K}}-\lambda_i^{\mathrm{H}}\boldsymbol{\mathcal{K}}^{\mathrm{T}}\boldsymbol{B}^{\mathrm{T}}\boldsymbol{P}(\mu)\boldsymbol{A}\\
&\quad+\lambda_i^{\mathrm{H}}\lambda_i\boldsymbol{\mathcal{K}}^{\mathrm{T}}\boldsymbol{B}^{\mathrm{T}}\boldsymbol{P}(\mu)\boldsymbol{B}\boldsymbol{\mathcal{K}})\boldsymbol{\xi}_i(k)-\boldsymbol{\xi}_i^{\mathrm{H}}(k)\boldsymbol{P}(\mu)\boldsymbol{\xi}_i(k)\\
&=\boldsymbol{\xi}_i^{\mathrm{H}}(k)[(1-\mu)\boldsymbol{P}(\mu)+\boldsymbol{A}^{\mathrm{T}}\boldsymbol{P}(\mu)\boldsymbol{B}\boldsymbol{R}\boldsymbol{B}^{\mathrm{T}}\boldsymbol{P}(\mu)\boldsymbol{A}-\lambda_i\boldsymbol{A}^{\mathrm{T}}\boldsymbol{P}(\mu)\boldsymbol{B}\boldsymbol{\mathcal{K}}\\
&\quad-\lambda_i^{\mathrm{H}}\boldsymbol{\mathcal{K}}^{\mathrm{T}}\boldsymbol{B}^{\mathrm{T}}\boldsymbol{P}(\mu)\boldsymbol{A}+\lambda_i^{\mathrm{H}}\lambda_i\boldsymbol{\mathcal{K}}^{\mathrm{T}}\boldsymbol{B}^{\mathrm{T}}\boldsymbol{P}(\mu)\boldsymbol{B}\boldsymbol{\mathcal{K}}]\boldsymbol{\xi}_i(k)-\boldsymbol{\xi}_i^{\mathrm{H}}(k)\boldsymbol{P}(\mu)\boldsymbol{\xi}_i(k)\\
&=-\mu\boldsymbol{\xi}_i^{\mathrm{H}}(k)\boldsymbol{P}(\mu)\boldsymbol{\xi}_i(k)+|\lambda_i|^2\boldsymbol{\xi}_i^{\mathrm{H}}(k)\boldsymbol{\mathcal{K}}^{\mathrm{T}}\boldsymbol{B}^{\mathrm{T}}\boldsymbol{P}(\mu)\boldsymbol{B}\boldsymbol{\mathcal{K}}\boldsymbol{\xi}_i(k)\\
&\quad-(2\mathrm{Re}(\lambda_i)\nu-1)\boldsymbol{\xi}_i^{\mathrm{H}}(k)\boldsymbol{A}^{\mathrm{T}}\boldsymbol{P}(\mu)\boldsymbol{B}\boldsymbol{R}\boldsymbol{B}^{\mathrm{T}}\boldsymbol{P}(\mu)\boldsymbol{A}\boldsymbol{\xi}_i(k)
\end{aligned}\tag{6.39}$$

由于 $\lim\limits_{\mu\to 0^+}\dfrac{||\boldsymbol{P}(\mu)||}{\mu}<\infty$，存在 $\mu_{0i}\in(0,1)$，使得

$$\begin{aligned}
\frac{1}{2}\mu_{0i}\boldsymbol{P}(\mu_{0i})\geqslant\left(2+|\lambda_i|^2+\mathrm{Re}^2(\lambda_i)\right)\nu^2\boldsymbol{A}^{\mathrm{T}}\boldsymbol{P}(\mu_{0i})\boldsymbol{B}\boldsymbol{R}\\
\times\boldsymbol{B}^{\mathrm{T}}\boldsymbol{P}(\mu_{0i})\boldsymbol{B}\boldsymbol{R}\boldsymbol{B}^{\mathrm{T}}\boldsymbol{P}(\mu_{0i})\boldsymbol{A}
\end{aligned}\tag{6.40}$$

因此，根据式 (6.39) 和式 (6.40)，当 $\mu\in(0,\mu_{0i}]$ 时，有

$$\begin{aligned}
&\Delta V_i(\boldsymbol{\xi}_i(k))\\
&\leqslant-\frac{1}{2}\mu\boldsymbol{\xi}_i^{\mathrm{H}}(k)\boldsymbol{P}(\mu)\boldsymbol{\xi}_i(k)-2\boldsymbol{\xi}_i^{\mathrm{H}}(k)\boldsymbol{A}^{\mathrm{T}}\boldsymbol{P}(\mu)\boldsymbol{B}\boldsymbol{R}\boldsymbol{B}^{\mathrm{T}}\boldsymbol{P}(\mu)\boldsymbol{A}\boldsymbol{\xi}_i(k)\\
&\quad-(2+\mathrm{Re}^2(\lambda_i))\nu^2\boldsymbol{\xi}_i^{\mathrm{H}}(k)\boldsymbol{A}^{\mathrm{T}}\boldsymbol{P}(\mu)\boldsymbol{B}\boldsymbol{R}\boldsymbol{B}^{\mathrm{T}}\boldsymbol{P}(\mu)\boldsymbol{B}\boldsymbol{R}\boldsymbol{B}^{\mathrm{T}}\boldsymbol{P}(\mu)\boldsymbol{A}\boldsymbol{\xi}_i(k)
\end{aligned}\tag{6.41}$$

(2) 根据式 (6.32)，沿着系统 (6.38) 的状态轨迹，Lyapunov 函数 $V_i(\boldsymbol{\xi}_i(k))$

关于时间的差分满足

$$\begin{aligned}
&\Delta V_i(\boldsymbol{\xi}_i(k)) \\
&= V_i(\boldsymbol{\xi}_i(k+1)) - V_i(\boldsymbol{\xi}_i(k)) \\
&= [\boldsymbol{\xi}_i^{\mathrm{H}}(k)(\boldsymbol{A}-\lambda_i\boldsymbol{B}\boldsymbol{\mathcal{K}})^{\mathrm{H}} - \boldsymbol{\xi}_{i+1}^{\mathrm{H}}(k)\boldsymbol{\mathcal{K}}^{\mathrm{T}}\boldsymbol{B}^{\mathrm{T}}]\boldsymbol{P}(\mu)[(\boldsymbol{A}-\lambda_i\boldsymbol{B}\boldsymbol{\mathcal{K}})\boldsymbol{\xi}_i(k) \\
&\quad - \boldsymbol{B}\boldsymbol{\mathcal{K}}\boldsymbol{\xi}_{i+1}(k)] - \boldsymbol{\xi}_i^{\mathrm{H}}(k)\boldsymbol{P}(\mu)\boldsymbol{\xi}_i(k) \\
&= \boldsymbol{\xi}_i^{\mathrm{H}}(k)(\boldsymbol{A}-\lambda_i\boldsymbol{B}\boldsymbol{\mathcal{K}})^{\mathrm{H}}\boldsymbol{P}(\mu)(\boldsymbol{A}-\lambda_i\boldsymbol{B}\boldsymbol{\mathcal{K}})\boldsymbol{\xi}_i(k) - \boldsymbol{\xi}_i^{\mathrm{H}}(k)\boldsymbol{P}(\mu)\boldsymbol{\xi}_i(k) \\
&\quad - 2\boldsymbol{\xi}_i^{\mathrm{H}}(k)\boldsymbol{A}^{\mathrm{T}}\boldsymbol{P}(\mu)\boldsymbol{B}\boldsymbol{\mathcal{K}}\boldsymbol{\xi}_{i+1}(k) + \boldsymbol{\xi}_{i+1}^{\mathrm{H}}(k)\boldsymbol{\mathcal{K}}^{\mathrm{T}}\boldsymbol{B}^{\mathrm{T}}\boldsymbol{P}(\mu)\boldsymbol{B}\boldsymbol{\mathcal{K}}\boldsymbol{\xi}_{i+1}(k) \\
&\quad - 2\mathrm{Re}(\lambda_i)\boldsymbol{\xi}_i^{\mathrm{H}}(k)\boldsymbol{\mathcal{K}}^{\mathrm{T}}\boldsymbol{B}^{\mathrm{T}}\boldsymbol{P}(\mu)\boldsymbol{B}\boldsymbol{\mathcal{K}}\boldsymbol{\xi}_{i+1}(k)
\end{aligned} \tag{6.42}$$

注意到 V_i 和 ΔV_i 的函数值都是实数，通过不等式

$$\begin{aligned}
&2\boldsymbol{\xi}_i^{\mathrm{H}}(k)\boldsymbol{A}^{\mathrm{T}}\boldsymbol{P}(\mu)\boldsymbol{B}\boldsymbol{\mathcal{K}}\boldsymbol{\xi}_{i+1}(k) \\
&\leqslant \boldsymbol{\xi}_i^{\mathrm{H}}(k)\boldsymbol{A}^{\mathrm{T}}\boldsymbol{P}(\mu)\boldsymbol{B}\boldsymbol{R}\boldsymbol{B}^{\mathrm{T}}\boldsymbol{P}(\mu)\boldsymbol{A}\boldsymbol{\xi}_i(k) \\
&\quad + \nu^2\boldsymbol{\xi}_{i+1}^{\mathrm{H}}(k)\boldsymbol{A}^{\mathrm{T}}\boldsymbol{P}(\mu)\boldsymbol{B}\boldsymbol{R}\boldsymbol{B}^{\mathrm{T}}\boldsymbol{P}(\mu)\boldsymbol{A}\boldsymbol{\xi}_{i+1}(k)
\end{aligned} \tag{6.43}$$

和

$$\begin{aligned}
&2\mathrm{Re}(\lambda_i)\boldsymbol{\xi}_i^{\mathrm{H}}(k)\boldsymbol{\mathcal{K}}^{\mathrm{T}}\boldsymbol{B}^{\mathrm{T}}\boldsymbol{P}(\mu)\boldsymbol{B}\boldsymbol{\mathcal{K}}\boldsymbol{\xi}_{i+1}(k) \\
&\leqslant \boldsymbol{\xi}_i^{\mathrm{H}}(k)\boldsymbol{\mathcal{K}}^{\mathrm{T}}\boldsymbol{B}^{\mathrm{T}}\boldsymbol{P}(\mu)\boldsymbol{B}\boldsymbol{\mathcal{K}}\boldsymbol{\xi}_i(k) \\
&\quad + \mathrm{Re}^2(\lambda_i)\boldsymbol{\xi}_{i+1}^{\mathrm{H}}(k)\boldsymbol{\mathcal{K}}^{\mathrm{T}}\boldsymbol{B}^{\mathrm{T}}\boldsymbol{P}(\mu)\boldsymbol{B}\boldsymbol{\mathcal{K}}\boldsymbol{\xi}_{i+1}(k)
\end{aligned} \tag{6.44}$$

可以进一步将式 (6.42) 表示为

$$\begin{aligned}
&\Delta V_i(\boldsymbol{\xi}_i(k)) \\
&\leqslant -\frac{1}{2}\mu\boldsymbol{\xi}_i^{\mathrm{H}}(k)\boldsymbol{P}(\mu)\boldsymbol{\xi}_i(k) - \boldsymbol{\xi}_i^{\mathrm{H}}(k)\boldsymbol{A}^{\mathrm{T}}\boldsymbol{P}(\mu)\boldsymbol{B}\boldsymbol{R}\boldsymbol{B}^{\mathrm{T}}\boldsymbol{P}(\mu)\boldsymbol{A}\boldsymbol{\xi}_i(k) \\
&\quad - (1+\mathrm{Re}^2(\lambda_i))\nu^2\boldsymbol{\xi}_i^{\mathrm{H}}(k)\boldsymbol{A}^{\mathrm{T}}\boldsymbol{P}(\mu)\boldsymbol{B}\boldsymbol{R}\boldsymbol{B}^{\mathrm{T}}\boldsymbol{P}(\mu)\boldsymbol{B}\boldsymbol{R}\boldsymbol{B}^{\mathrm{T}}\boldsymbol{P}(\mu)\boldsymbol{A}\boldsymbol{\xi}_i(k) \\
&\quad + \nu^2\boldsymbol{\xi}_{i+1}^{\mathrm{H}}(k)\boldsymbol{A}^{\mathrm{T}}\boldsymbol{P}(\mu)\boldsymbol{B}\boldsymbol{R}\boldsymbol{B}^{\mathrm{T}}\boldsymbol{P}(\mu)\boldsymbol{A}\boldsymbol{\xi}_{i+1}(k) \\
&\quad + (1+\mathrm{Re}^2(\lambda_i))\boldsymbol{\xi}_{i+1}^{\mathrm{H}}(k)\boldsymbol{\mathcal{K}}^{\mathrm{T}}\boldsymbol{B}^{\mathrm{T}}\boldsymbol{P}(\mu)\boldsymbol{B}\boldsymbol{\mathcal{K}}\boldsymbol{\xi}_{i+1}(k)
\end{aligned} \tag{6.45}$$

设 $\mu_0=\min\limits_{i}\{\mu_{0i}\}$ 并设矩阵 $\boldsymbol{C}_0=\text{block diag}\,(\boldsymbol{C}_{p1},\boldsymbol{C}_{p2},\cdots,\boldsymbol{C}_{pl})$，其中矩阵 $\boldsymbol{C}_{pi}=\text{diag}\left(1,\nu^2,\cdots,\nu^{2(n_{pi}-1)}\right)$。设 Lyapunov 函数 $V(\boldsymbol{\xi}(k))=\boldsymbol{\xi}^{\text{H}}(k)(\boldsymbol{C}_0\otimes\boldsymbol{P})\boldsymbol{\xi}(k)$，注意到 $\nu\geqslant 1$。当 $\mu\in(0,\mu_0]$ 时，根据式 (6.41) 和式 (6.45)，可得沿着系统 (6.30) 的状态轨迹，Lyapunov 函数 $V(\boldsymbol{\xi}(k))$ 关于时间的差分满足

$$\Delta V(\boldsymbol{\xi}(k))\leqslant-\frac{1}{2}\mu V(\boldsymbol{\xi}(k)) \tag{6.46}$$

证毕。

定理 6.1 提供了一种控制器增益设计方法，该方法取决于小增益条件。引理 6.1 和小增益定理可以证明通过低增益方法能够设计控制器增益以使小增益条件成立，从而解决协同输出调控问题。为了采用低增益方法，给出如下关于外部系统矩阵的假设。

假设 6.4 矩阵 $\boldsymbol{S}$ 的所有特征值都在单位圆上。

注 6.7 根据假设 6.4，外部系统 (6.2) 可以描述一大类信号[1,3]。众所周知，系统矩阵没有特征值位于单位圆外部是低增益设计的必要条件[15]。

接下来，在下列定理中给出离散时间多智能体系统协同输出调控问题的解决方案。

定理 6.2

在假设 6.1、假设 6.2 和假设 6.4 下，令矩阵 $\boldsymbol{K}_{i1}$ 满足 $\boldsymbol{A}_i+\boldsymbol{B}_i\boldsymbol{K}_{i1}$ 是 Schur 矩阵的条件，矩阵 $\boldsymbol{K}_{i2}=\boldsymbol{U}_i-\boldsymbol{K}_{i1}\boldsymbol{X}_i$，$d_i=1$，$i=1,2,\cdots,N$，并令矩阵 $\hat{\boldsymbol{K}}=\nu\boldsymbol{S}\boldsymbol{P}(\mu)\boldsymbol{F}^{\text{T}}(\boldsymbol{I}+\boldsymbol{F}\boldsymbol{P}(\mu)\boldsymbol{F}^{\text{T}})^{-1}$，其中常数 $\nu\geqslant\max\left\{\dfrac{3}{2\text{Re}(\lambda_1(\boldsymbol{H}))},1\right\}$，$\boldsymbol{P}(\mu)$ 是含参代数 Riccati 方程

$$(1-\mu)\boldsymbol{P}(\mu)=\boldsymbol{S}\boldsymbol{P}(\mu)\boldsymbol{S}^{\text{T}}-\boldsymbol{S}\boldsymbol{P}(\mu)\boldsymbol{F}^{\text{T}}(\boldsymbol{I}+\boldsymbol{F}\boldsymbol{P}(\mu)\boldsymbol{F}^{\text{T}})^{-1}\boldsymbol{F}\boldsymbol{P}(\mu)\boldsymbol{S}^{\text{T}} \tag{6.47}$$

的唯一解，其中常数 μ 满足 $0<\mu\leqslant\mu_1$、$0<\mu_1<1$ 并且 $\lim\limits_{\mu\to 0^+}\dfrac{||\boldsymbol{E}_i||}{\mu}<\infty$。那么，分布式控制器 (6.8) 可以解决离散时间多智能体系统 (6.1) 和 (6.2) 的协同输出调控问题。

证明 由于矩阵对 $(\boldsymbol{F},\boldsymbol{S})$ 是可检测的，且矩阵 $\boldsymbol{S}$ 的所有特征值都在单位圆上，对于 $0<\mu<1$，含参代数 Riccati 方程 (6.47) 存在唯一解 $\boldsymbol{P}(\mu)=\boldsymbol{P}(\mu)^{\text{T}}>0$，并且满足 $\lim\limits_{\mu\to 0^+}\dfrac{||\boldsymbol{P}(\mu)||}{\mu}<\infty$ [14]。此外，还可以进一步得到，存在正实数 $\bar{b}_1$ 和

$\bar{b}_2$，使得对于 $0<\mu<1$，有 $\bar{b}_1\mu \leqslant \lambda_i(\boldsymbol{P}(\mu)) \leqslant \bar{b}_2\mu$。因此，存在正实数 b_1 和 b_2，使得对于 $0<\mu<1$，有 $b_1\mu^2 \leqslant ||\hat{\boldsymbol{K}}||^2 \leqslant b_2\mu^2$。

根据假设 6.2 并注意到 $d_i=1$，可以得到闭环系统 (6.23)，其中 $\boldsymbol{H}_d=\boldsymbol{H}$。引入坐标变换 $\hat{\boldsymbol{\eta}}(k)=(\boldsymbol{T}\otimes\boldsymbol{I}_q)\tilde{\boldsymbol{\eta}}(k)$，其中矩阵 $\boldsymbol{T}$ 是一个使得 $\boldsymbol{J}=\boldsymbol{THT}^{-1}$ 的非奇异矩阵，矩阵 $\boldsymbol{J}$ 是矩阵 $\boldsymbol{H}$ 的 Jordan 标准型，其每个 Jordan 块都是下三角形。闭环系统 (6.23) 可以转换成以下形式：

$$\begin{cases}\hat{\boldsymbol{\eta}}(k+1)=(\boldsymbol{I}_N\otimes\boldsymbol{S}-\boldsymbol{J}\otimes\hat{\boldsymbol{K}}\boldsymbol{F})\hat{\boldsymbol{\eta}}(k)-(\boldsymbol{TH}\otimes\hat{\boldsymbol{K}})\boldsymbol{C}\hat{\boldsymbol{x}}(k)\\ \bar{\boldsymbol{x}}(k+1)=\bar{\boldsymbol{A}}\bar{\boldsymbol{x}}(k)+\bar{\boldsymbol{B}}(\boldsymbol{T}^{-1}\otimes\boldsymbol{I}_q)\hat{\boldsymbol{\eta}}(k)\\ \hat{\boldsymbol{x}}(k+1)=\bar{\boldsymbol{A}}\hat{\boldsymbol{x}}(k)+\boldsymbol{X}(\boldsymbol{H}\otimes\hat{\boldsymbol{K}})\boldsymbol{C}\bar{\boldsymbol{x}}(k)-\boldsymbol{E}(\boldsymbol{T}^{-1}\otimes\boldsymbol{I}_q)\hat{\boldsymbol{\eta}}(k)\end{cases}\tag{6.48}$$

进一步定义 $\bar{\boldsymbol{\eta}}(k)=\boldsymbol{T}_1\hat{\boldsymbol{\eta}}(k)$，其中 $\boldsymbol{T}_1$ 是一个非奇异的常数矩阵，使得 $(\boldsymbol{I}_N\otimes\boldsymbol{S}-\boldsymbol{J}\otimes\hat{\boldsymbol{K}}\boldsymbol{F})^{\mathrm{T}}=\boldsymbol{T}_1(\boldsymbol{I}_N\otimes\boldsymbol{S}-\boldsymbol{J}\otimes\hat{\boldsymbol{K}}\boldsymbol{F})\boldsymbol{T}_1^{-1}$。由此动态系统 (6.48) 变为如下形式：

$$\begin{cases}\bar{\boldsymbol{\eta}}(k+1)=(\boldsymbol{I}_N\otimes\boldsymbol{S}-\boldsymbol{J}\otimes\hat{\boldsymbol{K}}\boldsymbol{F})^{\mathrm{T}}\bar{\boldsymbol{\eta}}(k)-\boldsymbol{T}_1(\boldsymbol{TH}\otimes\hat{\boldsymbol{K}})\boldsymbol{C}\hat{\boldsymbol{x}}(k)\\ \bar{\boldsymbol{x}}(k+1)=\bar{\boldsymbol{A}}\bar{\boldsymbol{x}}(k)+\bar{\boldsymbol{B}}(\boldsymbol{T}^{-1}\otimes\boldsymbol{I}_q)\boldsymbol{T}_1^{-1}\bar{\boldsymbol{\eta}}(k)\\ \hat{\boldsymbol{x}}(k+1)=\bar{\boldsymbol{A}}\hat{\boldsymbol{x}}(k)+\boldsymbol{X}(\boldsymbol{H}\otimes\hat{\boldsymbol{K}})\boldsymbol{C}\bar{\boldsymbol{x}}(k)-\boldsymbol{E}(\boldsymbol{T}^{-1}\otimes\boldsymbol{I}_q)\boldsymbol{T}_1^{-1}\bar{\boldsymbol{\eta}}(k)\end{cases}\tag{6.49}$$

接下来，设计 Lyapunov 函数来分析动态系统 (6.49) 的稳定性。

(1) 将矩阵 $\check{\boldsymbol{A}}=(\boldsymbol{I}_N\otimes\boldsymbol{S}-\boldsymbol{J}\otimes\hat{\boldsymbol{K}}\boldsymbol{F})^{\mathrm{T}}$ 表示为 $\check{\boldsymbol{A}}=(\boldsymbol{I}_N\otimes\boldsymbol{S}-\boldsymbol{J}\otimes\hat{\boldsymbol{K}}\boldsymbol{F})^{\mathrm{T}}$，并定义 Lyapunov 函数 $V_{\bar{\eta}(k)}=\bar{\boldsymbol{\eta}}^{\mathrm{H}}(k)(\boldsymbol{C}_0\otimes\boldsymbol{P})\bar{\boldsymbol{\eta}}(k)$，其中矩阵 $\boldsymbol{C}_0$ 是一个恰当定义的常数矩阵，如引理 6.1 所示。根据假设 6.1，矩阵 $\boldsymbol{H}$ 的所有特征值都具有正实部[16]。然后，根据假设 6.4 和引理 6.1，存在常数 $0<\mu_0<1$，使得对于 $0<\mu\leqslant\mu_0$，沿着动态系统 (6.49) 中关于 $\bar{\boldsymbol{\eta}}$ 的子系统轨迹，Lyapunov 函数 $V_{\bar{\eta}(k)}$ 关于时间的差分满足

$$\begin{aligned}&\Delta V_{\bar{\eta}(k)}\\ =&\,\bar{\boldsymbol{\eta}}^{\mathrm{H}}(k+1)(\boldsymbol{C}_0\otimes\boldsymbol{P})\bar{\boldsymbol{\eta}}(k+1)-\bar{\boldsymbol{\eta}}^{\mathrm{H}}(k)(\boldsymbol{C}_0\otimes\boldsymbol{P})\bar{\boldsymbol{\eta}}(k)\\ \leqslant&-\frac{1}{2}\mu\bar{\boldsymbol{\eta}}^{\mathrm{H}}(k)(\boldsymbol{C}_0\otimes\boldsymbol{P})\bar{\boldsymbol{\eta}}(k)+2\bar{\boldsymbol{\eta}}^{\mathrm{H}}(k)\check{\boldsymbol{A}}^{\mathrm{H}}(\boldsymbol{C}_0\otimes\boldsymbol{P})[-\boldsymbol{T}_1(\boldsymbol{TH}\otimes\hat{\boldsymbol{K}})\boldsymbol{C}\hat{\boldsymbol{x}}(k)]\\ &+\hat{\boldsymbol{x}}^{\mathrm{T}}\boldsymbol{C}^{\mathrm{T}}(\boldsymbol{TH}\otimes\hat{\boldsymbol{K}})^{\mathrm{T}}\boldsymbol{T}_1^{\mathrm{T}}(\boldsymbol{C}_0\otimes\boldsymbol{P})[\boldsymbol{T}_1(\boldsymbol{TH}\otimes\hat{\boldsymbol{K}})\boldsymbol{C}\hat{\boldsymbol{x}}(k)]\end{aligned}$$

$$
\begin{aligned}
&\leqslant -\frac{1}{2}\mu||\boldsymbol{C}_0||\,||\boldsymbol{P}||\,||\bar{\boldsymbol{\eta}}(k)||^2 + \frac{1}{\epsilon_1}||\boldsymbol{C}_0||^2||\boldsymbol{P}||^2||\bar{\boldsymbol{\eta}}(k)||^2 \\
&\quad + \epsilon_1||\breve{\boldsymbol{A}}||^2||\boldsymbol{T}_1||^2||\boldsymbol{TH}||^2||\hat{\boldsymbol{K}}||^2||\boldsymbol{C}||^2||\hat{\boldsymbol{x}}(k)||^2 \\
&\quad + ||\boldsymbol{C}_0||\,||\boldsymbol{P}||\,||\boldsymbol{T}_1||^2||\boldsymbol{TH}||^2||\hat{\boldsymbol{K}}||^2||\boldsymbol{C}||^2||\hat{\boldsymbol{x}}(k)||^2 \\
&\leqslant -\frac{1}{2}a_1\mu^2||\bar{\boldsymbol{\eta}}(k)||^2 + \frac{1}{\epsilon_1}||\boldsymbol{C}_0||^2 b_2^2\mu^2||\bar{\boldsymbol{\eta}}(k)||^2 \\
&\quad + \epsilon_1 b_2\mu^2||\breve{\boldsymbol{A}}||^2||\boldsymbol{T}_1||^2||\boldsymbol{TH}||^2||\boldsymbol{C}||^2||\hat{\boldsymbol{x}}(k)||^2 \\
&\quad + \bar{b}_2 b_2\mu^3||\boldsymbol{C}_0||\,||\boldsymbol{T}_1||^2||\boldsymbol{TH}||^2||\boldsymbol{C}||^2||\hat{\boldsymbol{x}}(k)||^2 \\
&\leqslant -\frac{1}{4}a_1\mu^2||\bar{\boldsymbol{\eta}}(k)||^2 + (\epsilon_1 b_2||\breve{\boldsymbol{A}}||^2 + \bar{b}_2 b_2\mu||\boldsymbol{C}_0||) \\
&\quad \times ||\boldsymbol{T}_1||^2||\boldsymbol{TH}||^2||\boldsymbol{C}||^2\mu^2||\hat{\boldsymbol{x}}(k)||^2
\end{aligned} \tag{6.50}
$$

其中，$a_1 = \bar{b}_1||\boldsymbol{C}_0||$ ；$\epsilon_1 = 4||\boldsymbol{C}_0||b_2^2\big/\bar{b}_1$。

(2) 由于矩阵 $\bar{\boldsymbol{A}}$ 是 Schur 矩阵，离散 Lyapunov 方程 $\bar{\boldsymbol{A}}^{\mathrm{T}}\boldsymbol{P}_1\bar{\boldsymbol{A}} - \boldsymbol{P}_1 = -\boldsymbol{I}$ 有唯一解 $\boldsymbol{P}_1$，而且是正定的。

定义 Lyapunov 函数 $V_{\bar{x}(k)} = \bar{\boldsymbol{x}}^{\mathrm{H}}(k)\boldsymbol{P}_1\bar{\boldsymbol{x}}(k)$。可得沿着动态系统 (6.49) 中关于 $\bar{\boldsymbol{x}}(k)$ 的子系统轨迹，Lyapunov 函数 $V_{\bar{x}(k)}$ 关于时间的差分满足

$$
\begin{aligned}
&\Delta V_{\bar{x}(k)} \\
&= \bar{\boldsymbol{x}}^{\mathrm{H}}(k+1)\boldsymbol{P}_1\bar{\boldsymbol{x}}(k+1) - \bar{\boldsymbol{x}}^{\mathrm{H}}(k)\boldsymbol{P}_1\bar{\boldsymbol{x}}(k) \\
&= -||\bar{\boldsymbol{x}}(k)||^2 + 2\bar{\boldsymbol{x}}^{\mathrm{H}}(k)\bar{\boldsymbol{A}}^{\mathrm{T}}\boldsymbol{P}_1\bar{\boldsymbol{B}}(\boldsymbol{T}^{-1}\otimes\boldsymbol{I}_q)\boldsymbol{T}_1^{-1}\bar{\boldsymbol{\eta}}(k) \\
&\quad + \bar{\boldsymbol{\eta}}^{\mathrm{H}}(k)\boldsymbol{T}_1^{-\mathrm{T}}(\boldsymbol{T}^{-1}\otimes\boldsymbol{I}_q)^{\mathrm{T}}\bar{\boldsymbol{B}}^{\mathrm{T}}\boldsymbol{P}_1\bar{\boldsymbol{B}}(\boldsymbol{T}^{-1}\otimes\boldsymbol{I}_q)\boldsymbol{T}_1^{-1}\bar{\boldsymbol{\eta}}(k) \\
&\leqslant -\frac{1}{2}||\bar{\boldsymbol{x}}(k)||^2 + (2||\bar{\boldsymbol{A}}||^2||\boldsymbol{P}_1|| + 1) \\
&\quad \times ||\boldsymbol{P}_1||\,||\bar{\boldsymbol{B}}(\boldsymbol{T}^{-1}\otimes\boldsymbol{I}_q)\boldsymbol{T}_1^{-1}||^2||\bar{\boldsymbol{\eta}}(k)||^2
\end{aligned} \tag{6.51}
$$

(3) 定义 $\check{\boldsymbol{x}}(k) = \mathrm{col}(\bar{\boldsymbol{\eta}}(k), \bar{\boldsymbol{x}}(k))$，$\delta_1 = \min\left\{\kappa_1\bar{b}_1\lambda_m(\boldsymbol{C}_0), \lambda_m(\boldsymbol{P}_1)\right\}$，$\delta_2 = \min\left\{\dfrac{1}{4}\kappa_1 a_1, 1\right\}$ 和 $\delta_3 = \kappa_1\bar{b}_2\lambda_M(\boldsymbol{C}_0) + \lambda_M(\boldsymbol{P}_1)$。设 Lyapunov 函数 $V_{\check{x}(k)} = \kappa_1 V_{\bar{\eta}(k)} + \mu^2 V_{\bar{x}(k)}$，其中 $\kappa_1 \geqslant \dfrac{8}{a_1}(2||\bar{\boldsymbol{A}}||^2||\boldsymbol{P}_1|| + 1)||\boldsymbol{P}_1||\,||\bar{\boldsymbol{B}}(\boldsymbol{T}^{-1}\otimes\boldsymbol{I}_q)\boldsymbol{T}_1^{-1}||^2$。于

是可得

$$
\begin{aligned}
&\Delta V_{\check{x}(k)}\\
&\leqslant -(\frac{1}{4}\kappa_1 a_1-(2||\bar{\boldsymbol{A}}||^2||\boldsymbol{P}_1||+1)||\boldsymbol{P}_1||\,||\bar{\boldsymbol{B}}(\boldsymbol{T}^{-1}\otimes \boldsymbol{I}_q)\boldsymbol{T}_1^{-1}||^2)\mu^2||\bar{\boldsymbol{\eta}}(k)||^2\\
&\quad -\frac{1}{2}\mu^2||\bar{\boldsymbol{x}}(k)||^2+\kappa_1(\epsilon_1 b_2||\check{\boldsymbol{A}}||^2+\bar{b}_2 b_2\mu||\boldsymbol{C}_0||)\\
&\quad \times ||\boldsymbol{T}_1||^2||\boldsymbol{TH}||^2||\boldsymbol{C}||^2\mu^2||\hat{\boldsymbol{x}}(k)||^2\\
&\leqslant -\frac{1}{8}\kappa_1 a_1\mu^2||\bar{\boldsymbol{\eta}}(k)||^2-\frac{1}{2}\mu^2||\bar{\boldsymbol{x}}(k)||^2+\kappa_1(\epsilon_1 b_2||\check{\boldsymbol{A}}||^2+\bar{b}_2 b_2\mu||\boldsymbol{C}_0||)\\
&\quad \times ||\boldsymbol{T}_1||^2||\boldsymbol{TH}||^2||\boldsymbol{C}||^2\mu^2||\hat{\boldsymbol{x}}(k)||^2\\
&\leqslant -\frac{1}{2}\delta_2\mu^2||\check{\boldsymbol{x}}(k)||^2+\kappa_1(\epsilon_1 b_2||\check{\boldsymbol{A}}||^2+\bar{b}_2 b_2\mu||\boldsymbol{C}_0||)||\boldsymbol{T}_1||^2\\
&\quad \times ||\boldsymbol{TH}||^2||\boldsymbol{C}||^2\mu^2||\hat{\boldsymbol{x}}(k)||^2
\end{aligned}
\tag{6.52}
$$

由于 $0<\mu<1$，可知

$$
\begin{aligned}
\alpha_1(||\check{\boldsymbol{x}}||)&\overset{\text{def}}{=\!=\!=}\delta_1\mu^2||\check{\boldsymbol{x}}||^2\leqslant \kappa_1\lambda_m(\boldsymbol{C}_0)\lambda_m(\boldsymbol{P})||\bar{\boldsymbol{\eta}}||^2+\mu^2\lambda_m(\boldsymbol{P}_1)||\bar{\boldsymbol{x}}||^2\\
\alpha_2(||\check{\boldsymbol{x}}||)&\overset{\text{def}}{=\!=\!=}\delta_3\mu||\check{\boldsymbol{x}}||^2\geqslant \kappa_1\lambda_M(\boldsymbol{C}_0)\lambda_M(\boldsymbol{P})||\bar{\boldsymbol{\eta}}||^2+\mu^2\lambda_M(\boldsymbol{P}_1)||\bar{\boldsymbol{x}}||^2
\end{aligned}
\tag{6.53}
$$

从而有 $\alpha_1(||\check{\boldsymbol{x}}||)\leqslant V_{\check{x}}\leqslant \alpha_2(||\check{\boldsymbol{x}}||)$。

记 $\alpha_4(s)=\dfrac{\delta_2\mu}{2\delta_3}s$。不失一般性，假设 $\mathrm{Id}-\alpha_4$ 是一个 $\mathcal{K}$ 类函数。实际上，当 $0<\mu\leqslant\mu_m$ 时这个假设成立，其中 $0<\mu_m<1$ 为足够小的正常数。那么，根据文献 [8] 中的引理 3.5 和定理 2，$\check{\boldsymbol{x}}$ 子系统是输入到状态稳定的，其中 $\hat{\boldsymbol{x}}$ 作为输入，$\check{\boldsymbol{x}}$ 作为状态，增益函数如下：

$$
\gamma_1(s)=\sqrt{\frac{2\kappa_1\delta_3(\epsilon_1 b_2^2||\check{\boldsymbol{A}}||^2+\bar{b}_2 b_2\mu||\boldsymbol{C}_0||)}{\delta_1\delta_2\rho_1\mu}}||\boldsymbol{T}_1||\,||\boldsymbol{TH}||\,||\boldsymbol{C}||s,\quad \forall\ 0<\rho_1<1
\tag{6.54}
$$

(4) 由于 $\lim\limits_{\mu\to 0^+}\dfrac{||\boldsymbol{E}_i||}{\mu}<\infty$，存在 $b_3>0$，使得对于 $0<\mu<1$，$||\boldsymbol{E}||^2\leqslant b_3\mu^2$。令 Lyapunov 函数 $V_{\hat{x}(k)}=\hat{\boldsymbol{x}}^{\mathrm{H}}(k)\boldsymbol{P}_1\hat{\boldsymbol{x}}(k)$。可得沿着动态系统 (6.49) 中关于 $\hat{\boldsymbol{x}}(k)$

的子系统轨迹，Lyapunov 函数 $V_{\hat{x}(k)}$ 关于时间的差分满足

$$\begin{aligned}
&\Delta V_{\hat{x}(k)} \\
&= \hat{\boldsymbol{x}}^{\mathrm{H}}(k+1)\boldsymbol{P}_1\hat{\boldsymbol{x}}(k+1) - \hat{\boldsymbol{x}}^{\mathrm{H}}(k)\boldsymbol{P}_1\hat{\boldsymbol{x}}(k) \\
&= -||\hat{\boldsymbol{x}}(k)||^2 + 2\hat{\boldsymbol{x}}^{\mathrm{H}}(k)\bar{\boldsymbol{A}}^{\mathrm{T}}\boldsymbol{P}_1\boldsymbol{X}(\boldsymbol{H}\otimes\hat{\boldsymbol{K}})\boldsymbol{C}\bar{\boldsymbol{x}}(k) \\
&\quad + \bar{\boldsymbol{x}}^{\mathrm{H}}(k)\boldsymbol{C}^{\mathrm{T}}(\boldsymbol{H}\otimes\hat{\boldsymbol{K}})^{\mathrm{T}}\boldsymbol{X}^{\mathrm{T}}\boldsymbol{P}_1\boldsymbol{X}(\boldsymbol{H}\otimes\hat{\boldsymbol{K}})\boldsymbol{C}\bar{\boldsymbol{x}}(k) \\
&\quad - 2\hat{\boldsymbol{x}}^{\mathrm{H}}(k)\bar{\boldsymbol{A}}^{\mathrm{T}}\boldsymbol{P}_1\boldsymbol{E}(\boldsymbol{T}^{-1}\otimes\boldsymbol{I}_q)\boldsymbol{T}_1^{-1}\bar{\boldsymbol{\eta}}(k) \\
&\quad + \boldsymbol{\eta}^{\mathrm{H}}(k)[\boldsymbol{E}(\boldsymbol{T}^{-1}\otimes\boldsymbol{I}_q)\boldsymbol{T}_1^{-1}]^{\mathrm{H}}\boldsymbol{P}_1\boldsymbol{E}(\boldsymbol{T}^{-1}\otimes\boldsymbol{I}_q)\boldsymbol{T}_1^{-1}\boldsymbol{\eta}(k) \\
&\quad - 2\bar{\boldsymbol{x}}^{\mathrm{H}}(k)\boldsymbol{C}^{\mathrm{T}}(\boldsymbol{H}\otimes\hat{\boldsymbol{K}})^{\mathrm{T}}\boldsymbol{X}^{\mathrm{T}}\boldsymbol{P}_1\boldsymbol{E}(\boldsymbol{T}^{-1}\otimes\boldsymbol{I}_q)\boldsymbol{T}_1^{-1}\bar{\boldsymbol{\eta}}(k) \\
&\leqslant -\frac{1}{2}||\hat{\boldsymbol{x}}(k)||^2 + (4||\bar{\boldsymbol{A}}||^2||\boldsymbol{P}_1||+2)||\boldsymbol{P}_1||b_4\mu^2||\check{\boldsymbol{x}}(k)||^2
\end{aligned} \tag{6.55}$$

其中，$b_4 = \max\{||\boldsymbol{X}||^2||\boldsymbol{H}||^2||\boldsymbol{C}||^2 b_2, ||(\boldsymbol{T}^{-1}\otimes\boldsymbol{I}_q)\boldsymbol{T}_1^{-1}||^2 b_3\}$。

记 $\bar{\alpha}_4(s) = \dfrac{1}{2\lambda_M(\boldsymbol{P}_1)}s$。不失一般性，假设 $\mathrm{Id}-\bar{\alpha}_4$ 是一个 $\mathcal{K}$ 类函数（否则，根据文献 [8] 的引理 B.1，总可以构造 $\hat{\alpha}_4$，使得 $\hat{\alpha}_4 \in \mathcal{K}_\infty$、$\hat{\alpha}_4 \leqslant \bar{\alpha}_4$ 且 $\mathrm{Id}-\hat{\alpha}_4 \in \mathcal{K}$）。然后，根据文献 [8] 的引理 3.5 和定理 2，$\hat{\boldsymbol{x}}$ 子系统是输入到状态稳定的，其中 $\check{\boldsymbol{x}}$ 作为输入，$\hat{\boldsymbol{x}}$ 作为状态，增益函数如下：

$$\gamma_2(s) = \sqrt{\frac{2\lambda_M(\boldsymbol{P}_1)(4||\bar{\boldsymbol{A}}||^2||\boldsymbol{P}_1||+2)||\boldsymbol{P}_1||b_4\mu^2}{\lambda_m(\boldsymbol{P}_1)\rho_2}s}, \quad \forall\, 0<\rho_2<1 \tag{6.56}$$

根据式 (6.54) 和式 (6.56)，总是存在一个正实数 $0<\mu_1\leqslant\min\{\mu_0,\mu_m\}$，使得对于 $0<\mu<\mu_1$，有

$$\gamma_1(s)\circ\gamma_2(s) < s, \quad \forall s>0 \tag{6.57}$$

因此，通过引用小增益定理[8] 得到结论。证毕。

注 6.8 本章提出了形如式 (6.6) 的离散时间分布式观测器，在当前设计下，要证明其是外部系统 (6.2) 的分布式观测器是具有挑战性的。主要原因是协同输出调控问题转化为 $3N$ 个子系统的同步镇定问题，但是这些子系统是相互耦合的，导致分离原理失效。为了解决这一难点，本章提出了定理 6.1 和定理 6.2，基于小增益定理，提供了在两种不同条件下同步镇定问题的解决方案。

6.6 仿真示例

6.6.1 数值仿真示例

示例 6.1 考虑以下离散时间多智体系统的协同输出调控问题：

$$\begin{cases}\boldsymbol{x}_i(k+1)=\begin{bmatrix}1 & 1\\ 0 & 1\end{bmatrix}\boldsymbol{x}_i(k)+\begin{bmatrix}0\\ 1\end{bmatrix}u_i(k)+\begin{bmatrix}-1 & 0\\ \dfrac{1}{3}i & \dfrac{1}{4}i\end{bmatrix}\boldsymbol{v}(k)\\ y_i(k)=\begin{bmatrix}1 & 0\end{bmatrix}\boldsymbol{x}_i(k)\end{cases},\quad i=1,2,3,4 \tag{6.58}$$

外部系统定义如下：

$$\begin{cases}\boldsymbol{v}(k+1)=\boldsymbol{S}\boldsymbol{v}(k)=\begin{bmatrix}0 & 1\\ -1 & 0\end{bmatrix}\boldsymbol{v}(k)\\ y_0(k)=\boldsymbol{F}\boldsymbol{v}(k)=\begin{bmatrix}1 & 0\end{bmatrix}\boldsymbol{v}(k)\end{cases} \tag{6.59}$$

图 6.1 描述了五个智能体的网络拓扑图。

求解调节器方程 (6.5)，可以得到其解如下：

$$\boldsymbol{X}_i=\begin{bmatrix}1 & 0\\ 0 & 1\end{bmatrix},\quad \boldsymbol{U}_i=\begin{bmatrix}-1-\dfrac{1}{3}i & -1-\dfrac{1}{4}i\end{bmatrix},\quad i=1,2,3,4 \tag{6.60}$$

设计分布式控制器 (6.8) 的参数为

$$\begin{aligned}&d_i=1,\quad i=1,2,3,4\\ &\boldsymbol{K}_{11}=[-0.5\quad -1],\ \boldsymbol{K}_{12}=[-0.8333\quad -0.25]\\ &\boldsymbol{K}_{21}=[-0.5\quad -1],\ \boldsymbol{K}_{22}=[-1.1667\quad -0.5]\\ &\boldsymbol{K}_{31}=[-0.5\quad -1],\ \boldsymbol{K}_{32}=[-1.5\quad -0.75]\\ &\boldsymbol{K}_{41}=[-0.5\quad -1],\ \boldsymbol{K}_{42}=[-1.8333\quad -1]\\ &\hat{\boldsymbol{K}}=[0\ \ -0.0886]^{\mathrm{T}}\end{aligned} \tag{6.61}$$

任意选择系统的初始条件为 $\boldsymbol{v}(0)=[0.5,-0.5]^{\mathrm{T}}$、$\boldsymbol{x}_1(0)=[1,1]^{\mathrm{T}}$、$\boldsymbol{x}_2(0)=[1,-1]^{\mathrm{T}}$、$\boldsymbol{x}_3(0)=[-2,3]^{\mathrm{T}}$、$\boldsymbol{x}_4(0)=[-1,3]^{\mathrm{T}}$、$\boldsymbol{\eta}_i(0)=[0,0]^{\mathrm{T}}$，$i=1,2,3,4$。

仿真结果如图 6.2 ~ 图 6.4 所示。图 6.2 描述了第 $i(i=1,2,3,4)$ 个系统的跟踪误差 $e_i(k)$，图 6.3 和图 6.4 描述了第 $i(i=1,2,3,4)$ 个系统状态观测误差 $\eta_i(k)-v(k)$。可以观察到跟踪误差和状态观测误差都收敛到零。

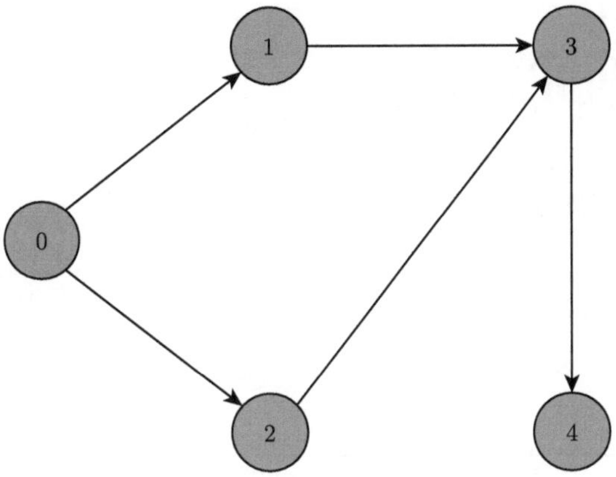

图 6.1　多智能体系统网络拓扑图（示例 6.1）

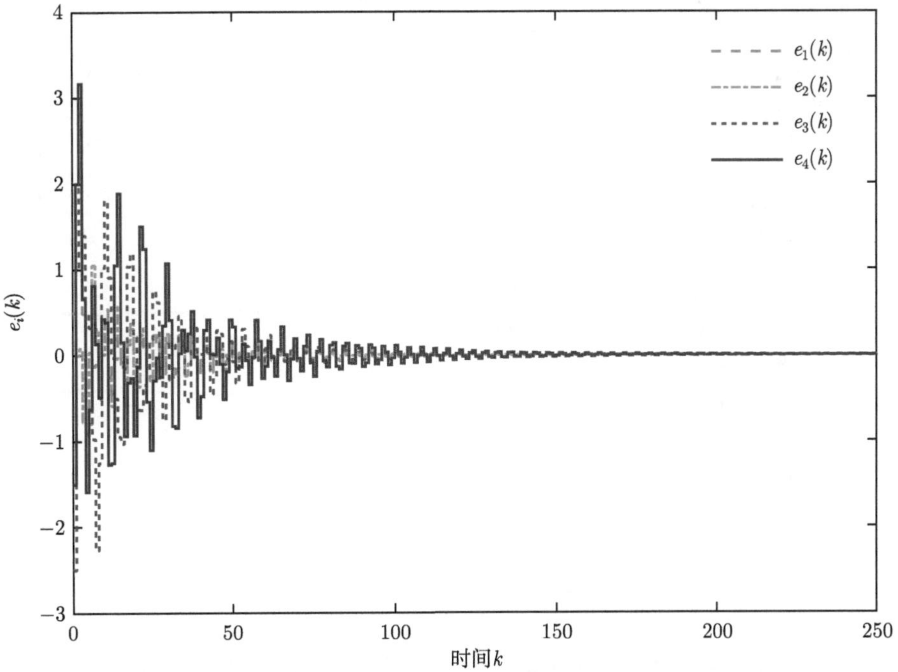

图 6.2　第 $i(i=1,2,3,4)$ 个系统的跟踪误差 $e_i(k)$（示例 6.1）

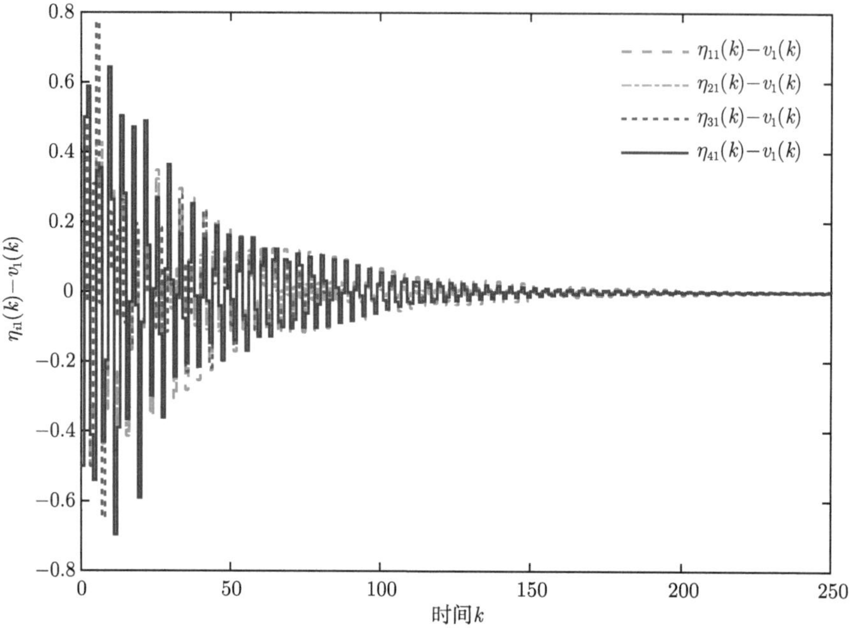

图 6.3　第 $i(i=1,2,3,4)$ 个系统的第 1 个状态观测误差分量 $\eta_{i1}(k)-v_1(k)$（示例 6.1）

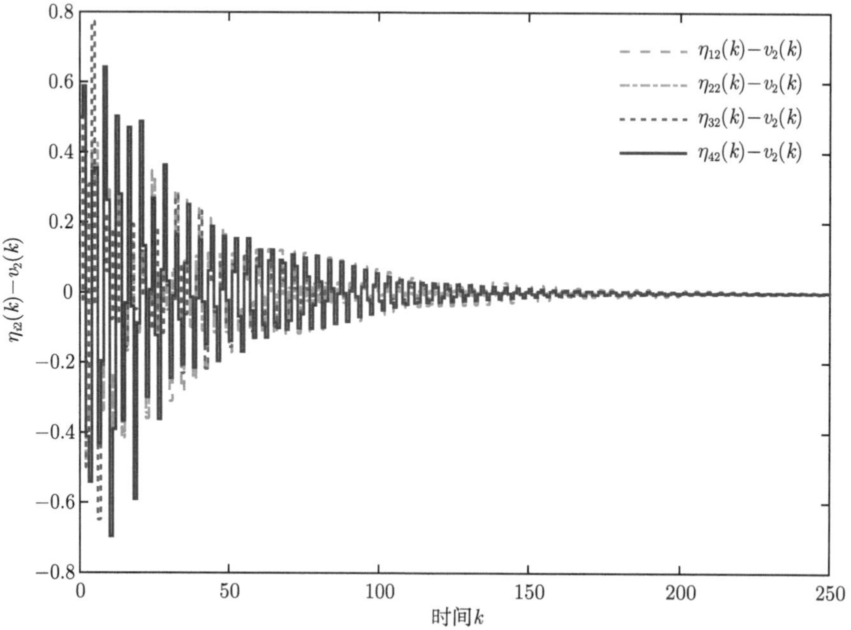

图 6.4　第 $i(i=1,2,3,4)$ 个系统的第 2 个状态观测误差分量 $\eta_{i2}(k)-v_2(k)$（示例 6.1）

6.6.2 多个二阶质量弹簧系统的输出同步控制仿真示例

在现实应用中，许多系统可以建模为质量弹簧系统，如机械系统中的振动、可变形物体的形变等。因此，本节考虑四个二阶质量弹簧阻尼系统的输出同步控制问题。

示例 6.2 考虑如图 6.5 所示的单输入的二阶质量弹簧系统。其中，对于第 i 个二阶质量弹簧系统，m_{1i} 和 m_{2i} 是两个质量块的质量，k_{1i} 和 k_{2i} 是两个弹簧的弹性常数，p_{1i} 和 p_{2i} 分别是第一个质量块和第二个质量块相对于平衡点的位移，v_{1i} 和 v_{2i} 分别是第一个质量块和第二个质量块相对于平衡点的速度，u_i 是作用在第二个质量块的驱动力。

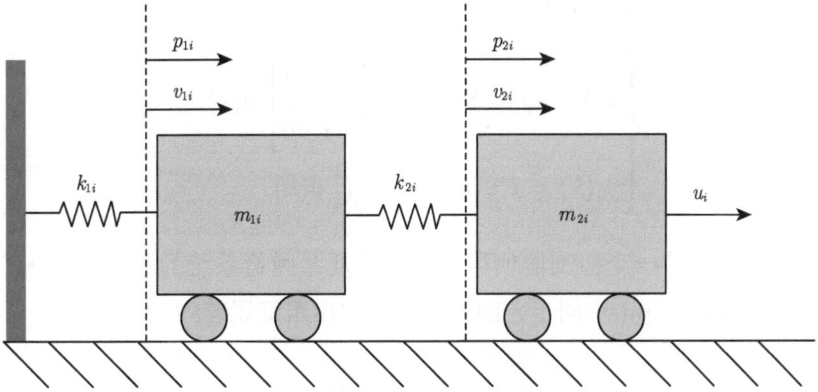

图 6.5 单输入的二阶质量弹簧系统

定义每个系统的状态向量为 $\boldsymbol{x}_i=\mathrm{col}(p_{1i},v_{1i},p_{2i},v_{2i})$,输出向量为 $y_i=-p_{1i}-p_{2i}$。根据文献 [17], 可以获得第 i 个二阶质量弹簧系统的连续时间状态方程为

$$\begin{cases}\dot{\boldsymbol{x}}_i(t)=\bar{\boldsymbol{A}}_i\boldsymbol{x}_i(t)+\bar{\boldsymbol{B}}_iu_i(t)\\ y_i(t)=\bar{\boldsymbol{C}}_i\boldsymbol{x}_i(t)\end{cases} \tag{6.62}$$

其中

$$\bar{\boldsymbol{A}}_i=\begin{bmatrix}0 & 1 & 0 & 0\\ \dfrac{-k_{1i}-k_{2i}}{m_{1i}} & 0 & \dfrac{k_{2i}}{m_{1i}} & 0\\ 0 & 0 & 0 & 1\\ \dfrac{k_{2i}}{m_{2i}} & 0 & -\dfrac{k_{2i}}{m_{2i}} & 0\end{bmatrix},\quad \bar{\boldsymbol{B}}_i=\begin{bmatrix}0\\ \dfrac{1}{m_{1i}}\\ 0\\ 0\end{bmatrix} \tag{6.63}$$

$$\bar{\boldsymbol{C}}_i = \begin{bmatrix} -1 & 0 & -1 & 0 \end{bmatrix}$$

对连续时间系统进行离散化，可以得到

$$\begin{cases} \boldsymbol{x}_i(k+1) = \boldsymbol{A}_i \boldsymbol{x}_i(k) + \boldsymbol{B}_i u_i(k) \\ y_i(k) = \boldsymbol{C}_i \boldsymbol{x}_i(k) \end{cases} \tag{6.64}$$

其中，$\boldsymbol{A}_i = \exp\{\bar{\boldsymbol{A}}_i T\}$，$T$ 是采样周期；$\boldsymbol{B}_i = \left(\int_0^T \exp\{\bar{\boldsymbol{A}}_i t\}\mathrm{d}t\right) B$；$\boldsymbol{C}_i = \bar{\boldsymbol{C}}_i$。

设被跟踪的领导者系统由外部系统描述，其是一个非受迫的一阶弹簧质量模型，采用如下的状态方程：

$$\begin{cases} \boldsymbol{v}(k+1) = \boldsymbol{S}\boldsymbol{v}(k) = \begin{bmatrix} 0 & 1 \\ -1 & 0 \end{bmatrix} \boldsymbol{v}(k) \\ y_0(k) = \boldsymbol{F}\boldsymbol{v}(k) = \begin{bmatrix} 0 & 1 \end{bmatrix} \boldsymbol{v}(k) \end{cases} \tag{6.65}$$

本节期望设计一个控制器使得每个二阶质量弹簧系统的测量输出 $y_i(k)$ 与领导者系统的输出 $y_0(k)$ 同步。因此，定义输出跟踪误差为

$$e_i(k) = y_i(k) - y_0(k) \tag{6.66}$$

图 6.1 描述了四个二阶弹簧质量系统和领导者系统（定义为节点 0）的网络拓扑。

通过求解调节器方程 (6.5)，可以得到其解如下：

$$\boldsymbol{X}_i = \begin{bmatrix} 0.0000 & 0.3700 \\ 0.0392 & -0.0000 \\ -0.0000 & -1.3700 \\ 2.1112 & 0.0000 \end{bmatrix} \tag{6.67}$$

$$\boldsymbol{U}_i = \begin{bmatrix} -252.7028 & 252.7028 \end{bmatrix}$$

设采样周期 $T = 1\mathrm{s}$，$k_{1i} = k_{2i} = 200i\mathrm{N/m}$，$m_{1i} = m_{2i} = 100i\mathrm{kg}$，$i =$

1, 2, 3, 4，设计分布式控制器 (6.8) 的参数如下：

$$\begin{aligned} &\boldsymbol{K}_{i1} = -[280.7130\ \ -9.8635\ \ -113.0051\ \ -8.7889] \\ &\boldsymbol{K}_{i2} = [233.7610\ 5.9716] \\ &d_i = 1,\ i = 1,2,3,4 \end{aligned} \tag{6.68}$$

任意选择系统的初始条件为 $\boldsymbol{v}(0) = [0.5, -0.5]^{\mathrm{T}}$、$\boldsymbol{x}_1(0) = [1,1,1,1]^{\mathrm{T}}$、$\boldsymbol{x}_2(0) = [1,-1,1,0]^{\mathrm{T}}$、$\boldsymbol{x}_3(0) = [-1,-1.5,0,1]^{\mathrm{T}}$、$\boldsymbol{x}_4(0) = [-0.5,1.5,0.5,-1]^{\mathrm{T}}$、$\boldsymbol{\eta}_i(0) = [0,0]^{\mathrm{T}}$, $i = 1,2,3,4$，进行仿真。

仿真结果如图 6.6 ~ 图 6.9 所示。图 6.6 描述了第 $i(i = 1,2,3,4)$ 个二阶弹簧质量系统的跟踪误差 $e_i(k)$，图 6.7 和图 6.8 描述了第 $i(i = 1,2,3,4)$ 个二阶弹簧质量系统状态观测误差 $\boldsymbol{\eta}_i(k) - \boldsymbol{v}(k)$，可以观察到跟踪误差和状态观测误差都收敛到零。图 6.9 描述了领导者系统输出和第 $i(i = 1,2,3,4)$ 个二阶弹簧质量系统输出，可以观察到所有跟踪者系统的输出和领导者系统的输出实现了同步。因此，本章提出的控制方法可以有效解决多个二阶质量弹簧系统的输出同步控制问题。

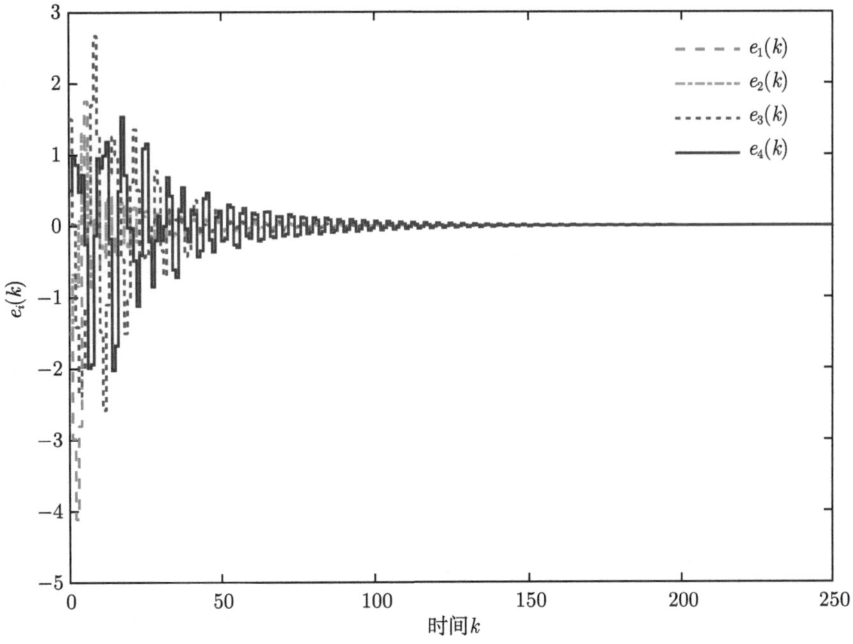

图 6.6 第 $i(i = 1,2,3,4)$ 个二阶弹簧质量系统的跟踪误差 $e_i(k)$（示例 6.2）

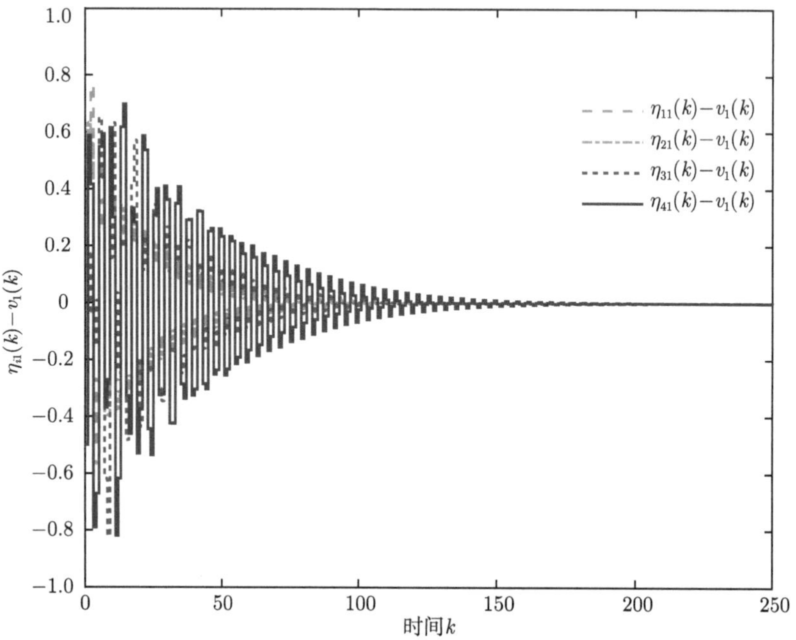

图 6.7　第 $i(i=1,2,3,4)$ 个二阶弹簧质量系统第 1 个状态观测误差分量 $\eta_{i1}(k)-v_1(k)$（示例 6.2）

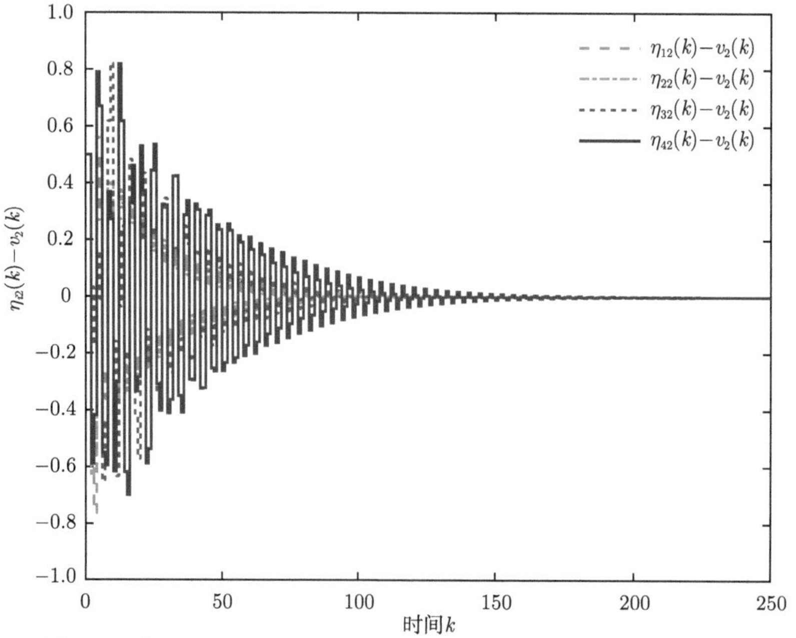

图 6.8　第 $i(i=1,2,3,4)$ 个二阶弹簧质量系统第 2 个状态观测误差分量 $\eta_{i2}(k)-v_2(k)$（示例 6.2）

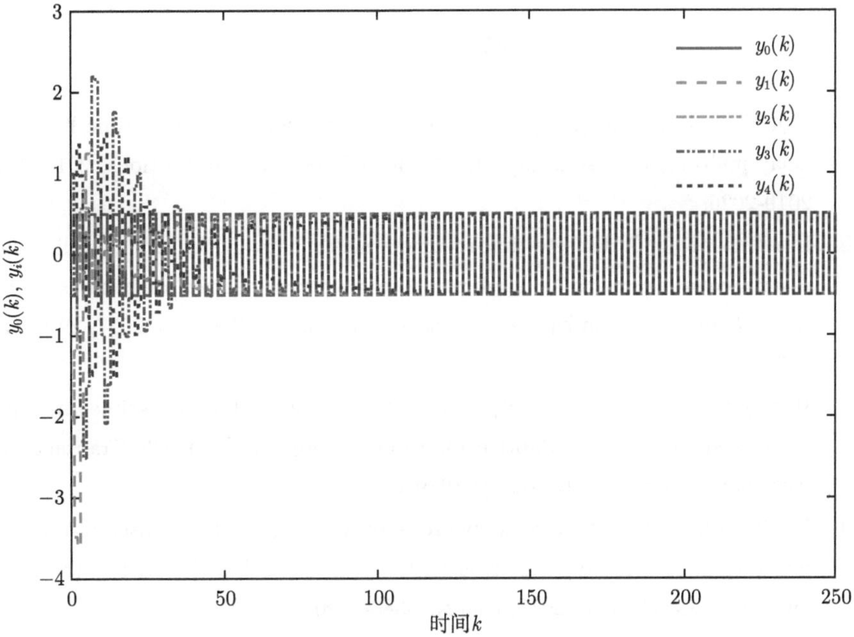

图 6.9 领导者系统输出 $y_0(k)$ 和第 $i(i=1,2,3,4)$ 个二阶弹簧质量系统输出 $y_i(k)$（示例 6.2）

6.7 本章小结

本章提出了一类离散时间分布式观测器来解决协同输出调控问题。这种离散时间分布式观测器依赖多智能体系统的相对输出，因此适用于有传感网络的情况。本章主要的技术挑战在于需要同时进行离散时间分布式观测器的设计和协同输出调控的分析。为了应对这一技术挑战，分别提出了基于小增益条件的方法和基于低增益的方法。首先，基于改进型代数 Riccati 方程的解，提出了基于小增益条件的离散时间分布式观测器设计方法，实现了协同输出调控；其次，提出了低增益离散时间分布式观测器设计方法，证明小增益条件的成立，从而解决了基于传感测量输出反馈的离散时间线性异构多智能体系统协同输出调控问题。

参考文献

[1] Yan Y M, Huang J. Cooperative output regulation of discrete-time linear time-delay multi-agent systems[J]. IET Control Theory & Applications, 2016, 10(16): 2019-2026.

[2] Liu T, Huang J. A discrete-time recurrent neural network for solving rank-deficient matrix equations with an application to output regulation of linear systems[J]. IEEE Transactions on Neural Networks and Learning Systems, 2017, 29(6): 2271-2277.

[3] Huang J. The cooperative output regulation problem of discrete-time linear multi-agent systems by the adaptive distributed observer[J]. IEEE Transactions on Automatic Control, 2016, 62(4): 1979-1984.

[4] Liu T, Huang J. Adaptive cooperative output regulation of discrete-time linear multi-agent systems by a distributed feedback control law[J]. IEEE Transactions on Automatic Control, 2018, 63(12): 4383-4390.

[5] Francis B A. The linear multivariable regulator problem[J]. SIAM Journal on Control and Optimization, 1977, 15(3): 486-505.

[6] Francis B A, Wonham W M. The internal model principle of control theory[J]. Automatica, 1976, 12(5): 457-465.

[7] Huang J. Nonlinear Output Regulation: Theory and Applications[M]. Philadelphia: Society for Industrial and Applied Mathematics, 2004.

[8] Jiang Z P, Wang Y. Input-to-state stability for discrete-time nonlinear systems[J]. Automatica, 2001, 37(6): 857-869.

[9] Sinopoli B, Schenato L, Franceschetti M, et al. Kalman filtering with intermittent observations[J]. IEEE Transactions on Automatic Control, 2004, 49(9): 1453-1464.

[10] LaSalle J P. The Stability and Control of Discrete Processes[M]. New York: Springer Science & Business Media, 2012.

[11] Liu J W, Huang J. A spectral property of a graph matrix and its application to the leader-following consensus of discrete-time multiagent systems[J]. IEEE Transactions on Automatic Control, 2018, 64(6): 2583-2589.

[12] Movric K H, You K Y, Lewis F L, et al. Synchronization of discrete-time multi-agent systems on graphs using Riccati design[J]. Automatica, 2013, 49(2): 414-423.

[13] Lu M B, Liu L. Cooperative output regulation of linear multi-agent systems by a novel distributed dynamic compensator[J]. IEEE Transactions on Automatic Control, 2017, 62(12): 6481-6488.

[14] Zhou B, Lin Z L, Duan G R. A parametric Lyapunov equation approach to low gain feedback design for discrete-time systems[J]. Automatica, 2009, 45(1): 238-244.

[15] Lin Z L. Low Gain Feedback[M]. London: Springer, 1999.

[16] Su Y F, Huang J. Cooperative output regulation of linear multi-agent systems[J]. IEEE Transactions on Automatic Control, 2011, 57(4): 1062-1066.

[17] Fitzpatrick R. Oscillations and Waves: An Introduction[M]. Boca Raton: CRC Press, 2018.

第 7 章 多机器人系统分布式协同运动调控

7.1 引 言

多机器人的协同运动调控在工程领域有广泛的应用。本章针对多机器人系统分布式协同运动调控问题，提出一种新的自适应分布式控制器。与现有方法相比，控制器只需要相对输出信息，无须构建通信网络来交换控制器状态，从而降低了通信成本，使得该控制器设计方法更加简便和实用。以领导-跟随多移动机器人的协同运动调控为例，假定所有机器人都装备有传感器，用以测量其相对于邻居机器人的相对位置。在这种情况下，可以通过机器人的相对位置定义一个传感网络，所提出的自适应分布式控制器设计方法能够实现在不建立通信网络情况下的移动机器人协同运动调控。值得一提的是，通信的减少也给控制器设计和稳定性分析带来了一些挑战。为证明系统的稳定性，本章首先通过 Lyapunov 定理证明级联系统是渐近稳定的；然后通过 Barbalat 引理，证明整个闭环系统的稳定性；最后通过两连杆机械臂的协同运动调控仿真，验证所提出的自适应分布式控制器的有效性。

符号说明 对于 $\boldsymbol{x_i} \in \mathbb{R}^{n_i \times m}$，$i = 1, 2, \cdots, p$，定义 $\mathrm{col}(\boldsymbol{x}_1, \boldsymbol{x}_2, \cdots, \boldsymbol{x}_p) = [\boldsymbol{x}_1^{\mathrm{T}}, \boldsymbol{x}_2^{\mathrm{T}}, \cdots, \boldsymbol{x}_p^{\mathrm{T}}]^{\mathrm{T}}$。对于复数 z，$\mathrm{Re}(z)$ 表示 z 的实部。对于 $\boldsymbol{A_i} \in \mathbb{R}^{n \times m}$，$i = 1, 2, \cdots, p$，$\text{block diag}(\boldsymbol{A}_1, \boldsymbol{A}_2, \cdots, \boldsymbol{A}_p)$ 表示一个块矩阵，其第 i 个块对角元素为 $\boldsymbol{A_i}$，其他元素为零。对于 $\boldsymbol{A} \in \mathbb{R}^{n \times n}$，$\lambda_i(\boldsymbol{A})(i = 1, 2, \cdots, n)$ 表示 $\boldsymbol{A}$ 的第 i 个特征值。

7.2 多机器人系统分布式协同运动调控问题

7.2.1 系统模型

考虑一组参数不确定的机器人系统，其动力学描述如下：

$$\boldsymbol{M}_i(\boldsymbol{q}_i)\ddot{\boldsymbol{q}}_i + \boldsymbol{C}_i(\boldsymbol{q}_i, \dot{\boldsymbol{q}}_i)\dot{\boldsymbol{q}}_i + \boldsymbol{G}_i(\boldsymbol{q}_i) = \boldsymbol{\tau}_i, \quad i = 1, 2, \cdots, N \tag{7.1}$$

其中，$\boldsymbol{q}_i \in \mathbb{R}^n$ 是广义位置向量；$\dot{\boldsymbol{q}}_i \in \mathbb{R}^n$ 是广义速度向量；$\boldsymbol{M}_i(\boldsymbol{q}_i) \in \mathbb{R}^{n\times n}$ 是惯性矩阵且是对称正定的；$\boldsymbol{C}_i(\boldsymbol{q}_i, \dot{\boldsymbol{q}}_i)\dot{\boldsymbol{q}}_i \in \mathbb{R}^n$ 是科里奥利力和向心力向量；$\boldsymbol{G}_i(\boldsymbol{q}_i) \in \mathbb{R}^n$ 是重力向量；$\boldsymbol{\tau}_i \in \mathbb{R}^n$ 是广义力向量。矩阵 $\boldsymbol{M}_i(\boldsymbol{q}_i)$、$\boldsymbol{C}_i(\boldsymbol{q}_i, \dot{\boldsymbol{q}}_i)$ 和 $\boldsymbol{G}_i(\boldsymbol{q}_i)$ 都包含不确定参数。众所周知，机器人系统的动力学具有以下特性[1]。

性质 7.1 矩阵 $\dot{\boldsymbol{M}}_i(\boldsymbol{q}_i) - 2\boldsymbol{C}_i(\boldsymbol{q}_i, \dot{\boldsymbol{q}}_i)$ 是反对称的。

性质 7.2 对于所有 $\boldsymbol{x}, \boldsymbol{y} \in \mathbb{R}^n$，有

$$\boldsymbol{M}_i(\boldsymbol{q}_i)\boldsymbol{x} + \boldsymbol{C}_i(\boldsymbol{q}_i, \dot{\boldsymbol{q}}_i)\boldsymbol{y} + \boldsymbol{G}_i(\boldsymbol{q}_i) = \boldsymbol{Y}_i(\boldsymbol{q}_i, \dot{\boldsymbol{q}}_i, \boldsymbol{x}, \boldsymbol{y})\boldsymbol{\theta}_i \tag{7.2}$$

其中，$\boldsymbol{Y}_i(\boldsymbol{q}_i, \dot{\boldsymbol{q}}_i, \boldsymbol{x}, \boldsymbol{y}) \in \mathbb{R}^{n\times p}$ 是已知的回归矩阵；$\boldsymbol{\theta}_i \in \mathbb{R}^p$ 是由系统 (7.1) 中的不确定参数组成的常数向量。

假设领导者的信号由如下线性自治系统产生：

$$\begin{bmatrix} \dot{\boldsymbol{q}}_0 \\ \ddot{\boldsymbol{q}}_0 \end{bmatrix} = \boldsymbol{S} \begin{bmatrix} \boldsymbol{q}_0 \\ \dot{\boldsymbol{q}}_0 \end{bmatrix} \tag{7.3}$$

其中，$\boldsymbol{q}_0 \in \mathbb{R}^n$ 和 $\dot{\boldsymbol{q}}_0 \in \mathbb{R}^n$ 分别是其广义位置向量和速度向量，并且有

$$\boldsymbol{S} = \begin{bmatrix} \boldsymbol{0}_{n\times n} & \boldsymbol{I}_n \\ \boldsymbol{S}_1 & \boldsymbol{S}_2 \end{bmatrix} \tag{7.4}$$

式中，$\boldsymbol{S}_1 \in \mathbb{R}^{n\times n}$ 和 $\boldsymbol{S}_2 \in \mathbb{R}^{n\times n}$ 是常数矩阵。

如文献 [2] 中所述，由系统 (7.1) 和系统 (7.3) 组成的系统可以视为一个多机器人系统，其中系统 (7.3) 作为领导者系统，系统 (7.1) 中的 N 个子系统作为跟随者系统。定义一个与此多机器人系统相关的非负矩阵 $\boldsymbol{\mathcal{A}} = [a_{ij}] \in \mathbb{R}^{(N+1)\times(N+1)}$，其中 $i, j = 0, 1, \cdots, N$，$a_{ii} = 0$ 且 $a_{ij} > 0$ 当且仅当机器人 i 可以测量到相对位置 $\boldsymbol{q}_j - \boldsymbol{q}_i$。令 $\mathcal{G} = (\mathcal{V}, \mathcal{E})$ 是 $\boldsymbol{\mathcal{A}}$ 的有向图①。$\mathcal{V} = \{0, 1, \cdots, N\}$，节点 0 与领导者系统 (7.3) 关联，所有其他节点与系统 (7.1) 的 N 个子系统关联，并且边 $(i, j) \in \mathcal{E}$ 当且仅当 $a_{ji} > 0$。机器人 i 的邻居集合定义为 $\mathcal{N}_i = \{j \mid (j, i) \in \mathcal{E}\}$。

考虑如下分布式控制器：

$$\begin{cases} \boldsymbol{\tau}_i = \phi_i(\boldsymbol{\zeta}_i, \boldsymbol{q}_i, \dot{\boldsymbol{q}}_i, \boldsymbol{q}_j - \boldsymbol{q}_i, j \in \mathcal{N}_i) \\ \dot{\boldsymbol{\zeta}}_i = \psi_i(\boldsymbol{\zeta}_i, \boldsymbol{q}_j - \boldsymbol{q}_i, j \in \mathcal{N}_i) \end{cases}, \quad i = 1, 2, \cdots, N \tag{7.5}$$

其中，$\boldsymbol{\zeta}_i \in \mathbb{R}^{n_{\zeta_i}}$，$n_{\zeta_i}$ 是某些正整数；ϕ_i 和 ψ_i 是足够光滑的函数。

---

① 参见文献 [3] 对有向图的定义。

7.2.2 问题描述

定义 $\boldsymbol{x}_i = \mathrm{col}(\boldsymbol{q}_i, \dot{\boldsymbol{q}}_i)$，$i = 0, 1, \cdots, N$。多机器人系统分布式协同运动调控问题描述如下。

问题 7.1 考虑多机器人系统 (7.1)、领导者系统 (7.3) 和一个有向图 $\mathcal{G}$，设计一个形如式 (7.5) 的分布式控制器，使得对于任何初始条件 $\boldsymbol{x}_i(0)$，$i=0,1,\cdots,N$，$\boldsymbol{x}_i(t)$ 在所有 $t \geqslant 0$ 时存在且满足

$$\begin{aligned}
&\lim_{t\to\infty}(\boldsymbol{q}_i(t) - \boldsymbol{q}_0(t)) = \mathbf{0} \\
&\lim_{t\to\infty}(\dot{\boldsymbol{q}}_i(t) - \dot{\boldsymbol{q}}_0(t)) = \mathbf{0}
\end{aligned} \tag{7.6}$$

为了解决此问题，给出如下假设。

假设 7.1 对于 $i = 1, 2, \cdots, N$，存在正常数 $k_{\underline{m}}$、$k_{\bar{m}}$、k_c、k_g 满足 $k_{\underline{m}}\boldsymbol{I}_n \leqslant \boldsymbol{M}_i(q_i) \leqslant k_{\bar{m}}\boldsymbol{I}_n$，$\|\boldsymbol{C}_i(q_i, \dot{q}_i)\| \leqslant k_c\|\dot{q}_i\|$ 且 $\|\boldsymbol{G}_i(q_i)\| \leqslant k_g$。

假设 7.2 $\boldsymbol{S}$ 所有特征值都具有非正实部，且实部为零的特征值是半单的①。

假设 7.3 有向图 $\mathcal{G}$ 包含一个以节点 0 为根的有向生成树。

注 7.1 假设 7.1 是机器人系统相关文献中的一个标准假设[1]，对一些有平移副关节的机器人系统，假设 7.1 可能不成立[5]。本章后面会证明，在假设 7.2 下，解决问题 7.1 的可行性并不依赖假设 7.1。对于多机器人系统分布式协同运动调控问题，关于图的连通性存在多种假设[6-8]。假设 7.3 是领导-跟随一致性问题的一个标准假设[9]。在假设 7.3 下，定义 $\boldsymbol{\mathcal{L}} = [l_{ij}]_{i,j=1}^N$，其中 $l_{ij} = -a_{ij}$，$i \neq j$，$l_{ii} = \sum_{j=1}^N a_{ij}$，$\varDelta = \mathrm{diag}(a_{10}, a_{20}, \cdots, a_{N0})$，$\boldsymbol{H} = \boldsymbol{\mathcal{L}} + \varDelta$，则 $\boldsymbol{H}$ 的所有特征值都具有正实部[9,10]。

注 7.2 假设 7.2 用来保证由系统 (7.3) 生成的领导者信号是有界的。在假设 7.2 成立时，领导者系统 (7.3) 可以生成一大类参考信号，如任意幅值和初始相位的正弦信号，以及任意斜率的斜坡信号[11]。

实际上，由正弦函数描述的参考信号是典型的参考轨迹，这些轨迹已经被广泛的理论和实验所研究（参见文献 [12] 中的示例 A ∼ 示例 C 和文献 [1] 中的示例 9.2 等）。这些参考轨迹可以在假设 7.2 下通过领导者系统 (7.4) 生成。

---

① 若一个矩阵特征值的代数重数等于其几何重数，则称该特征值为半单的[4]。

7.3 基于相对位置信息的自适应分布式协同调控

7.3.1 基于相对位置信息的分布式观测

首先，设计如下分布式观测器：

$$\begin{cases} \dot{\boldsymbol{\eta}}_{i1} = \boldsymbol{\eta}_{i2} + \hat{\boldsymbol{K}}_1\boldsymbol{\xi}_i \\ \dot{\boldsymbol{\eta}}_{i2} = \boldsymbol{S}_1\boldsymbol{\eta}_{i1} + \boldsymbol{S}_2\boldsymbol{\eta}_{i2} + \hat{\boldsymbol{K}}_2\boldsymbol{\xi}_i \end{cases} \tag{7.7}$$

其中，$\boldsymbol{\xi}_i = \sum_{j\in\mathcal{N}_i} a_{ij}(\boldsymbol{q}_j - \boldsymbol{q}_i)$；$\hat{\boldsymbol{K}}_1 \in \mathbb{R}^{n\times n}$ 和 $\hat{\boldsymbol{K}}_2 \in \mathbb{R}^{n\times n}$ 是待定的常数矩阵。

7.3.2 自适应分布式动态反馈控制

定义

$$\dot{\boldsymbol{q}}_{ri} = \boldsymbol{\eta}_{i2} - \alpha(\boldsymbol{q}_i - \boldsymbol{\eta}_{i1}) \tag{7.8}$$

其中，α 是一个待定的正实数。因此，可得

$$\ddot{\boldsymbol{q}}_{ri} = \dot{\boldsymbol{\eta}}_{i2} - \alpha(\dot{\boldsymbol{q}}_i - \dot{\boldsymbol{\eta}}_{i1}) \tag{7.9}$$

根据性质 7.2，存在一个已知矩阵 $\boldsymbol{Y}_i = \boldsymbol{Y}_i(\boldsymbol{q}_i, \dot{\boldsymbol{q}}_i, \ddot{\boldsymbol{q}}_{ri}, \dot{\boldsymbol{q}}_{ri}) \in \mathbb{R}^{n\times p}$ 和一个未知的常数向量 $\boldsymbol{\theta}_i \in \mathbb{R}^p$ 满足

$$\boldsymbol{Y}_i\boldsymbol{\theta}_i = \boldsymbol{M}_i(\boldsymbol{q}_i)\ddot{\boldsymbol{q}}_{ri} + \boldsymbol{C}_i(\boldsymbol{q}_i, \dot{\boldsymbol{q}}_i)\dot{\boldsymbol{q}}_{ri} + \boldsymbol{G}_i(\boldsymbol{q}_i), \quad i = 1, 2, \cdots, N \tag{7.10}$$

定义

$$\boldsymbol{s}_i = \dot{\boldsymbol{q}}_i - \dot{\boldsymbol{q}}_{ri} \tag{7.11}$$

设计形如式 (7.5)的自适应分布式控制器如下：

$$\begin{cases} \boldsymbol{\tau}_i = -\boldsymbol{K}_i\boldsymbol{s}_i + \boldsymbol{Y}_i\hat{\boldsymbol{\theta}}_i \\ \dot{\hat{\boldsymbol{\theta}}}_i = -\boldsymbol{\Gamma}_i\boldsymbol{Y}_i^{\mathrm{T}}\boldsymbol{s}_i \\ \dot{\boldsymbol{\eta}}_{i1} = \boldsymbol{\eta}_{i2} + \hat{\boldsymbol{K}}_1\boldsymbol{\xi}_i \\ \dot{\boldsymbol{\eta}}_{i2} = \boldsymbol{S}_1\boldsymbol{\eta}_{i1} + \boldsymbol{S}_2\boldsymbol{\eta}_{i2} + \hat{\boldsymbol{K}}_2\boldsymbol{\xi}_i \end{cases}, \quad i = 1, 2, \cdots, N \tag{7.12}$$

其中，$\hat{\boldsymbol{\theta}}_i \in \mathbb{R}^p$、$\boldsymbol{\Gamma}_i \in \mathbb{R}^{p\times p}$ 和 $\boldsymbol{K}_i \in \mathbb{R}^{n\times n}$ 是正定矩阵。

7.4 稳定性分析

在给出系统稳定性证明之前，首先建立以下引理。

引理 7.1

考虑以下线性系统：

$$\begin{cases}\dot{\boldsymbol{\chi}} = (\boldsymbol{I}_N \otimes \boldsymbol{S} - \boldsymbol{H} \otimes \hat{\boldsymbol{K}}\boldsymbol{F})\boldsymbol{\chi} - (\boldsymbol{H} \otimes \hat{\boldsymbol{K}})\boldsymbol{\varrho} \\ \dot{\boldsymbol{\varrho}} = -(\alpha\boldsymbol{I} - \boldsymbol{H} \otimes \boldsymbol{F}\hat{\boldsymbol{K}})\boldsymbol{\varrho} + (\boldsymbol{H} \otimes \boldsymbol{F}\hat{\boldsymbol{K}}\boldsymbol{F})\boldsymbol{\chi}\end{cases} \tag{7.13}$$

其中，$\boldsymbol{F} = \left[\boldsymbol{I}_n, \boldsymbol{0}\right]$。那么在假设 7.3 下，存在一个矩阵 $\hat{\boldsymbol{K}} \in \mathbb{R}^{2n\times n}$ 和一个正实数 α，使得 $\lim\limits_{t\to\infty} \boldsymbol{\chi}(t) = \boldsymbol{0}$ 和 $\lim\limits_{t\to\infty} \boldsymbol{\varrho}(t) = \boldsymbol{0}$ 且是指数收敛的。

证明 在假设 7.3 下，根据注 7.1，所有 $\boldsymbol{H}$ 的特征值都具有正实部。令 $\lambda_1(\boldsymbol{H})$ 为具有最小正实部的特征值。由于矩阵对 $(\boldsymbol{F}, \boldsymbol{S})$ 是可观测的，存在唯一的解 $\boldsymbol{P} = \boldsymbol{P}^{\mathrm{T}} > 0$ 满足以下含参代数 Riccati 方程：

$$\boldsymbol{S}\boldsymbol{P} + \boldsymbol{P}\boldsymbol{S}^{\mathrm{T}} + \boldsymbol{I} - \boldsymbol{P}\boldsymbol{F}^{\mathrm{T}}\boldsymbol{F}\boldsymbol{P} = \boldsymbol{0} \tag{7.14}$$

定义

$$\hat{\boldsymbol{K}} = \nu\boldsymbol{P}\boldsymbol{F}^{\mathrm{T}} \tag{7.15}$$

其中，$\nu \geqslant \dfrac{1}{\mathrm{Re}(\lambda_1(\boldsymbol{H}))}$。根据文献 [13] 的引理 1，对于 $i = 1, 2, \cdots, N$，$\boldsymbol{S}^{\mathrm{T}} - \lambda_i(\boldsymbol{H})\nu\boldsymbol{F}^{\mathrm{T}}\boldsymbol{F}\boldsymbol{P}$ 都是 Hurwitz 矩阵，因此 $\boldsymbol{S} - \lambda_i(\boldsymbol{H})\nu\boldsymbol{P}\boldsymbol{F}^{\mathrm{T}}\boldsymbol{F}$ 也都是 Hurwitz 矩阵。

定义 $\boldsymbol{T}$ 是一个非奇异矩阵且使得 $\boldsymbol{T}\boldsymbol{H}\boldsymbol{T}^{-1} = \boldsymbol{J}$，其中 $\boldsymbol{J}$ 是 $\boldsymbol{H}$ 的 Jordan 标准型。对于 $i = 1, 2, \cdots, N$，$\boldsymbol{S} - \lambda_i(\boldsymbol{H})\nu\boldsymbol{P}\boldsymbol{F}^{\mathrm{T}}\boldsymbol{F}$ 都是 Hurwitz 矩阵，因此 $\boldsymbol{I}_N \otimes \boldsymbol{S} - \boldsymbol{J} \otimes \hat{\boldsymbol{K}}\boldsymbol{F}$ 也是 Hurwitz 矩阵。注意到 $\boldsymbol{I}_N \otimes \boldsymbol{S} - \boldsymbol{H} \otimes \hat{\boldsymbol{K}}\boldsymbol{F} = (\boldsymbol{T}^{-1} \otimes \boldsymbol{I}_{2n})(\boldsymbol{I}_N \otimes \boldsymbol{S} - \boldsymbol{J} \otimes \hat{\boldsymbol{K}}\boldsymbol{F})(\boldsymbol{T} \otimes \boldsymbol{I}_{2n})$，因此 $\boldsymbol{I}_N \otimes \boldsymbol{S} - \boldsymbol{H} \otimes \hat{\boldsymbol{K}}\boldsymbol{F}$ 是 Hurwitz 矩阵。存在一个正定矩阵 $\tilde{\boldsymbol{P}} = \tilde{\boldsymbol{P}}^{\mathrm{T}}$ 使得 $(\boldsymbol{I}_N \otimes \boldsymbol{S} - \boldsymbol{H} \otimes \hat{\boldsymbol{K}}\boldsymbol{F})^{\mathrm{T}}\tilde{\boldsymbol{P}} + \tilde{\boldsymbol{P}}(\boldsymbol{I}_N \otimes \boldsymbol{S} - \boldsymbol{H} \otimes \hat{\boldsymbol{K}}\boldsymbol{F}) = -\boldsymbol{I}$。

定义 Lyapunov 函数 $V_1(\boldsymbol{\chi}) = \gamma\boldsymbol{\chi}^{\mathrm{T}}\tilde{\boldsymbol{P}}\boldsymbol{\chi}$，其中 γ 是待定的正实数，则沿着动态系统 (7.13) 中 $\boldsymbol{\chi}$ 的子系统轨迹，$V_1(\boldsymbol{\chi})$ 关于时间的导数满足

$$\begin{aligned}\dot{V}_1(\boldsymbol{\chi}) &= -\gamma\boldsymbol{\chi}^{\mathrm{T}}\boldsymbol{\chi} - 2\gamma\boldsymbol{\chi}^{\mathrm{T}}\tilde{\boldsymbol{P}}(\boldsymbol{H}\otimes\hat{\boldsymbol{K}})\boldsymbol{\varrho} \\ &\leqslant -\gamma\boldsymbol{\chi}^{\mathrm{T}}\boldsymbol{\chi} + \frac{1}{2}\gamma||\boldsymbol{\chi}||^2 + 2\gamma\,||\tilde{\boldsymbol{P}}||^2||\boldsymbol{H}\otimes\hat{\boldsymbol{K}}||^2\,||\boldsymbol{\varrho}||^2 \\ &= -\frac{1}{2}\gamma||\boldsymbol{\chi}||^2 + 2\gamma\,||\tilde{\boldsymbol{P}}||^2||\boldsymbol{H}\otimes\hat{\boldsymbol{K}}||^2\,||\boldsymbol{\varrho}||^2\end{aligned} \tag{7.16}$$

定义 Lyapunov 函数 $V_2(\boldsymbol{\varrho}) = \boldsymbol{\varrho}^{\mathrm{T}}\boldsymbol{\varrho}$，则沿着动态系统 (7.13) 中 $\boldsymbol{\varrho}$ 的子系统轨迹，$V_2(\boldsymbol{\varrho})$ 关于时间的导数满足

$$\begin{aligned}\dot{V}_2(\boldsymbol{\varrho}) &= -\boldsymbol{\varrho}^{\mathrm{T}}(\alpha\boldsymbol{I} - \boldsymbol{H}^{\mathrm{T}}\otimes\hat{\boldsymbol{K}}^{\mathrm{T}}\boldsymbol{F}^{\mathrm{T}} + \alpha\boldsymbol{I} - \boldsymbol{H}\otimes\boldsymbol{F}\hat{\boldsymbol{K}})\boldsymbol{\varrho} + 2\boldsymbol{\varrho}^{\mathrm{T}}(\boldsymbol{H}\otimes\boldsymbol{F}\hat{\boldsymbol{K}}\boldsymbol{F})\boldsymbol{\chi} \\ &\leqslant -\boldsymbol{\varrho}^{\mathrm{T}}(\alpha\boldsymbol{I} - \boldsymbol{H}^{\mathrm{T}}\otimes\hat{\boldsymbol{K}}^{\mathrm{T}}\boldsymbol{F}^{\mathrm{T}} + \alpha\boldsymbol{I} - \boldsymbol{H}\otimes\boldsymbol{F}\hat{\boldsymbol{K}})\boldsymbol{\varrho} + ||\boldsymbol{\varrho}||^2 \\ &\quad + ||\boldsymbol{H}\otimes\boldsymbol{F}\hat{\boldsymbol{K}}\boldsymbol{F}||^2\,||\boldsymbol{\chi}||^2 \\ &\leqslant -(2\alpha - 1 - 2||\boldsymbol{H}\otimes\boldsymbol{F}\hat{\boldsymbol{K}}||)||\boldsymbol{\varrho}||^2 + ||\boldsymbol{H}\otimes\boldsymbol{F}\hat{\boldsymbol{K}}\boldsymbol{F}||^2\,||\boldsymbol{\chi}||^2\end{aligned} \tag{7.17}$$

令 Lyapunov 函数 $\hat{V}(t) = V_1(\boldsymbol{\chi}) + V_2(\boldsymbol{\varrho})$。通过式 (7.16) 和式 (7.17)，沿着动态系统 (7.13) 的状态轨迹，$\hat{V}(t)$ 关于时间的导数满足

$$\begin{aligned}\dot{\hat{V}}(t) \leqslant &-\left(\frac{1}{2}\gamma - ||\boldsymbol{H}\otimes\boldsymbol{F}\hat{\boldsymbol{K}}\boldsymbol{F}||^2\right)||\boldsymbol{\chi}||^2 - (2\alpha - 1 - 2||\boldsymbol{H}\otimes\boldsymbol{F}\hat{\boldsymbol{K}}|| \\ &- 2\gamma\,||\tilde{\boldsymbol{P}}||^2||\boldsymbol{H}\otimes\hat{\boldsymbol{K}}||^2)||\boldsymbol{\varrho}||^2\end{aligned} \tag{7.18}$$

设定 γ 和 α 使得

$$\begin{cases}\gamma \geqslant 4||\boldsymbol{H}\otimes\boldsymbol{F}\hat{\boldsymbol{K}}\boldsymbol{F}||^2 \\ \alpha \geqslant 1 + 2||\boldsymbol{H}\otimes\boldsymbol{F}\hat{\boldsymbol{K}}|| + 2\gamma\,||\tilde{\boldsymbol{P}}||^2||\boldsymbol{H}\otimes\hat{\boldsymbol{K}}||^2\end{cases} \tag{7.19}$$

则有

$$\dot{\hat{V}}(t) \leqslant -\frac{1}{4}\gamma||\boldsymbol{\chi}||^2 - \alpha||\boldsymbol{\varrho}||^2 \tag{7.20}$$

证毕。

假设 7.2 成立与否对应了问题 7.1 求解的两种不同情形。接下来，分别针对两种情形给出问题 7.1 的可解性分析及相应的解决方案。

7.4.1 参考轨迹有界的机器人系统稳定性分析

首先考虑假设 7.2 成立的情况，在这种情况下由领导者系统 (7.3) 生成的参考信号是有界的，即 $\boldsymbol{q}_0$ 和 $\dot{\boldsymbol{q}}_0$ 都是有界的。此种情况下，多机器人系统协同运动调控问题的可解性不依赖假设 7.1。具体地，在如下定理中给出系统稳定性分析及问题 7.1的解。

定理 7.1

考虑由系统 (7.1) 和系统 (7.3) 组成的多机器人系统，以及一个有向图 $\mathcal{G}$。若假设 7.2 和假设 7.3 成立，则自适应分布式控制器(7.12) 可以解决多机器人系统分布式协同运动调控问题。

证明 通过式 (7.11) 可得

$$\begin{cases}\dot{\boldsymbol{q}}_i = \boldsymbol{s}_i + \dot{\boldsymbol{q}}_{ri} \\ \ddot{\boldsymbol{q}}_i = \dot{\boldsymbol{s}}_i + \ddot{\boldsymbol{q}}_{ri}\end{cases}, \quad i = 1, 2, \cdots, N \tag{7.21}$$

将式 (7.21) 代入系统 (7.1) 可得

$$\boldsymbol{M}_i(\boldsymbol{q}_i)(\dot{\boldsymbol{s}}_i + \ddot{\boldsymbol{q}}_{ri}) + \boldsymbol{C}_i(\boldsymbol{q}_i, \dot{\boldsymbol{q}}_i)(\boldsymbol{s}_i + \dot{\boldsymbol{q}}_{ri}) + \boldsymbol{G}_i(\boldsymbol{q}_i) = -\boldsymbol{K}_i\boldsymbol{s}_i + \boldsymbol{Y}_i\hat{\boldsymbol{\theta}}_i \tag{7.22}$$

通过式 (7.10)，可得如下闭环系统：

$$\boldsymbol{M}_i(\boldsymbol{q}_i)\dot{\boldsymbol{s}}_i + \boldsymbol{C}_i(\boldsymbol{q}_i, \dot{\boldsymbol{q}}_i)\boldsymbol{s}_i = -\boldsymbol{K}_i\boldsymbol{s}_i + \boldsymbol{Y}_i\tilde{\boldsymbol{\theta}}_i \tag{7.23a}$$

$$\dot{\hat{\boldsymbol{\theta}}}_i = -\boldsymbol{\Gamma}_i\boldsymbol{Y}_i^{\mathrm{T}}\boldsymbol{s}_i \tag{7.23b}$$

$$\dot{\boldsymbol{\eta}}_{i1} = \boldsymbol{\eta}_{i2} + \hat{\boldsymbol{K}}_1\boldsymbol{\xi}_i \tag{7.23c}$$

$$\dot{\boldsymbol{\eta}}_{i2} = \boldsymbol{S}_1\boldsymbol{\eta}_{i1} + \boldsymbol{S}_2\boldsymbol{\eta}_{i2} + \hat{\boldsymbol{K}}_2\boldsymbol{\xi}_i \tag{7.23d}$$

其中，$\tilde{\boldsymbol{\theta}}_i = \hat{\boldsymbol{\theta}}_i - \boldsymbol{\theta}_i$，$i = 1, 2, \cdots, N$。

接下来，为便于理解，将证明分为三个步骤。

(1) 证明对于所有 $t \geqslant 0$，$\boldsymbol{s}_i(t)$ 和 $\tilde{\boldsymbol{\theta}}_i(t)(i = 1, 2, \cdots, N)$ 都是有界的。

定义

$$\begin{cases} \boldsymbol{q} = \mathrm{col}(\boldsymbol{q}_1, \boldsymbol{q}_2, \cdots, \boldsymbol{q}_N), \quad \dot{\boldsymbol{q}} = \mathrm{col}(\dot{\boldsymbol{q}}_1, \dot{\boldsymbol{q}}_2, \cdots, \dot{\boldsymbol{q}}_N) \\ \tilde{\boldsymbol{\theta}} = \mathrm{col}(\tilde{\boldsymbol{\theta}}_1, \boldsymbol{\theta}_2, \cdots, \tilde{\boldsymbol{\theta}}_N), \quad \hat{\boldsymbol{\theta}} = \mathrm{col}(\hat{\boldsymbol{\theta}}_1, \hat{\boldsymbol{\theta}}_2, \cdots, \hat{\boldsymbol{\theta}}_N) \\ \boldsymbol{s} = \mathrm{col}(\boldsymbol{s}_1, \boldsymbol{s}_2, \cdots, \boldsymbol{s}_N) \\ \boldsymbol{\Gamma} = \text{block diag}(\boldsymbol{\Gamma}_1, \boldsymbol{\Gamma}_2, \cdots, \boldsymbol{\Gamma}_N) \\ \boldsymbol{K} = \text{block diag}(\boldsymbol{K}_1, \boldsymbol{K}_2, \cdots, \boldsymbol{K}_N) \\ \boldsymbol{Y} = \text{block diag}(\boldsymbol{Y}_1, \boldsymbol{Y}_2, \cdots, \boldsymbol{Y}_N) \\ \boldsymbol{M}(\boldsymbol{q}) = \text{block diag}(\boldsymbol{M}_1(\boldsymbol{q}_1), \boldsymbol{M}_2(\boldsymbol{q}_2), \cdots, \boldsymbol{M}_N(\boldsymbol{q}_N)) \\ \boldsymbol{C}(\boldsymbol{q}, \dot{\boldsymbol{q}}) = \text{block diag}(\boldsymbol{C}_1(\boldsymbol{q}_1, \dot{\boldsymbol{q}}_1), \boldsymbol{C}_2(\boldsymbol{q}_2, \dot{\boldsymbol{q}}_2), \cdots, \boldsymbol{C}_N(\boldsymbol{q}_N, \dot{\boldsymbol{q}}_N)) \end{cases} \tag{7.24}$$

则式 (7.23a) 和式 (7.23b) 可以描述为

$$\begin{cases} \boldsymbol{M}(q)\dot{\boldsymbol{s}} + \boldsymbol{C}(\boldsymbol{q}, \dot{\boldsymbol{q}})\boldsymbol{s} = -\boldsymbol{K}\boldsymbol{s} + \boldsymbol{Y}\tilde{\boldsymbol{\theta}} \\ \dot{\tilde{\boldsymbol{\theta}}} = -\boldsymbol{\Gamma}\boldsymbol{Y}^{\mathrm{T}}\boldsymbol{s} \end{cases} \tag{7.25}$$

令

$$V(t) = \frac{1}{2}(\boldsymbol{s}^{\mathrm{T}}\boldsymbol{M}(\boldsymbol{q})\boldsymbol{s} + \tilde{\boldsymbol{\theta}}^{\mathrm{T}}\boldsymbol{\Gamma}^{-1}\tilde{\boldsymbol{\theta}}) \tag{7.26}$$

通过性质 7.1 和式 (7.25)，$V(t)$ 关于时间的导数满足

$$\begin{aligned} \dot{V}(t) &= \boldsymbol{s}^{\mathrm{T}}\boldsymbol{M}(\boldsymbol{q})\dot{\boldsymbol{s}} + \frac{1}{2}\boldsymbol{s}^{\mathrm{T}}\dot{\boldsymbol{M}}(\boldsymbol{q})\boldsymbol{s} + \tilde{\boldsymbol{\theta}}^{\mathrm{T}}\boldsymbol{\Gamma}^{-1}\dot{\tilde{\boldsymbol{\theta}}} \\ &= \boldsymbol{s}^{\mathrm{T}}(-\boldsymbol{C}(\boldsymbol{q}, \dot{\boldsymbol{q}})\boldsymbol{s} - \boldsymbol{K}\boldsymbol{s} + \boldsymbol{Y}\tilde{\boldsymbol{\theta}}) + \frac{1}{2}\boldsymbol{s}^{\mathrm{T}}\dot{\boldsymbol{M}}(\boldsymbol{q})\boldsymbol{s} + \tilde{\boldsymbol{\theta}}^{\mathrm{T}}\boldsymbol{\Gamma}^{-1}\dot{\tilde{\boldsymbol{\theta}}} \\ &= -\boldsymbol{s}^{\mathrm{T}}\boldsymbol{K}\boldsymbol{s} + \boldsymbol{s}^{\mathrm{T}}\boldsymbol{Y}\tilde{\boldsymbol{\theta}} - \tilde{\boldsymbol{\theta}}^{\mathrm{T}}\boldsymbol{\Gamma}^{-1}\boldsymbol{\Gamma}\boldsymbol{Y}^{\mathrm{T}}\boldsymbol{s} \\ &= -\boldsymbol{s}^{\mathrm{T}}\boldsymbol{K}\boldsymbol{s} \\ &\leqslant \mathbf{0} \end{aligned} \tag{7.27}$$

由于 $\boldsymbol{M}(\boldsymbol{q})$ 和 $\boldsymbol{\Gamma}^{-1}$ 是正定的，$V(t)$ 对于所有 $t \geqslant 0$ 是有下界的。因此，式 (7.27) 表明 $\boldsymbol{s}$ 和 $\tilde{\boldsymbol{\theta}}$ 是有界的。

(2) 证明对于所有 $t \geqslant 0$，$\boldsymbol{\eta}_{i1}(t)$、$\boldsymbol{\eta}_{i2}(t)$ 和 $\boldsymbol{q}_i(t)(i = 1, 2, \cdots, N)$ 都是有界的。

定义如下坐标变换：

$$\begin{cases}\hat{\boldsymbol{x}}_{i1}=\boldsymbol{q}_i-\boldsymbol{\eta}_{i1}\\ \tilde{\boldsymbol{\eta}}_{i1}=\boldsymbol{\eta}_{i1}-\boldsymbol{q}_0, \quad i=1,2,\cdots,N\\ \tilde{\boldsymbol{\eta}}_{i2}=\boldsymbol{\eta}_{i2}-\dot{\boldsymbol{q}}_0\end{cases} \tag{7.28}$$

可得

$$\begin{aligned}\dot{\tilde{\boldsymbol{\eta}}}_i&=\dot{\boldsymbol{\eta}}_i-\dot{\boldsymbol{x}}_0\\ &=\boldsymbol{S}\boldsymbol{\eta}_i+\hat{\boldsymbol{K}}\sum_{j\in\mathcal{N}_i}a_{ij}(\boldsymbol{q}_j-\boldsymbol{q}_i)-\boldsymbol{S}\boldsymbol{x}_0\\ &=\boldsymbol{S}\tilde{\boldsymbol{\eta}}_i+\hat{\boldsymbol{K}}\sum_{j\in\mathcal{N}_i}a_{ij}(\boldsymbol{q}_j-\boldsymbol{q}_i)\\ &=\boldsymbol{S}\tilde{\boldsymbol{\eta}}_i+\hat{\boldsymbol{K}}\boldsymbol{F}\sum_{j\in\mathcal{N}_i}a_{ij}(\tilde{\boldsymbol{\eta}}_j-\tilde{\boldsymbol{\eta}}_i)+\hat{\boldsymbol{K}}\sum_{j\in\mathcal{N}_i}a_{ij}(\boldsymbol{q}_j-\boldsymbol{q}_i)\\ &\quad-\hat{\boldsymbol{K}}\boldsymbol{F}\sum_{j\in\mathcal{N}_i}a_{ij}(\tilde{\boldsymbol{\eta}}_j-\tilde{\boldsymbol{\eta}}_i)\\ &=\boldsymbol{S}\tilde{\boldsymbol{\eta}}_i+\hat{\boldsymbol{K}}\boldsymbol{F}\sum_{j\in\mathcal{N}_i}a_{ij}(\tilde{\boldsymbol{\eta}}_j-\tilde{\boldsymbol{\eta}}_i)+\hat{\boldsymbol{K}}\sum_{j\in\mathcal{N}_i}a_{ij}(\hat{\boldsymbol{x}}_{j1}-\hat{\boldsymbol{x}}_{i1})\end{aligned} \tag{7.29}$$

其中，$\boldsymbol{\eta}_i=\mathrm{col}(\boldsymbol{\eta}_{i1},\boldsymbol{\eta}_{i2})$；$\tilde{\boldsymbol{\eta}}_i=\mathrm{col}(\tilde{\boldsymbol{\eta}}_{i1},\tilde{\boldsymbol{\eta}}_{i2})$；$\hat{\boldsymbol{K}}=\mathrm{col}(\hat{\boldsymbol{K}}_1,\hat{\boldsymbol{K}}_2)$。

定义 $\tilde{\boldsymbol{\eta}}=\mathrm{col}(\tilde{\boldsymbol{\eta}}_1,\tilde{\boldsymbol{\eta}}_2,\cdots,\tilde{\boldsymbol{\eta}}_N)$、$\hat{\boldsymbol{x}}_1=\mathrm{col}(\hat{\boldsymbol{x}}_{11},\hat{\boldsymbol{x}}_{21},\cdots,\hat{\boldsymbol{x}}_{N1})$，则式 (7.29) 可以表述为如下紧凑形式：

$$\dot{\tilde{\boldsymbol{\eta}}}=(\boldsymbol{I}_N\otimes\boldsymbol{S}-\boldsymbol{H}\otimes\hat{\boldsymbol{K}}\boldsymbol{F})\tilde{\boldsymbol{\eta}}-(\boldsymbol{H}\otimes\hat{\boldsymbol{K}})\hat{\boldsymbol{x}}_1 \tag{7.30}$$

通过式 (7.7) 得到

$$\boldsymbol{\eta}_{i2}=\dot{\boldsymbol{\eta}}_{i1}-\hat{\boldsymbol{K}}_1\sum_{j\in\mathcal{N}_i}a_{ij}(\boldsymbol{q}_j-\boldsymbol{q}_i) \tag{7.31}$$

将式 (7.31) 和式 (7.8) 代入式 (7.11) 得到

$$\begin{aligned}\boldsymbol{s}_i&=\dot{\boldsymbol{q}}_i-\boldsymbol{\eta}_{i2}+\alpha(\boldsymbol{q}_i-\boldsymbol{\eta}_{i1})\\ &=\dot{\boldsymbol{q}}_i-\left[\dot{\boldsymbol{\eta}}_{i1}-\hat{\boldsymbol{K}}_1\sum_{j\in\mathcal{N}_i}a_{ij}(\boldsymbol{q}_j-\boldsymbol{q}_i)\right]+\alpha(\boldsymbol{q}_i-\boldsymbol{\eta}_{i1})\end{aligned} \tag{7.32}$$

因此，有

$$\dot{\boldsymbol{q}}_i - \dot{\boldsymbol{\eta}}_{i1} + \alpha(\boldsymbol{q}_i - \boldsymbol{\eta}_{i1}) = -\hat{\boldsymbol{K}}_1 \sum_{j\in\mathcal{N}_i} a_{ij}(\boldsymbol{q}_j - \boldsymbol{q}_i) + \boldsymbol{s}_i \tag{7.33}$$

进一步，得到

$$\begin{aligned}
&\dot{\boldsymbol{q}}_i - \dot{\boldsymbol{\eta}}_{i1} + \alpha(\boldsymbol{q}_i - \boldsymbol{\eta}_{i1}) \\
&= -\hat{\boldsymbol{K}}_1 \sum_{j\in\mathcal{N}_i} a_{ij}(\boldsymbol{q}_j - \boldsymbol{q}_i) + \boldsymbol{s}_i \\
&= -\hat{\boldsymbol{K}}_1 \sum_{j\in\mathcal{N}_i} a_{ij}[(\hat{\boldsymbol{x}}_{j1} + \tilde{\boldsymbol{\eta}}_{j1}) - (\hat{\boldsymbol{x}}_{i1} + \tilde{\boldsymbol{\eta}}_{i1})] + \boldsymbol{s}_i \\
&= -\hat{\boldsymbol{K}}_1 \sum_{j\in\mathcal{N}_i} a_{ij}[\hat{\boldsymbol{x}}_{j1} - \hat{\boldsymbol{x}}_{i1}] - \hat{\boldsymbol{K}}_1 \sum_{j\in\mathcal{N}_i} a_{ij}(\tilde{\boldsymbol{\eta}}_{j1} - \tilde{\boldsymbol{\eta}}_{i1}) + \boldsymbol{s}_i
\end{aligned} \tag{7.34}$$

即

$$\begin{aligned}
\dot{\hat{\boldsymbol{x}}}_{i1} &= -\alpha\hat{\boldsymbol{x}}_{i1} - \hat{\boldsymbol{K}}_1 \sum_{j\in\mathcal{N}_i} a_{ij}(\hat{\boldsymbol{x}}_{j1} - \hat{\boldsymbol{x}}_{i1}) - \hat{\boldsymbol{K}}_1 \sum_{j\in\mathcal{N}_i} a_{ij}(\tilde{\boldsymbol{\eta}}_{j1} - \tilde{\boldsymbol{\eta}}_{i1}) + \boldsymbol{s}_i \\
&= -\alpha\hat{\boldsymbol{x}}_{i1} - \boldsymbol{F}\hat{\boldsymbol{K}} \sum_{j\in\mathcal{N}_i} a_{ij}(\hat{\boldsymbol{x}}_{j1} - \hat{\boldsymbol{x}}_{i1}) - \boldsymbol{F}\hat{\boldsymbol{K}}\boldsymbol{F} \sum_{j\in\mathcal{N}_i} a_{ij}(\tilde{\boldsymbol{\eta}}_{j} - \tilde{\boldsymbol{\eta}}_{i}) + \boldsymbol{s}_i
\end{aligned} \tag{7.35}$$

式 (7.35) 可写为如下紧凑形式：

$$\dot{\hat{\boldsymbol{x}}}_1 = -(\alpha\boldsymbol{I} - \boldsymbol{H}\otimes\boldsymbol{F}\hat{\boldsymbol{K}})\hat{\boldsymbol{x}}_1 + (\boldsymbol{H}\otimes\boldsymbol{F}\hat{\boldsymbol{K}}\boldsymbol{F})\tilde{\boldsymbol{\eta}} + \boldsymbol{s} \tag{7.36}$$

由式 (7.30) 和式 (7.36) 组成的系统可写成如下形式：

$$\begin{bmatrix} \dot{\tilde{\boldsymbol{\eta}}} \\ \dot{\hat{\boldsymbol{x}}}_1 \end{bmatrix} = \begin{bmatrix} \boldsymbol{I}_N\otimes\boldsymbol{S} - \boldsymbol{H}\otimes\hat{\boldsymbol{K}}\boldsymbol{F} & -(\boldsymbol{H}\otimes\hat{\boldsymbol{K}}) \\ \boldsymbol{H}\otimes\boldsymbol{F}\hat{\boldsymbol{K}}\boldsymbol{F} & -(\alpha\boldsymbol{I} - \boldsymbol{H}\otimes\boldsymbol{F}\hat{\boldsymbol{K}}) \end{bmatrix} \begin{bmatrix} \tilde{\boldsymbol{\eta}} \\ \hat{\boldsymbol{x}}_1 \end{bmatrix} + \begin{bmatrix} \boldsymbol{0} \\ \boldsymbol{s} \end{bmatrix} \tag{7.37}$$

设定 $\hat{\boldsymbol{K}}$ 和 α 如在引理 7.1 中定义的那样。在假设 7.3 下，通过引理 7.1，系统 (7.37) 是输入到状态稳定的，其中 $\mathrm{col}(\tilde{\boldsymbol{\eta}}, \hat{\boldsymbol{x}}_1)$ 为状态，$\boldsymbol{s}$ 为输入。因为对于所有 $t \geqslant 0$，$\boldsymbol{s}(t)$ 是有界的，所以对于所有 $t \geqslant 0$，$\tilde{\boldsymbol{\eta}}(t)$ 和 $\hat{\boldsymbol{x}}_1(t)$ 也是有界的。在假设 7.2 下，对于所有 $t \geqslant 0$，$\boldsymbol{q}_0(t)$ 和 $\dot{\boldsymbol{q}}_0(t)$ 是有界的，因此 $\boldsymbol{\eta}_{i1}(t)$、$\boldsymbol{\eta}_{i2}(t)$ 和 $\boldsymbol{q}_i(t)$ 对于所有 $t \geqslant 0$ 也都是有界的。

(3) 证明 $\lim\limits_{t\to\infty}(\boldsymbol{q}_i(t) - \boldsymbol{q}_0(t)) = \boldsymbol{0}$ 和 $\lim\limits_{t\to\infty}(\dot{\boldsymbol{q}}_i(t) - \dot{\boldsymbol{q}}_0(t)) = \boldsymbol{0}$，$i = 1, 2, \cdots, N$。

通过步骤 (1) 和步骤 (2)，可知 $\boldsymbol{s}_i$、$\boldsymbol{\eta}_{i1}$、$\boldsymbol{\eta}_{i2}$ 和 $\boldsymbol{q}_i$ 都是有界的。因此，通过式 (7.8) 可知 $\dot{\boldsymbol{q}}_{ri}$ 也是有界的。通过式 (7.8) 和式 (7.11) 可得

$$\dot{\boldsymbol{q}}_i = \boldsymbol{s}_i + \boldsymbol{\eta}_{i2} - \alpha(\boldsymbol{q}_i - \boldsymbol{\eta}_{i1}) \tag{7.38}$$

所以 $\dot{\boldsymbol{q}}_i$ 也是有界的。又因为 $\boldsymbol{q}_i$ 和 $\dot{\boldsymbol{q}}_i$ 是有界的，所以 $\boldsymbol{M}_i(\boldsymbol{q}_i)$、$\boldsymbol{C}_i(\boldsymbol{q}_i,\dot{\boldsymbol{q}}_i)$ 和 $\boldsymbol{G}_i(\boldsymbol{q}_i)$ 是有界的。

另外，通过式 (7.7) 和式 (7.9) 可得

$$\begin{aligned}\ddot{\boldsymbol{q}}_{ri} = &\boldsymbol{S}_1\boldsymbol{\eta}_{i1} + \boldsymbol{S}_2\boldsymbol{\eta}_{i2} + \hat{\boldsymbol{K}}_2\sum_{j\in\mathcal{N}_i} a_{ij}(\boldsymbol{q}_j - \boldsymbol{q}_i) \\ &- \alpha\Big(\dot{\boldsymbol{q}}_i - \boldsymbol{\eta}_{i2} - \hat{\boldsymbol{K}}_1\sum_{j\in\mathcal{N}_i} a_{ij}(\boldsymbol{q}_j - \boldsymbol{q}_i)\Big)\end{aligned} \tag{7.39}$$

因此，$\ddot{\boldsymbol{q}}_{ri}$ 是有界的。

由于 $\dot{\boldsymbol{q}}_{ri}$、$\ddot{\boldsymbol{q}}_{ri}$、$\boldsymbol{M}_i(\boldsymbol{q}_i)$、$\boldsymbol{C}_i(\boldsymbol{q}_i,\dot{\boldsymbol{q}}_i)$ 和 $\boldsymbol{G}_i(\boldsymbol{q}_i)$ 是有界的，通过式 (7.10) 可得 $\boldsymbol{Y}_i$ 是有界的。因为 $\boldsymbol{M}(\boldsymbol{q})$ 是正定的，所以 $\boldsymbol{M}^{-1}(\boldsymbol{q})$ 存在并且是有界的。通过式 (7.23a) 可得 $\dot{\boldsymbol{s}}$ 是有界的。由于 $\ddot{V} = -2\boldsymbol{s}^{\mathrm{T}}\boldsymbol{K}\dot{\boldsymbol{s}}$，并且 $\boldsymbol{s}$ 和 $\dot{\boldsymbol{s}}$ 都是有界的，可得 $\ddot{V}$ 是有界的。通过 Barbalat 引理[1] 得 $\lim\limits_{t\to\infty}\dot{V}(t) = 0$，所以可得 $\lim\limits_{t\to\infty}\boldsymbol{s}(t) = \boldsymbol{0}$。

由于式 (7.37) 是输入到状态稳定的并且 $\lim\limits_{t\to\infty}\boldsymbol{s}(t) = \boldsymbol{0}$，可得 $\lim\limits_{t\to\infty}\tilde{\boldsymbol{\eta}}(t) = \boldsymbol{0}$ 和 $\lim\limits_{t\to\infty}\hat{\boldsymbol{x}}_1(t) = \boldsymbol{0}$。因此，可得 $\lim\limits_{t\to\infty}(\boldsymbol{\eta}_{i1}(t) - \boldsymbol{q}_0(t)) = \boldsymbol{0}$、$\lim\limits_{t\to\infty}(\boldsymbol{\eta}_{i2}(t) - \dot{\boldsymbol{q}}_0(t)) = \boldsymbol{0}$ 且 $\lim\limits_{t\to\infty}(\boldsymbol{q}_i(t) - \boldsymbol{\eta}_{i1}(t)) = \boldsymbol{0}$。由式 (7.38) 可得 $\lim\limits_{t\to\infty}(\dot{\boldsymbol{q}}_i(t) - \boldsymbol{\eta}_{i2}(t)) = \boldsymbol{0}$。进一步，由

$$\begin{cases}\boldsymbol{q}_i(t) - \boldsymbol{q}_0(t) = \boldsymbol{q}_i(t) - \boldsymbol{\eta}_{i1}(t) + \boldsymbol{\eta}_{i1}(t) - \boldsymbol{q}_0(t) \\ \dot{\boldsymbol{q}}_i(t) - \dot{\boldsymbol{q}}_0(t) = \dot{\boldsymbol{q}}_i(t) - \boldsymbol{\eta}_{i2}(t) + \boldsymbol{\eta}_{i2}(t) - \dot{\boldsymbol{q}}_0(t)\end{cases} \tag{7.40}$$

可得 $\lim\limits_{t\to\infty}(\boldsymbol{q}_i(t) - \boldsymbol{q}_0(t)) = \boldsymbol{0}$ 和 $\lim\limits_{t\to\infty}(\dot{\boldsymbol{q}}_i(t) - \dot{\boldsymbol{q}}_0(t)) = \boldsymbol{0}$，$i = 1, 2, \cdots, N$。证毕。

7.4.2　参考轨迹无界的机器人系统稳定性分析

本节考虑假设 7.2 不成立时多机器人系统分布式协同运动调控问题。特别地，针对 $\boldsymbol{q}_0$ 是任意斜率的斜坡函数，即 $\boldsymbol{S}_1 = \boldsymbol{S}_2 = \boldsymbol{0}$ 的情况，给出多机器人系统协同运动调控问题的稳定性分析及问题 7.1 的解。

定理 7.2

考虑由系统 (7.1) 和系统 (7.3) 组成的多机器人系统，以及一个有向图 $\mathcal{G}$。若假设 7.1 和式 (7.3) 成立，则自适应分布式控制器 (7.12) 可以解决多机器人系统分布式协同运动调控问题。

证明 选择 $V(t)$ 如式 (7.26) 所示，并按照定理 7.1 证明的步骤 (1) 可得到式 (7.27)。因此，对于所有 $t \geqslant 0$，$\boldsymbol{s}(t)$ 和 $\tilde{\boldsymbol{\theta}}(t)$ 是有界的，且 $\ddot{V}(t) = -2\boldsymbol{s}^{\mathrm{T}}\boldsymbol{K}\dot{\boldsymbol{s}}$。进一步，根据引理 7.1设计 $\hat{\boldsymbol{K}}$ 和 α，由定理 7.1 证明的步骤 (2) 可得式 (7.37)。因此，在假设 7.3 下，通过引理 7.1，仍然可以得到对于所有 $t \geqslant 0$，$\tilde{\boldsymbol{\eta}}(t)$ 和 $\hat{\boldsymbol{x}}_1(t)$ 是有界的，即 $\boldsymbol{\eta}_{i1}(t) - \boldsymbol{q}_0(t)$、$\boldsymbol{\eta}_{i2}(t) - \dot{\boldsymbol{q}}_0(t)$ 和 $\boldsymbol{q}_i(t) - \boldsymbol{\eta}_{i1}(t)$ 是有界的。由于 $\dot{\boldsymbol{q}}_0$ 是常数，$\boldsymbol{\eta}_{i2}$ 是有界的。通过式 (7.38)，可得 $\dot{\boldsymbol{q}}_i$ 是有界的。通过式 (7.8)，可得 $\dot{\boldsymbol{q}}_{ri}$ 是有界的。

因为

$$\hat{\boldsymbol{x}}_{i1} - \hat{\boldsymbol{x}}_{j1} = \boldsymbol{q}_i - \boldsymbol{q}_j - (\tilde{\boldsymbol{\eta}}_{i1} - \tilde{\boldsymbol{\eta}}_{j1}) \tag{7.41}$$

所以 $\boldsymbol{q}_i - \boldsymbol{q}_j$ 是有界的。

由式 (7.9) 可得

$$\ddot{\boldsymbol{q}}_{ri} = -\alpha\dot{\boldsymbol{q}}_i + \alpha\boldsymbol{\eta}_{i2} + (\alpha\hat{\boldsymbol{K}}_1 + \hat{\boldsymbol{K}}_2)\sum_{j\in\mathcal{N}_i} a_{ij}(\boldsymbol{q}_j - \boldsymbol{q}_i) \tag{7.42}$$

由于 $\dot{\boldsymbol{q}}_i$、$\boldsymbol{\eta}_{i2}$ 和 $\boldsymbol{q}_i - \boldsymbol{q}_j$ 都是有界的，所以 $\ddot{\boldsymbol{q}}_{ri}$ 是有界的。在假设 7.1 下，$\boldsymbol{M}_i(\boldsymbol{q}_i)$、$\boldsymbol{C}_i(\boldsymbol{q}_i, \dot{\boldsymbol{q}}_i)$ 和 $\boldsymbol{G}_i(\boldsymbol{q}_i)$ 是有界的。接下来，遵循定理 7.1 证明的步骤 (3)，可得自适应分布式控制器 (7.12) 是问题 7.1 的解。证毕。

注 7.3 有学者采用分布式观测器方法来解决含不确定系统参数的多机器人系统分布式协同运动调控[2,11,14-17]。这种方法相较于其他现有方法的优势在于：首先，设计的分布式控制器可以处理一大类的领导者信号；其次，可以利用分离原则和确定性等价原则进行闭环系统的稳定性分析。与上述方法相比，本章提出的控制器不需要在通信网络中交换控制器的状态信息。在通信拒止环境中，此类控制器的实现具有明显优势，但是较少的通信带来了对控制器设计和闭环系统稳定性分析的一些挑战。实际上，如式(7.37) 所示，在坐标变换后，$\tilde{\boldsymbol{\eta}}$ 子系统不再是自治系统，它变成了一个与 $\hat{\boldsymbol{x}}_1$ 动力学系统耦合的级联连接系统，同时

也受到 $\boldsymbol{s}$ 动力学系统的干扰。因此，必须结合 $\hat{\boldsymbol{x}}_1$ 和 $\boldsymbol{s}$ 的有界性分析来进行 $\tilde{\boldsymbol{\eta}}$ 状态变量的有界性分析，这使得问题的求解更复杂。

7.5 仿真示例

7.5.1 双连杆多机器人系统协同运动调控仿真示例

示例 7.1 考虑一组双连杆机器人，对于每一个机器人 i $(i=1,2,3,4)$，其动力学系统如下[5]：

$$\begin{bmatrix} M_i^{11} & M_i^{12} \\ M_i^{12} & M_i^{22} \end{bmatrix}\begin{bmatrix} \ddot{q}_{i1} \\ \ddot{q}_{i2} \end{bmatrix}+\begin{bmatrix} b_{i1}\dot{q}_{i2} & b_{i1}(\dot{q}_{i1}+\dot{q}_{i2}) \\ -b_{i1}\dot{q}_{i1} & 0 \end{bmatrix}\begin{bmatrix} \dot{q}_{i1} \\ \dot{q}_{i2} \end{bmatrix}+\begin{bmatrix} b_{i2}+b_{i3} \\ b_{i2} \end{bmatrix}=\begin{bmatrix} \tau_{i1} \\ \tau_{i2} \end{bmatrix} \tag{7.43}$$

其中

$$\begin{cases} M_i^{11}=m_{i1}+m_{i2}+2m_{i3}\cos q_{i2} \\ M_i^{12}=m_{i2}+m_{i3}\cos q_{i2} \\ M_i^{22}=m_{i2} \\ b_{i1}=-m_{i3}\sin q_{i2} \\ b_{i2}=m_{i5}g\cos(q_{i1}+q_{i2}) \\ b_{i3}=m_{i4}g\cos q_{i1} \\ \boldsymbol{\theta}_i=\mathrm{col}(m_{i1},m_{i2},m_{i3},m_{i4},m_{i5}) \end{cases} \tag{7.44}$$

由系统 (7.43)易知假设 7.1 满足。领导者由系统 (7.3)描述，其中 $\boldsymbol{S}_1=\boldsymbol{S}_2=\boldsymbol{0}_{2\times 2}$。多机器人系统网络拓扑图如图 7.1 所示。可以验证假设 7.3 满足。设计自适应分布式控制器 (7.12)，其中 $\alpha=30$，$\hat{\boldsymbol{K}}_1=\begin{bmatrix} 1.7321 & 0 \\ 0 & 1.7321 \end{bmatrix}$，$\hat{\boldsymbol{K}}_2=\begin{bmatrix} 1 & 0 \\ 0 & 1 \end{bmatrix}$，$\boldsymbol{K}_i=40\boldsymbol{I}_2$，$\boldsymbol{\Gamma}_i=\boldsymbol{I}_5$，$i=1,2,3,4$。系统参数 $\boldsymbol{\theta}_i$ 的真实值为 $\boldsymbol{\theta}_1=[0.6,1.1,0.1,0.6,0.3]^{\mathrm{T}}$、$\boldsymbol{\theta}_2=[0.8,1.2,0.1,0.9,0.5]^{\mathrm{T}}$、$\boldsymbol{\theta}_3=[0.9,1.3,0.2,1.3,0.6]^{\mathrm{T}}$ 以及 $\boldsymbol{\theta}_4=[1.1,1.4,0.3,1.7,0.7]^{\mathrm{T}}$。

随机选择系统所有初始条件，在区间 $(-1.5,1.5)$ 内，$\boldsymbol{q}_0(0)=[-1,1]^{\mathrm{T}}$，$\dot{\boldsymbol{q}}_0(0)=[0,0]^{\mathrm{T}}$。

仿真结果如图 7.2 ~ 图 7.9 所示。图 7.2 ~ 图 7.5 描述了第 $i(i=1,2,3,4)$ 个机器人的位置跟踪误差与速度跟踪误差，图 7.6 ~ 图 7.9 描述了第 i（$i=0,1,\cdots,4$）个机器人的位置轨迹与速度轨迹。可以观察到，该双连杆多机器人系统分布式协同运动调控问题得到了解决。

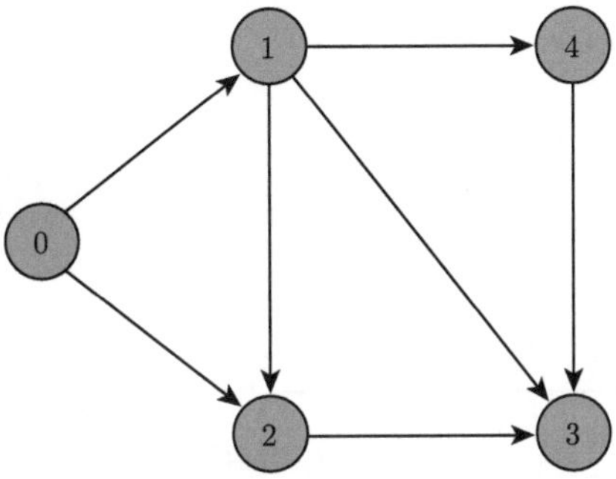

图 7.1 多机器人系统网络拓扑图

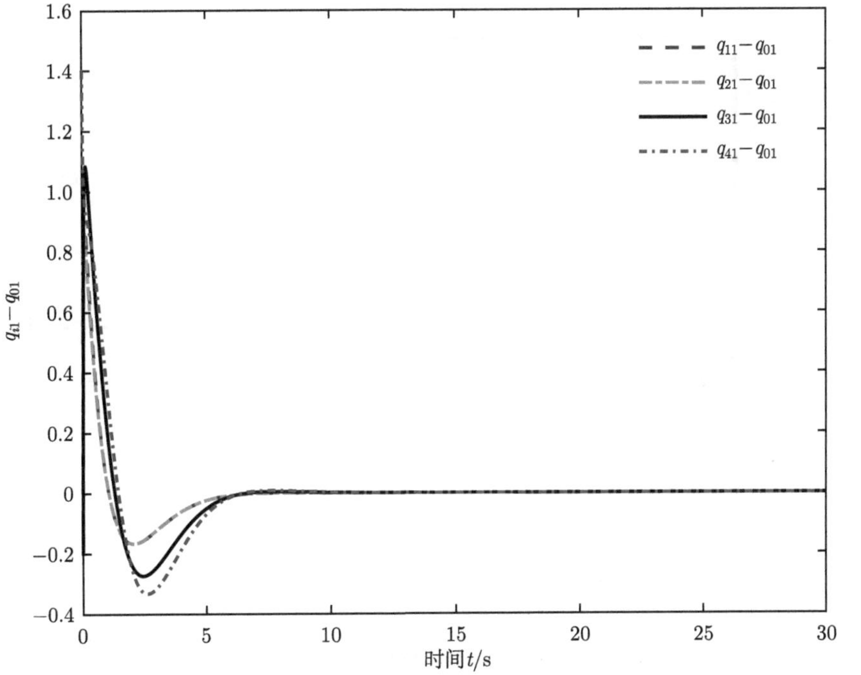

图 7.2 第 $i(i=1,2,3,4)$ 个机器人的关节 1 位置跟踪误差 $q_{i1}-q_{01}$（示例 7.1）

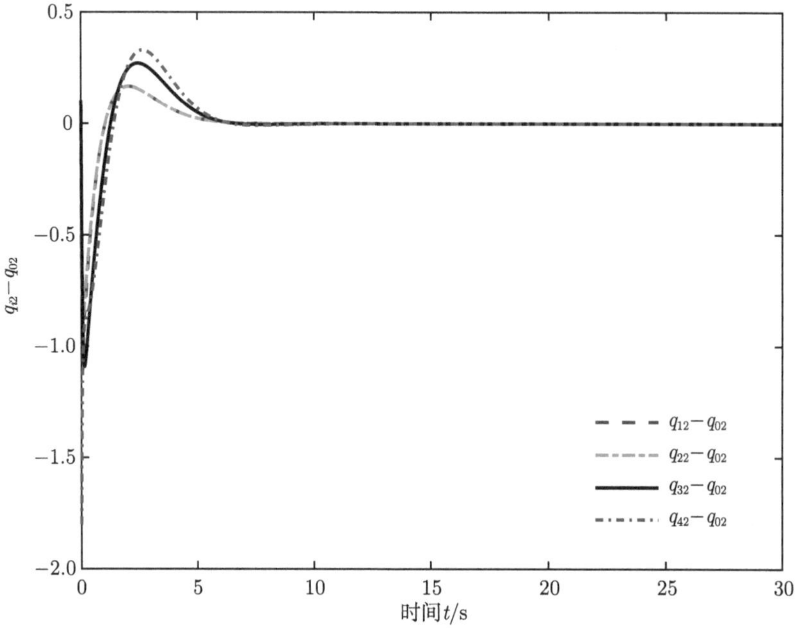

图 7.3　第 $i(i=1,2,3,4)$ 个机器人的关节 2 位置跟踪误差 $q_{i2}-q_{02}$（示例 7.1）

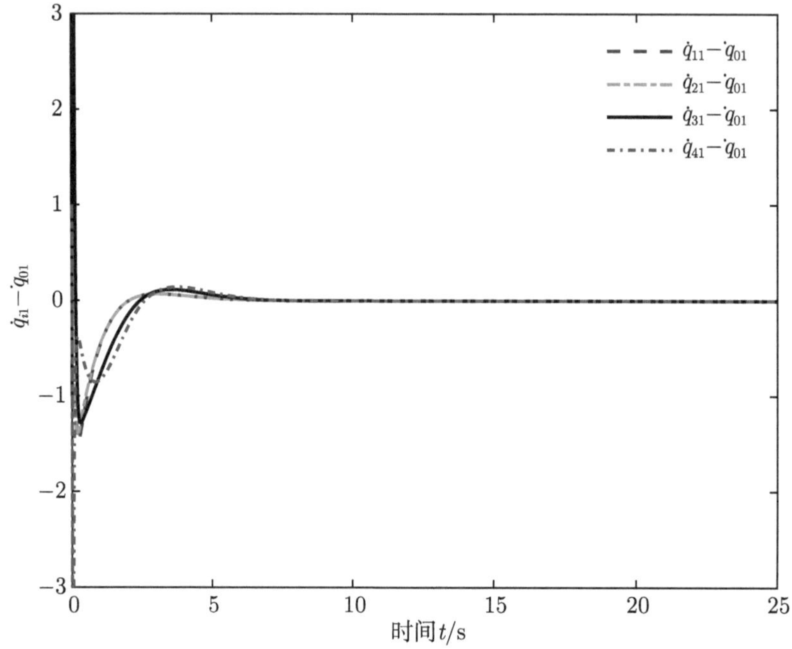

图 7.4　第 $i(i=1,2,3,4)$ 个机器人的关节 1 速度跟踪误差 $\dot{q}_{i1}-\dot{q}_{01}$（示例 7.1）

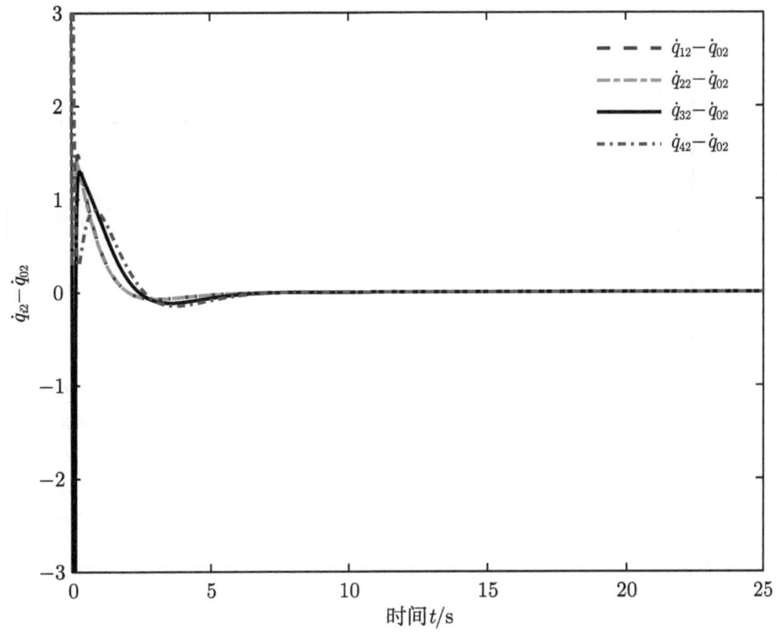

图 7.5　第 $i(i=1,2,3,4)$ 个机器人的关节 2 速度跟踪误差 $\dot{q}_{i2}-\dot{q}_{02}$（示例 7.1）

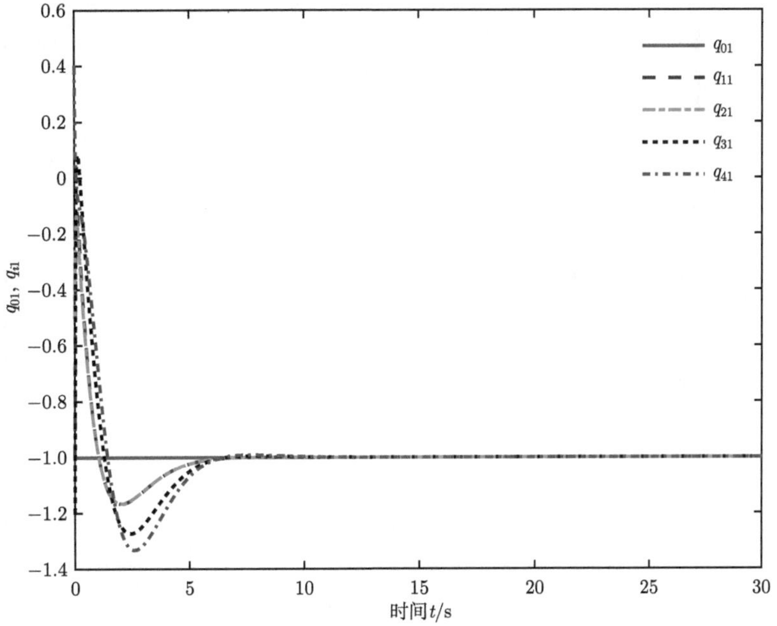

图 7.6　领导者机器人的关节 1 位置轨迹 q_{01} 和第 $i(i=1,2,3,4)$ 个机器人的关节 1 位置轨迹 q_{i1}（示例 7.1）

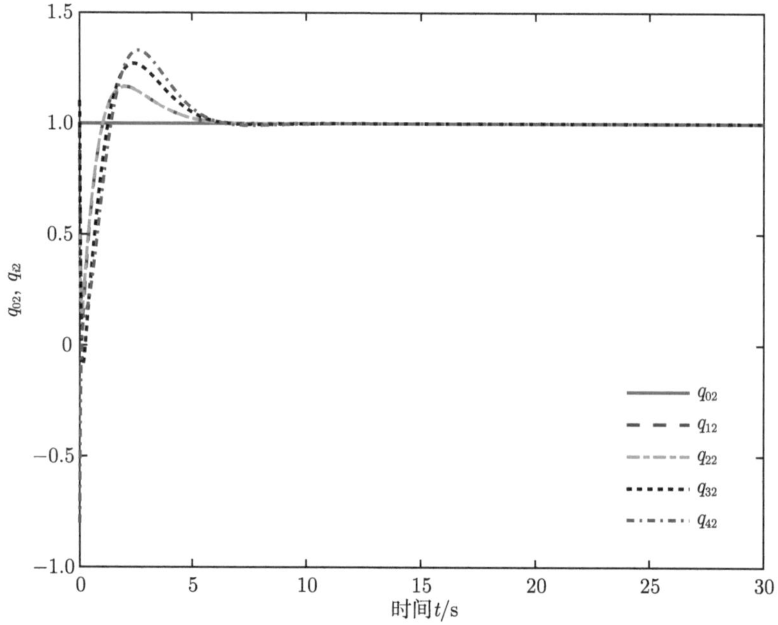

图 7.7　领导者机器人的关节 2 位置轨迹 q_{02} 和第 $i(i=1,2,3,4)$ 个机器人的关节 2 位置轨迹 q_{i2}（示例 7.1）

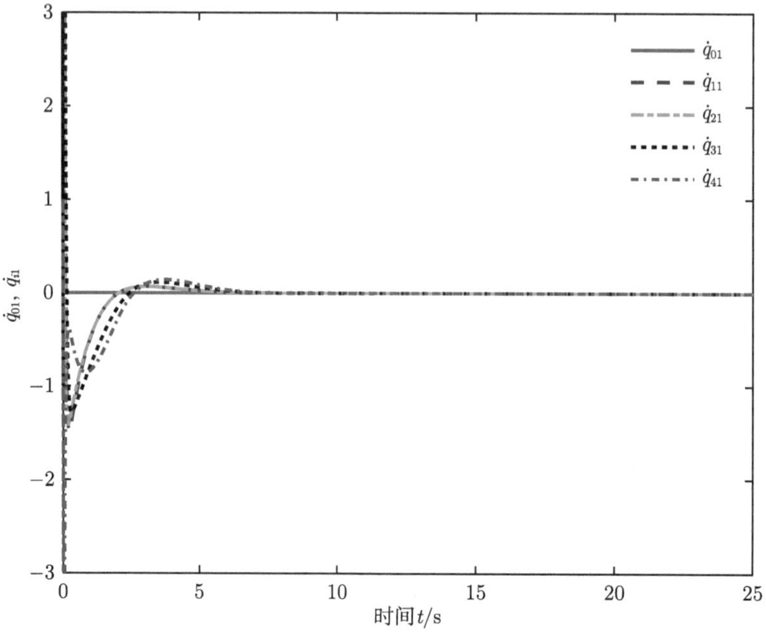

图 7.8　领导者机器人的关节 1 速度轨迹 $\dot{q}_{01}$ 和第 $i(i=1,2,3,4)$ 个机器人的关节 1 速度轨迹 $\dot{q}_{i1}$（示例 7.1）

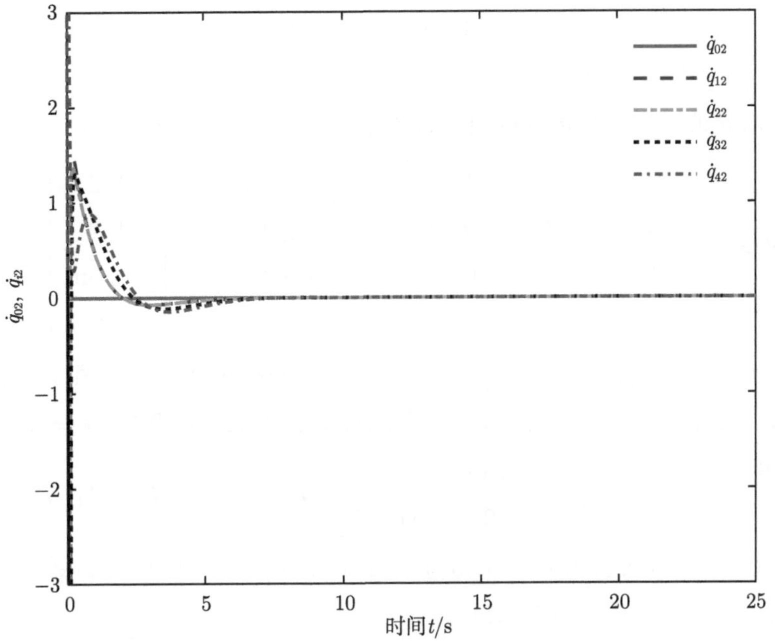

图 7.9 领导者机器人的关节 2 速度轨迹 $\dot{q}_{02}$ 和第 $i(i=1,2,3,4)$ 个机器人的关节 2 速度轨迹 $\dot{q}_{i2}$（示例 7.1）

7.5.2 铰链式双连杆多机器人系统协同运动调控仿真示例

示例 7.2 考虑一组铰链式双连杆机器人系统，其动力学系统如下[1]：

$$\begin{bmatrix} H_i^{11} & H_i^{12} \\ H_i^{21} & H_i^{22} \end{bmatrix}\begin{bmatrix} \ddot{q}_{i1} \\ \ddot{q}_{i2} \end{bmatrix}+\begin{bmatrix} -h_i\dot{q}_{i2} & -h_i(\dot{q}_{i1}+\dot{q}_{i2}) \\ h_i\dot{q}_{i1} & 0 \end{bmatrix}\begin{bmatrix} \dot{q}_{i1} \\ \dot{q}_{i2} \end{bmatrix}=\begin{bmatrix} \tau_{i1} \\ \tau_{i2} \end{bmatrix},\quad i=1,2,3,4 \tag{7.45}$$

其中，$\boldsymbol{q}_i=[q_{i1},q_{i2}]^{\mathrm{T}}$ 是关节角度；$\boldsymbol{\tau}_i=[\tau_{i1},\tau_{i2}]^{\mathrm{T}}$ 是施加在每个机器人关节的扭矩，并且

$$\begin{cases} H_i^{11}=m_{i1}+2m_{i3}\cos q_{i2}+2m_{i4}\sin q_{i2} \\ H_i^{12}=H_i^{21}=m_{i2}+m_{i3}\cos q_{i2}+m_{i4}\sin q_{i2} \\ H_i^{22}=m_{i2} \\ h_i=m_{i3}\sin q_{i2}-m_{i4}\cos q_{i2} \\ \boldsymbol{\theta}_i=\mathrm{col}(m_{i1},m_{i2},m_{i3},m_{i4}) \end{cases} \tag{7.46}$$

假设期望轨迹为

$$\boldsymbol{q}_0(t) = \begin{bmatrix}\cos(2\pi t + \phi_1) & \sin(2\pi t + \phi_2)\end{bmatrix}^{\mathrm{T}} \tag{7.47}$$

其中，$\phi_1 = \pi/3$；$\phi_2 = \pi/6$。

可以验证，期望轨迹可以由形如式 (7.3) 的领导者系统描述，其中

$$\boldsymbol{S} = \begin{bmatrix} 0 & 0 & 1 & 0 \\ 0 & 0 & 0 & 1 \\ -(2\pi)^2 & 0 & 0 & 0 \\ 0 & -(2\pi)^2 & 0 & 0 \end{bmatrix}, \quad \begin{bmatrix} q_{01}(0) \\ q_{02}(0) \\ \dot{q}_{01}(0) \\ \dot{q}_{02}(0) \end{bmatrix} = \begin{bmatrix} 1/2 \\ 1/2 \\ -\sqrt{3}\pi \\ \sqrt{3}\pi \end{bmatrix} \tag{7.48}$$

因此，可以验证假设 7.2 满足。五个机器人的网络拓扑图仍由图 7.1 描述，因此假设 7.3 也满足。设计自适应分布式控制器(7.12)，其中 $\alpha = 30$，$\hat{\boldsymbol{K}}_1 = \begin{bmatrix} 1.0126 & 0 \\ 0 & 1.0126 \end{bmatrix}$，$\hat{\boldsymbol{K}}_2 = \begin{bmatrix} 0.0127 & 0 \\ 0 & 0.0127 \end{bmatrix}$，$\boldsymbol{K}_i = 40\boldsymbol{I}_2$，$\boldsymbol{\Gamma}_i = \boldsymbol{I}_4$，$i = 1,2,3,4$。系统参数 $\boldsymbol{\theta}_i$ 的真实值为 $\boldsymbol{\theta}_i = [3.3, 0.97, 1.04, 0.6]^{\mathrm{T}}$，$i = 1,2,3,4$。系统所有初始条件随机选择在区间 $(-1.5, 1.5)$ 内。

仿真结果如图 7.10 ~ 图 7.17 所示，可以观察到铰链式双连杆多机器人系统分布式协同运动调控问题得到了解决。

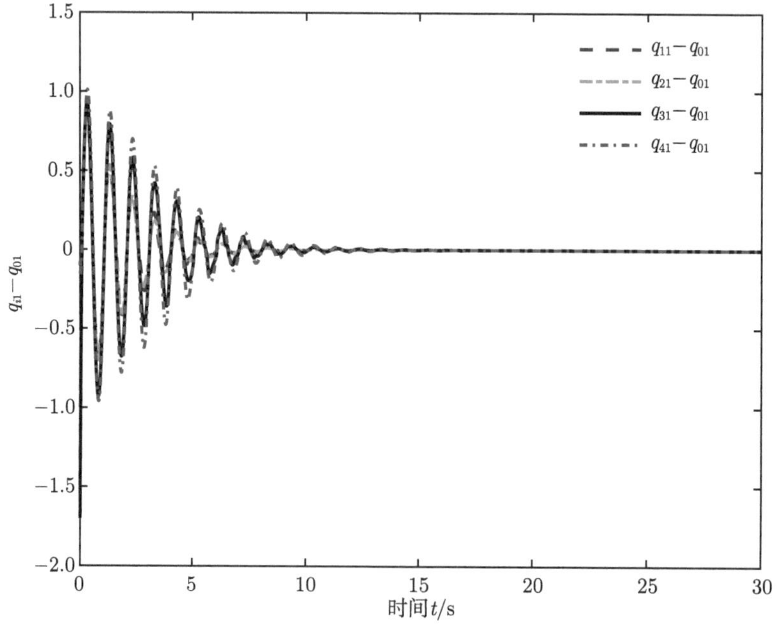

图 7.10　第 $i(i = 1,2,3,4)$ 个机器人的关节 1 位置跟踪误差 $q_{i1} - q_{01}$（示例 7.2）

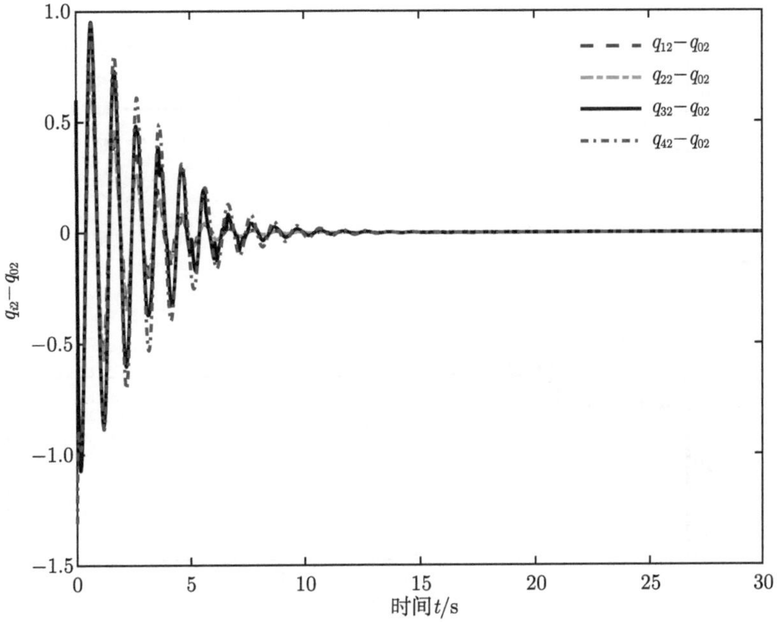

图 7.11 第 $i(i=1,2,3,4)$ 个机器人的关节 2 位置跟踪误差 $q_{i2}-q_{02}$（示例 7.2）

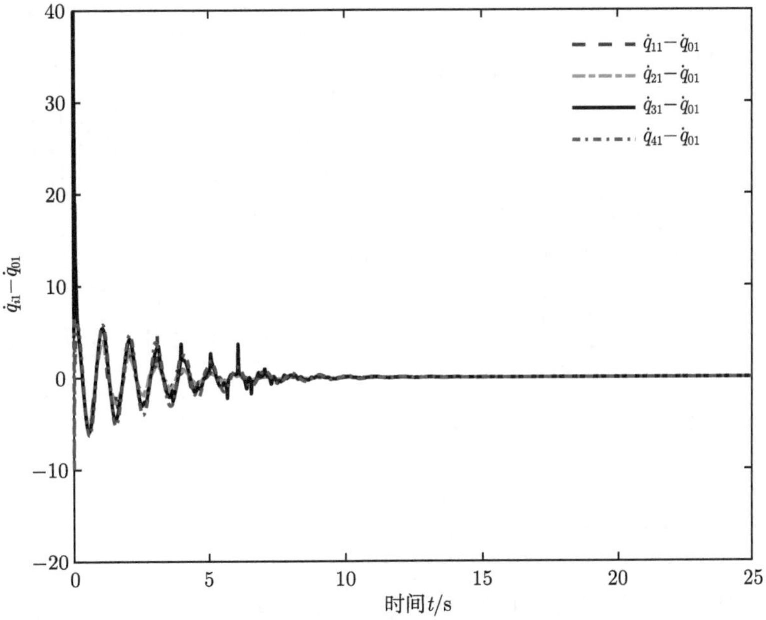

图 7.12 第 $i(i=1,2,3,4)$ 个机器人的关节 1 速度跟踪误差 $\dot{q}_{i1}-\dot{q}_{01}$（示例 7.2）

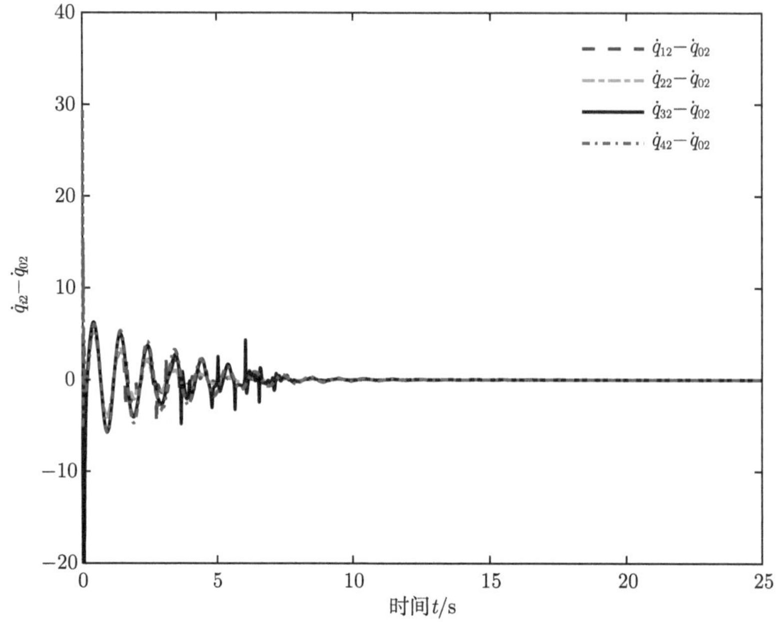

图 7.13 第 $i(i=1,2,3,4)$ 个机器人的关节 2 速度跟踪误差 $\dot{q}_{i2}-\dot{q}_{02}$（示例 7.2）

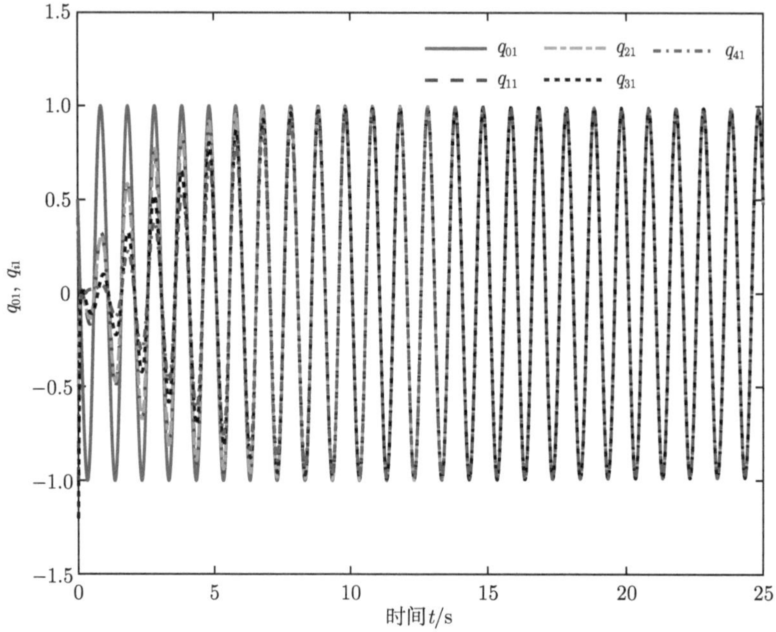

图 7.14 领导者机器人的关节 1 位置轨迹 q_{01} 和第 $i(i=1,2,3,4)$ 个机器人的关节 1 位置轨迹 q_{i1}（示例 7.2）

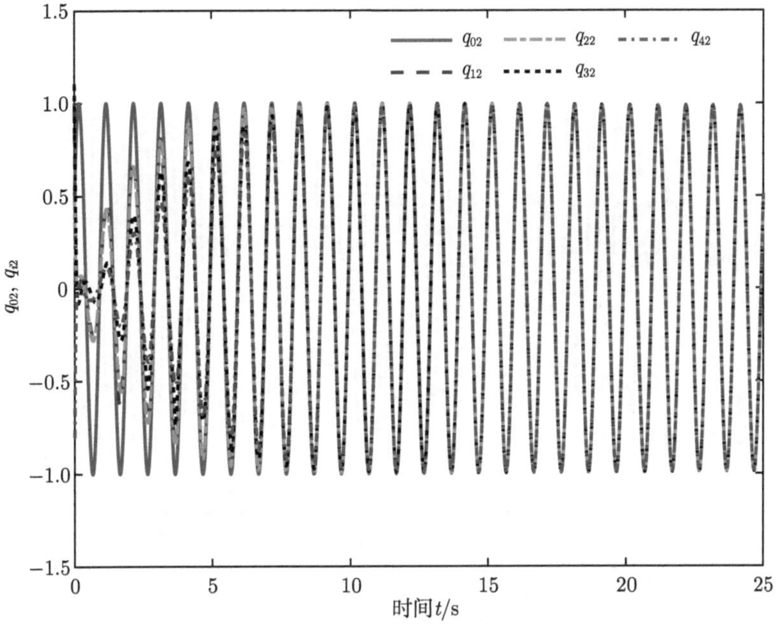

图 7.15 领导者机器人的关节 2 位置轨迹 q_{02} 和第 $i(i=1,2,3,4)$ 个机器人的关节 2 位置轨迹 q_{i2}（示例 7.2）

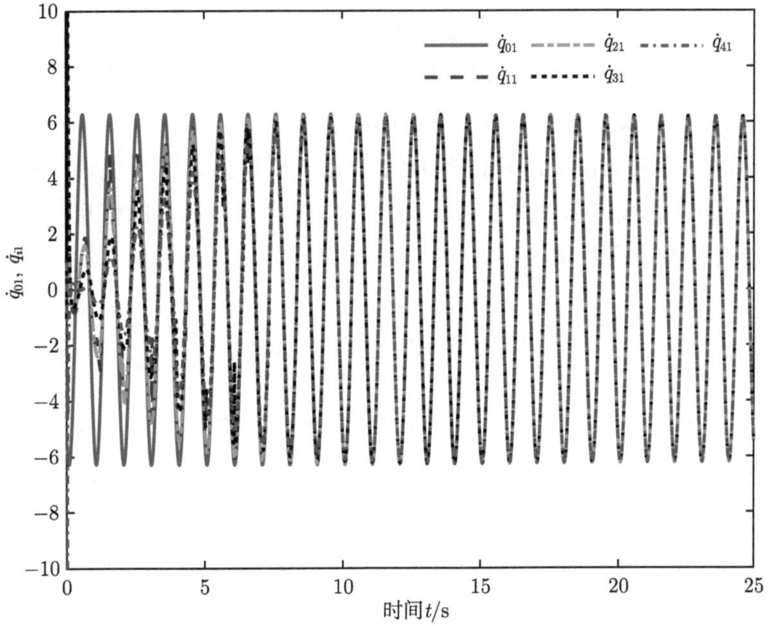

图 7.16 领导者机器人的关节 1 速度轨迹 $\dot{q}_{01}$ 和第 $i(i=1,2,3,4)$ 个机器人的关节 1 速度轨迹 $\dot{q}_{i1}$（示例 7.2）

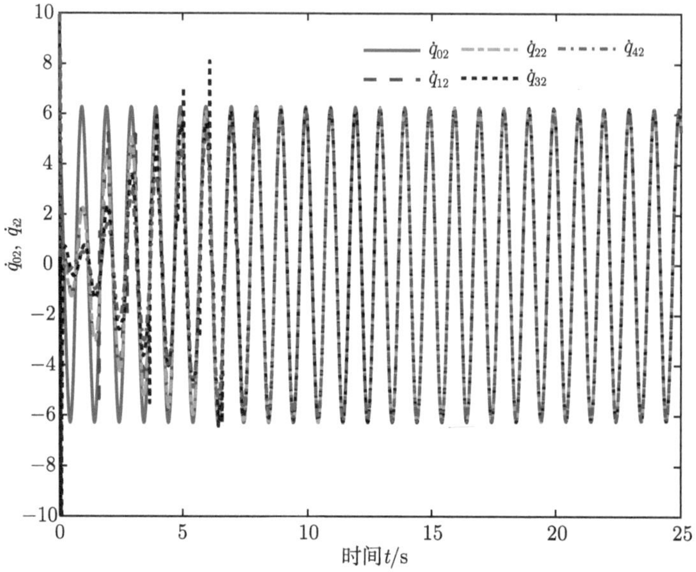

图 7.17　领导者机器人的关节 2 速度轨迹 $\dot{q}_{02}$ 和第 $i(i=1,2,3,4)$ 个机器人的关节 2 速度轨迹 $\dot{q}_{i2}$（示例 7.2）

如示例 7.1 和示例 7.2 所示，通过提出的分布式控制器 (7.12)，多机器人系统分布式协同运动调控问题可以仅通过网络拓扑在图 7.1 中交换邻近机器人系统的位置信息来解决。此外，注意机器人系统位置信息 $\boldsymbol{q}_i$ 的维数比动态补偿器状态 $\boldsymbol{\eta}_i$ 的维数小 2。显然，通信成本的减少来自两个方面。首先，它不需要建立一个通信网络来交换动态补偿器的状态 $\boldsymbol{\eta}_i$（机器人之间可仅通过测量得到相对位置信息）。其次，示例 7.1 或示例 7.2 中交换（测量）的信息总维数比交换动态补偿器状态信息的情况小 14。

7.6　本 章 小 结

本章提出了一种新的自适应分布式控制器，在多机器人间网络拓扑存在有向生成树的条件下，解决了多机器人系统分布式协同运动调控问题。所提出控制器的一个显著特点是它不要求在通信网络中交换系统内部状态信息，因此控制器的实现更简单且通信成本降低。

参考文献

[1] Slotine J J E, Li W P. Applied Nonlinear Control[M]. Englewood Cliffs: Prentice Hall, 1991.

[2] Cai H, Huang J. The leader-following consensus for multiple uncertain Euler-Lagrange systems with an adaptive distributed observer[J]. IEEE Transactions on Automatic Control, 2015, 61(10): 3152-3157.

[3] Godsil C, Royle G F. Algebraic Graph Theory[M]. New York: Springer, 2001.

[4] Saad Y. Numerical Methods for Large Eigenvalue Problems: Revised Edition[M]. Philadelphia: Society for Industrial and Applied Mathematics, 2011.

[5] Lewis F L, Abdallah C T, Dawson D M. Control of Robot Manipulators[M]. New York: Macmillan, 1993.

[6] Lu M B, Liu L. Consensus of linear multi-agent systems subject to communication delays and switching networks[J]. International Journal of Robust and Nonlinear Control, 2017, 27(9): 1379-1396.

[7] Wang C R, Ji H B. Robust consensus tracking for a class of heterogeneous second-order nonlinear multi-agent systems[J]. International Journal of Robust and Nonlinear Control, 2015, 25(17): 3367-3383.

[8] Zhao Z Y, Lin Z L. Discrete-time global leader-following consensus of a group of general linear systems using bounded controls[J]. International Journal of Robust and Nonlinear Control, 2017, 27(17): 3433-3465.

[9] Hu J P, Hong Y G. Leader-following coordination of multi-agent systems with coupling time delays[J]. Physica A: Statistical Mechanics and its Applications, 2007, 374(2): 853-863.

[10] Su Y F, Huang J. Cooperative output regulation of linear multi-agent systems[J]. IEEE Transactions on Automatic Control, 2011, 57(4): 1062-1066.

[11] Cai H, Huang J. Leader-following consensus of multiple uncertain Euler-Lagrange systems under switching network topology[J]. International Journal of General Systems, 2014, 43(3-4): 294-304.

[12] Chung S J, Slotine J J E. Cooperative robot control and concurrent synchronization of lagrangian systems[J]. IEEE Transactions on Robotics, 2009, 25(3): 686-700.

[13] Tuna S E. LQR-based coupling gain for synchronization of linear systems[EB/OL]. https://arxiv.org/abs/0801.3390[2025-02-07].

[14] Wang H L. Consensus of networked mechanical systems with communication delays: A unified framework[J]. IEEE Transactions on Automatic Control, 2013, 59(6): 1571-1576.

[15] Wang H L, Xie Y C. Flocking of networked mechanical systems on directed topologies: A new perspective[J]. International Journal of Control, 2015, 88(4): 872-884.

[16] Sun D, Shao X Y, Feng G. A model-free cross-coupled control for position synchronization of multi-axis motions: Theory and experiments[J]. IEEE Transactions on Control Systems Technology, 2007, 15(2): 306-314.

[17] Liu T, Huang J. Adaptive leader-following consensus for uncertain Euler-Lagrange systems under directed switching networks[EB/OL]. https://arxiv.org/abs/1604.07261[2025-02-07].

附录 A　基础知识

本附录包括了书中用到的一些基础知识。

A.1　图　　论

1. 静态图

定义静态图 $\mathcal{G}=(\mathcal{N},\mathcal{E})$，其中 $\mathcal{N}=\{1,2,\cdots,N\}$ 是节点集合，$\mathcal{E}=\{(i,j)|i,j\in\mathcal{N},i\neq j\}\subseteq\mathcal{N}\times\mathcal{N}$ 是边集合[1]。对于 $i,j=1,2,\cdots,N$ 且 $i\neq j$，若从节点 j 有一条通向节点 i 的边，则有 $(i,j)\in\mathcal{E}$，其中 j 称为 i 的邻居[2]。节点 i 所有邻居的集合记作 $\mathcal{N}_i\subseteq\mathcal{N}$。若 $(i,j)\in\mathcal{E}\Leftrightarrow(j,i)\in\mathcal{E}$，则该图称为无向图，否则称为有向图。如果图 $\mathcal{G}$ 包含形如 $(i_1,i_2),(i_2,i_3),\cdots,(i_{k-1},i_k)$ 的边集合 $\mathcal{E}$ 的一个序列，那么集合 $\{(i_1,i_2),(i_2,i_3),\cdots,(i_{k-1},i_k)\}$ 称为从节点 i_1 到节点 i_k 的图 $\mathcal{G}$ 的有向路径，并且称 i_k 可以从 i_1 到达。若存在一个节点可以到达其他所有节点，则称图 $\mathcal{G}$ 是连通图。若任意两个节点之间存在有向路径，则称图 $\mathcal{G}$ 是“强连通图”。

若 $\mathcal{N}_m\subseteq\mathcal{N}$ 且 $\mathcal{E}_m\subseteq\mathcal{E}\cap(\mathcal{N}_m\times\mathcal{N}_m)$，则称图 $\mathcal{G}_m=(\mathcal{N}_m,\mathcal{E}_m)$ 为 $\mathcal{G}=(\mathcal{N},\mathcal{E})$ 的子图。若在一个有向图中，每个节点都只有一个父节点，除了一个没有父节点的根节点，其他每个节点都可以从这个根节点到达，则称该有向图为一个有向树。如果 $\mathcal{G}_m$ 是一个有向树且 $\mathcal{N}_m=\mathcal{N}$，那么有向图 $\mathcal{G}=(\mathcal{N},\mathcal{E})$ 的子图 $\mathcal{G}_m=(\mathcal{N}_m,\mathcal{E}_m)$ 称为有向生成树，此时称该有向图包含一个有向生成树。图 $\mathcal{G}=(\mathcal{N},\mathcal{E})$，记作 $\mathcal{G}=\cup_{m=1}^{k}\mathcal{G}_m$，称为 k 个子图 $\mathcal{G}_m$ 的并，其中 $\{\mathcal{G}_m=(\mathcal{N},\mathcal{E}_m),m=1,2,\cdots,k\}$，$\mathcal{E}=\cup_{m=1}^{k}\mathcal{E}_m$。定义图 $\mathcal{G}$ 的加权邻接矩阵为非负矩阵 $\boldsymbol{\mathcal{A}}=[a_{ij}]_{i,j\in\mathcal{N}}\in\mathbb{R}^{N\times N}$，其中 $a_{ii}=0$ 且 $a_{ij}>0\Leftrightarrow(j,i)\in\mathcal{E}$，$i\neq j$。定义与 $\boldsymbol{\mathcal{A}}$ 相关联的图 $\mathcal{G}$ 的加权拉普拉斯矩阵为 $\boldsymbol{\mathcal{L}}=[l_{ij}]_{i,j\in\mathcal{N}}\in\mathbb{R}^{N\times N}$，其中 $l_{ii}=\sum_{j=1}^{N}a_{ij}$ 且 $l_{ij}=-a_{ij}$，$i\neq j$。显然，$\boldsymbol{\mathcal{L}}$ 的每行元素之和都等于零，即 $\boldsymbol{\mathcal{L}}\mathbf{1}_N=\mathbf{0}$，其中，$\mathbf{1}_N$ 是指元素全为 1 的 N 维列向量[3]。

2. 切换图

用时间函数 $\sigma(t):[0,\infty)\to\mathcal{S}=\{1,2,\cdots,p\}$ 来表示一个分段常数切换信号[4]，其中 $\mathcal{S}$ 为切换索引集，p 是某个正整数。假设存在切换时间点 $\{t_l:l=0,1,2,\cdots\}$ 满足 $t_0=0$，$t_{l+1}-t_l\geqslant\tau$ 且 $\tau>0$，使得所有 $t\in[t_l,t_{l+1})$ 和某个 $s\in\mathcal{S}$，$\sigma(t)=s$。其中，τ 称为驻留时间。

给定一个分段常数切换信号 $\sigma(t)$，定义切换图 $\mathcal{G}_{\sigma(t)}=(\mathcal{N},\mathcal{E}_{\sigma(t)})$[5]，其中，$\mathcal{E}_{\sigma(t)}\subseteq\mathcal{N}\times\mathcal{N}$。定义切换图 $\mathcal{G}_{\sigma(t)}$ 的加权邻接矩阵为非负矩阵 $\boldsymbol{\mathcal{A}}_{\sigma(t)}=[a_{ij}(t)]_{i,j\in\mathcal{N}}\in\mathbb{R}^{N\times N}$，其中 $a_{ii}(t)=0$ 且 $a_{ij}(t)>0\Leftrightarrow(i,j)\in\mathcal{E}$，$i\neq j$。对应于 $\boldsymbol{\mathcal{A}}_{\sigma(t)}$ 的切换图 $\mathcal{G}_{\sigma(t)}$ 的拉普拉斯矩阵定义为 $\boldsymbol{\mathcal{L}}_{\sigma(t)}=[l_{ij}(t)]_{i,j\in\mathcal{N}}\in\mathbb{R}^{N\times N}$，其中 $l_{ii}(t)=\sum\limits_{j=1}^{N}a_{ij}(t)$ 且 $l_{ij}(t)=-a_{ij}(t)$，$i\neq j$。

A.2　线性输出调节

考虑如下一类含扰动的线性时不变系统：

$$\begin{cases}\dot{\boldsymbol{x}}=\boldsymbol{A}\boldsymbol{x}+\boldsymbol{B}\boldsymbol{u}+\boldsymbol{E}_d\boldsymbol{d}\\ \boldsymbol{y}=\boldsymbol{C}\boldsymbol{x}+\boldsymbol{D}\boldsymbol{u}+\boldsymbol{F}_d\boldsymbol{d}\\ \boldsymbol{e}=\boldsymbol{y}-\boldsymbol{r}\end{cases}\tag{A.1}$$

其中，$\boldsymbol{x}\in\mathbb{R}^n$ 是系统状态；$\boldsymbol{u}\in\mathbb{R}^m$ 是系统输入；$\boldsymbol{y}\in\mathbb{R}^p$ 是系统输出；$\boldsymbol{e}\in\mathbb{R}^p$ 是系统跟踪误差；矩阵 $\boldsymbol{A}$、$\boldsymbol{B}$、$\boldsymbol{C}$、$\boldsymbol{D}$、$\boldsymbol{E}_d$ 和 $\boldsymbol{F}_d$ 为具有恰当维数的系统矩阵；$\boldsymbol{d}\in\mathbb{R}^{n_d}$ 和 $\boldsymbol{r}\in\mathbb{R}^p$ 分别是外部干扰信号和参考跟踪信号，由如下不同的系统产生：

$$\dot{\boldsymbol{d}}=\boldsymbol{S}_d\boldsymbol{d},\quad\dot{\boldsymbol{r}}=\boldsymbol{S}_r\boldsymbol{r}$$

其中，$\boldsymbol{S}_d\in\mathbb{R}^{n_d\times n_d}$；$\boldsymbol{S}_r\in\mathbb{R}^{p\times p}$。定义 $\boldsymbol{v}=\mathrm{col}(\boldsymbol{d},\boldsymbol{r})$，上述外部干扰信号 $\boldsymbol{d}\in\mathbb{R}^{n_d}$ 和参考跟踪信号 $\boldsymbol{r}\in\mathbb{R}^p$ 的动态方程可描述为

$$\dot{\boldsymbol{v}}=\begin{bmatrix}\dot{\boldsymbol{d}}\\ \dot{\boldsymbol{r}}\end{bmatrix}=\begin{bmatrix}\boldsymbol{S}_d & \boldsymbol{0}\\ \boldsymbol{0} & \boldsymbol{S}_r\end{bmatrix}\begin{bmatrix}\boldsymbol{d}\\ \boldsymbol{r}\end{bmatrix}=\boldsymbol{S}\boldsymbol{v}\tag{A.2}$$

其中，$\boldsymbol{v}\in\mathbb{R}^q$ 是系统状态，$q=n_d+p$。系统 (A.2) 称为外部系统。该外部系统可产生多种信号，如任意幅值、频率和初始相位的弦信号，任意幅值的阶跃信号，任意斜率的斜坡信号以及这些信号的叠加。

由系统 (A.1) 与系统 (A.2) 可得新系统形式为

$$\begin{cases}\dot{\boldsymbol{x}}=\boldsymbol{A}\boldsymbol{x}+\boldsymbol{B}\boldsymbol{u}+\boldsymbol{E}\boldsymbol{v}\\ \dot{\boldsymbol{v}}=\boldsymbol{S}\boldsymbol{v}\\ \boldsymbol{e}=\boldsymbol{C}\boldsymbol{x}+\boldsymbol{D}\boldsymbol{u}+\boldsymbol{F}\boldsymbol{v}\end{cases}\tag{A.3}$$

其中，$\boldsymbol{E}=[\boldsymbol{E}_d,\boldsymbol{0}]$；$\boldsymbol{F}=[\boldsymbol{F}_d,-\boldsymbol{I}_n]$。

定义 A.1

设计一类反馈控制器 u，若满足以下两个条件。

(1) 当 $\boldsymbol{v}=\boldsymbol{0}$ 时，闭环系统内部稳定。

(2) 对于任意 $\boldsymbol{x}(0)$ 和 $\boldsymbol{v}(0)$，系统的输出误差将收敛至零，即 $\lim\limits_{t\to\infty}\boldsymbol{e}(t)=\boldsymbol{0}$。

则称控制器 u 可解决线性系统 (A.3) 的输出调节问题[6]。

不失一般性，给出求解线性输出调节问题的基本假设如下。

假设 A.1 $\boldsymbol{S}$ 的所有特征值都具有非负实部。

假设 A.2 $(\boldsymbol{A},\boldsymbol{B})$ 是可镇定的。

假设 A.3 对于任意 $\lambda\in\sigma(\boldsymbol{S})$，$\operatorname{rank}\left(\begin{bmatrix}\boldsymbol{A}-\lambda\boldsymbol{I}_n & \boldsymbol{B}\\ \boldsymbol{C} & \boldsymbol{D}\end{bmatrix}\right)=n+p$。

下面介绍解决线性输出调节问题的两个重要定理，详见文献 [6]。

定理 A.1

在假设 A.1 和假设 A.2 下，当且仅当调节器方程

$$\begin{cases}\boldsymbol{X}\boldsymbol{S}=\boldsymbol{A}\boldsymbol{X}+\boldsymbol{B}\boldsymbol{U}+\boldsymbol{E}\\ \boldsymbol{0}=\boldsymbol{C}\boldsymbol{X}+\boldsymbol{D}\boldsymbol{U}+\boldsymbol{F}\end{cases}\tag{A.4}$$

有解 $(\boldsymbol{X},\boldsymbol{U})$ 时，存在前馈-反馈控制器：

$$\boldsymbol{u}=\boldsymbol{K}_x\boldsymbol{x}+\boldsymbol{K}_v\boldsymbol{v}\tag{A.5}$$

可解决线性系统 (A.3) 的输出调节问题，其中反馈增益 $\boldsymbol{K}_x$ 满足 $\sigma(\boldsymbol{A}+\boldsymbol{B}\boldsymbol{K}_x)\in\mathbb{C}^-$，且前馈增益为

$$\boldsymbol{K}_v=(\boldsymbol{U}+\boldsymbol{K}_x\boldsymbol{X})$$

定理 A.2

对于任意矩阵 $\boldsymbol{E}$ 和矩阵 $\boldsymbol{F}$，当且仅当假设 A.3 成立时，系统 (A.3) 的调节器方程 (A.4) 有解。

A.3　小增益定理

考虑如下系统：

$$\dot{\boldsymbol{x}}(t) = \boldsymbol{f}(\boldsymbol{x}(t), \boldsymbol{u}(t), t) \tag{A.6}$$

其中，$\boldsymbol{x} \in \mathbb{R}^n$ 是系统状态；$\boldsymbol{u} \in \mathbb{R}^m$ 是系统输入；$\boldsymbol{f}: \mathbb{R}^n \times \mathbb{R}^m \times \mathbb{R} \to \mathbb{R}^n$。

定义 A.2

若存在一类 $\mathcal{KL}$ 函数 $\beta(\cdot)$ 和一类 $\mathcal{K}$ 函数 $\gamma(\cdot)$，使得对于任意初始状态 $\boldsymbol{x}(t_0)$ 以及任意系统输入 $\boldsymbol{u}(t) \in L_\infty^m$，系统 (A.6) 的解 $\boldsymbol{x}(t)$ 存在且满足

$$||\boldsymbol{x}(t)|| \leqslant \max\left\{\beta(||\boldsymbol{x}(t_0)||, t - t_0), \gamma\left(\sup_{t_0 \leqslant \tau \leqslant t} ||\boldsymbol{u}(\tau)||\right)\right\}, \quad \forall t \geqslant t_0$$

则 $\mathcal{K}$ 函数 $\gamma(\cdot)$ 称为系统 (A.6) 的一个增益函数[6]。

基于性质 A.2，根据文献 [6] ~ [11]，可得到如下定理。

定理 A.3

考虑如下线性时不变系统：

$$\dot{\boldsymbol{x}}(t) = \boldsymbol{A}\boldsymbol{x}(t) + \boldsymbol{B}\boldsymbol{u}(t) \tag{A.7}$$

其中，$\boldsymbol{A} \in \mathbb{R}^{n\times n}$ 是 Hurwitz 矩阵。若存在正实数 α_1、α_2、α_3、σ 以及一个二次型 Lyapunov 函数 $V: \mathbb{R}^n \to \mathbb{R}^+$，对于所有的 $\boldsymbol{x}(t) \in \mathbb{R}^n$、$\boldsymbol{u}(t) \in L_\infty^m$ 和 $t \geqslant t_0$，不等式

$$\begin{aligned}
&\alpha_1||\boldsymbol{x}(t)||^2 \leqslant V(\boldsymbol{x}(t)) \leqslant \alpha_2||\boldsymbol{x}(t)||^2 \\
&\frac{\partial V}{\partial \boldsymbol{x}}(\boldsymbol{A}\boldsymbol{x}(t) + \boldsymbol{B}\boldsymbol{u}(t)) \leqslant -\alpha_3||\boldsymbol{x}(t)||^2 + \sigma||\boldsymbol{u}(t)||^2
\end{aligned}$$

成立。此时，称系统 (A.7) 是输入到状态稳定的，且对于任意的 $0 < \epsilon < 1$ 具有一个线性增益函数 $\gamma(s) = \sqrt{\dfrac{\alpha_2\sigma}{\alpha_1\alpha_3\epsilon}}s$。

由定理 A.3 可得到针对线性时不变系统的小增益定理。

定理 A.4

考虑两个互相关联的线性时不变系统：

$$\dot{\boldsymbol{z}}_1(t) = \boldsymbol{A}_1\boldsymbol{z}_1(t) + \boldsymbol{B}_1\boldsymbol{z}_2(t) \tag{A.8a}$$

$$\dot{\boldsymbol{z}}_2(t) = \boldsymbol{A}_2\boldsymbol{z}_2(t) + \boldsymbol{B}_2\boldsymbol{z}_1(t) \tag{A.8b}$$

其中，$\boldsymbol{z}_1 \in \mathbb{R}^{n_{z_1}}$；$\boldsymbol{z}_2 \in \mathbb{R}^{n_{z_2}}$；$\boldsymbol{A}_1$ 和 $\boldsymbol{A}_2$ 是 Hurwitz 矩阵。若小增益条件 $\gamma_1\gamma_2 < 1$ 成立，其中 $\gamma_1 s$ 是子系统 (A.8a)（$\boldsymbol{z}_1$作为子系统状态，$\boldsymbol{z}_2$ 作为子系统输入）的增益函数，$\gamma_2 s$ 是子系统 (A.8b)（$\boldsymbol{z}_2$ 作为子系统状态，$\boldsymbol{z}_1$ 作为子系统输入）的增益函数，则系统 (A.8) 是渐近稳定的。

A.4 Barbalat 引理及推论

引理 A.1

如果当 $t \to \infty$ 时可微函数 $\boldsymbol{f}(t) : \mathbb{R} \to \mathbb{R}^n$ 存在有限极限，且 $\dot{\boldsymbol{f}}$ 一致连续，那么当 $t \to \infty$ 时，$\dot{\boldsymbol{f}} \to \boldsymbol{0}$ [12]。

Barbalat 引理的推论如下。

推论 A.1

如果当 $t \to \infty$ 时可微函数 $\boldsymbol{f}(t) : \mathbb{R} \to \mathbb{R}^n$ 存在有限极限，且 $\ddot{\boldsymbol{f}}$ 存在且有界，那么当 $t \to \infty$ 时，$\dot{\boldsymbol{f}} \to \boldsymbol{0}$ [12]。

参 考 文 献

[1] Godsil C, Royle G F. Algebraic Graph Theory[M]. New York: Springer, 2001.

[2] Su Y F, Huang J. Cooperative output regulation of linear multi-agent systems[J]. IEEE Transactions on Automatic Control, 2011, 57(4): 1062-1066.

[3] Olfati-Saber R, Fax J A, Murray R M. Consensus and cooperation in networked multi-agent systems[J]. Proceedings of the IEEE, 2007, 95(1): 215-233.

[4] Lu M B, Liu L. Distributed feedforward approach to cooperative output regulation subject to communication delays and switching networks[J]. IEEE Transactions on Automatic Control, 2016, 62(4): 1999-2005.

[5] Su Y F, Huang J. Cooperative output regulation with application to multi-agent consensus under switching network[J]. IEEE Transactions on Systems, Man, and Cybernetics, Part B (Cybernetics), 2012, 42(3): 864-875.

[6] Huang J. Nonlinear Output Regulation: Theory and Applications[M]. Philadelphia: Society for Industrial and Applied Mathematics, 2004.

[7] Chen Z Y, Huang J. Stabilization and Regulation of Nonlinear Systems[M]. Cham: Springer, 2015.

[8] Isidori A. Nonlinear Control Systems: An Introduction[M]. London: Springer, 1985.

[9] Sontag E D, Wang Y. New characterizations of input-to-state stability[J]. IEEE Transactions on Automatic Control, 1996, 41(9): 1283-1294.

[10] Sontag E D. On the input-to-state stability property[J]. European Journal of Control, 1995, 1(1): 24-36.

[11] Sontag E D, Wang Y. On characterizations of the input-to-state stability property[J]. Systems & Control Letters, 1995, 24(5): 351-359.

[12] Slotine J J E, Li W P. Applied Nonlinear Control[M]. Englewood Cliffs: Prentice Hall, 1991.